U0296560

Big Earth Data
in Support of the Sustainable Development Goals

地球大数据
支撑可持续发展目标报告
（2020）

"一带一路"篇
The Belt and Road

郭华东 主编

科学出版社
北京

审图号：GS（2021）4906

内 容 简 介

《地球大数据支撑可持续发展目标报告（2020）："一带一路"篇》围绕零饥饿（SDG 2）、清洁饮水和卫生设施（SDG 6）、可持续城市和社区（SDG 11）、气候行动（SDG 13）、水下生物（SDG 14）和陆地生物（SDG 15）6 个可持续发展目标（SDGs）所开展的 44 个案例研究、指标建设和可持续发展状态评估，展示了典型地区、国家、区域以及全球四个尺度在数据产品、方法模型和决策支持方面对相关 SDGs 及其指标进行的研究和监测评估成果，包括 43 套数据产品、25 种方法模型和 30 个决策支持结果。这些案例展现了中国利用科技创新推动落实联合国"2030 年可持续发展议程"的探索和实践，充分揭示了地球大数据技术对监测评估可持续发展目标的应用价值和广阔前景，开拓了在联合国技术促进机制框架下利用大数据、人工智能等先进技术方法支撑"2030 年可持续发展议程"落实的新途径和新方法，为各国加强"2030 年可持续发展议程"落实的监测评估提供借鉴。

本书可供相关领域的研究人员、国家相关部门的决策人员阅读。

图书在版编目（CIP）数据

地球大数据支撑可持续发展目标报告. 2020. "一带一路"篇 / 郭华东主编. -- 北京：科学出版社，2021.8
　ISBN 978-7-03-067527-9

　Ⅰ. ①地… Ⅱ. ①郭… Ⅲ. ①全球环境－可持续发展－研究报告－2020 Ⅳ. ①X22

中国版本图书馆CIP数据核字（2021）第001560号

责任编辑：牛　玲　张翠霞／责任校对：王　瑞
责任印制：师艳茹／书籍设计：北京美光设计制版有限公司

科 学 出 版 社 出版
北京东黄城根北街16号
邮政编码：100717
http://www.sciencep.com

中国科学院印刷厂 印刷
科学出版社发行　各地新华书店经销
*
2021年8月第　一　版　　开本：787×1092　　1/16
2021年8月第一次印刷　　印张：25
字数：480 000

定价：268.00元
（如有印装质量问题，我社负责调换）

地球大数据支撑可持续发展目标报告（2020）
"一带一路"篇
编 委 会

主　　编：郭华东

副 主 编（以姓氏笔画为序）：

于仁成　王福涛　左丽君　刘　洁　孙中昶　李晓松

吴炳方　陈　方　郑姚闽　贾　立　贾根锁　黄　磊

黄春林　韩群力

编　　委（以姓氏笔画为序）：

于秀波　子山·设拉子　马元旭　王　力　王　萌

王　雷　王　蕾　王中根　王心源　王丽涛　王卷乐

王树东　王胜蕾　牛振国　方功焕　邓新萍

古丽·加帕尔　龙腾飞　史腊梅　包安明　边金虎

邢　强　朱岚巍　朱教君　邬明权　刘宇鹏　闫冬梅

孙　喆　纪甫江　杜文杰　李　煜　李俊生　李洪忠

李爱农　李超鹏　杨林生　杨姗姗　杨瑞霞　何国金

张　丽　张　森　张　磊　张天媛　张少宇　张中琼

张兆明　张佳华　张晓美　张鸿生　陈　玉　陈亚宁

陈亚西　陈劲松　陈博伟　罗立辉　罗菊花　房世波

赵　玮　赵龙龙　赵俊芳　郝彦宾　胡光成　柏茂杨

姜亮亮　骆　磊　顾海峰　钱昕宇　高　添　郭　浩

郭宇娟　唐　寅　唐世林　黄文江　黄季夏　曹　丹

崔宇然　鹿琳琳　梁　栋　董莹莹　韩倩倩　曾红伟

蒙继华　窦长勇　蔡国印　廖静娟　魏海硕

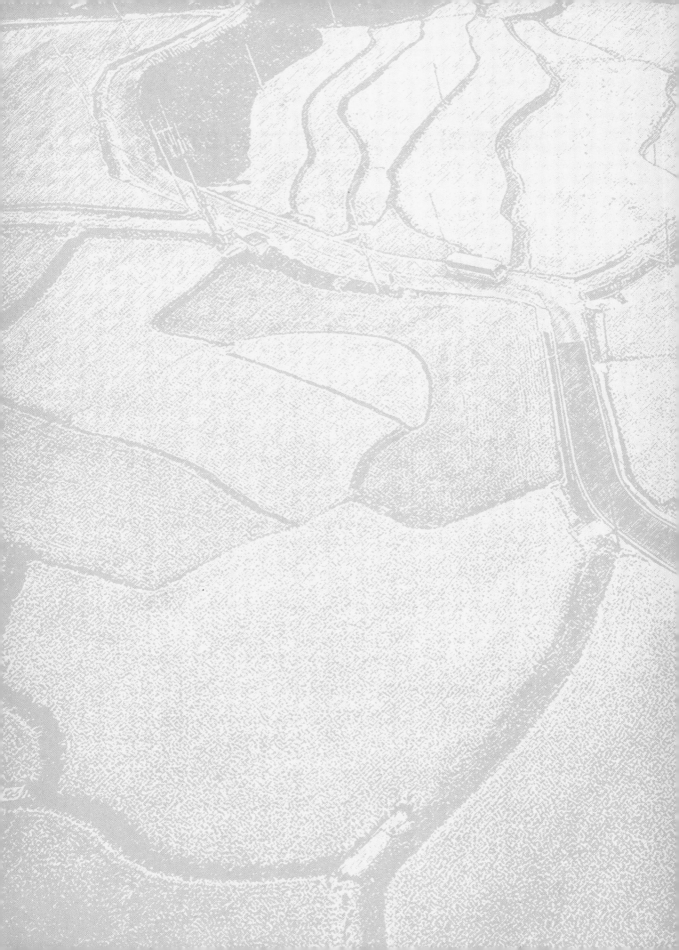

序　言

　　2015 年 9 月，联合国 193 个成员国通过了《变革我们的世界：2030 年可持续发展议程》（简称"2030 年可持续发展议程"），提出可持续发展目标（Sustainable Development Goals, SDGs），旨在以人类发展史上迄今最为全面和综合的方式解决人类社会面临的社会、经济和环境三个维度的发展问题，全面走向可持续发展道路。

　　中国致力于落实"2030 年可持续发展议程"，全面推进国内落实，取得积极进展，在多个 SDGs 上实现"早期收获"，并将于今年实现消除绝对贫困的可持续发展目标。同时，中国积极参与落实"2030 年可持续发展议程"的国际合作，与各国加强知识共享和经验分享，为其他发展中国家落实议程提供力所能及的帮助。

　　科学技术在推动 SDGs 的实现中具有重要作用已成为国际共识。联合国在《2019 年全球可持续发展报告》（*Global Sustainable Development Report 2019*）中进一步强调了科学技术是推动可持续性转型和全球发展变革的重要力量。作为全球科技界的一员，中国科学院对此充分认同并组织研究力量积极行动，加强科学－政策－社会的衔接互动，提供解决方案和科学支撑，助力中国政府推动"2030年可持续发展议程"的国内落实和国际合作，与国际社会共同面对可持续发展这个人类共同的宏大使命所面临的新需求和新挑战。

SDGs 本身是一个复杂、多样、动态和相互关联的庞大体系。对各目标进行有效的度量和监测是保障 SDGs 落实的基础环节，但如何度量这些目标仍然面临很多困难。2017 年，联合国通过可持续发展目标全球指标框架，作为会员国自愿采用的非约束性评估指标，指标框架本身有待完善。2020 年距全面实现 SDGs 仅剩十年，形势并不乐观。而新冠肺炎疫情全球大流行，更给"2030年可持续发展议程"的落实带来了前所未有的挑战。

自 2018 年开始，中国科学院"地球大数据科学工程"（CASEarth）科研团队围绕零饥饿、清洁饮水和卫生设施、可持续城市和社区、气候行动、水下生物、陆地生物等 6 个目标开展了一系列研究工作，特别针对在数据和方法中存在不足的指标进行深入研究。CASEarth 每年发布的《地球大数据支撑可持续发展目标报告》已成为中国科学院科技支撑 SDGs 的代表性工作。

《地球大数据支撑可持续发展目标报告（2020）："一带一路"篇》围绕上述 6 个目标，开展了数据集成、指标建设和可持续发展状态评估，总结形成了 44 个典型研究案例。这些案例从背景和现状、所用数据、研究方法、结果分析、展望 5 个方面，分别在数据产品、方法模型和决策支持上对相关 SDGs 及其指标进行了深入分析总结，揭示了地球大数据技术和方法对监测评估 SDGs 的应用价值和前景。

联合国秘书长安东尼奥·古特雷斯在《2019 年可持续发展目标报告》中指出，需要更深入、更快速和更雄心勃勃的响应，以推动实现可持续发展目标所需的社会和经济转型。特别强调更好地利用数据，在利用科学技术和创新时更加注重数字转型。同时强调，采取全球行动时，要体现对 SDGs 实现更加智能化的解决方案。由此可见，在实现 SDGs 的过程中科学技术特别是数据将扮演更加重要的角色。

SDGs 技术促进机制和中国提出的创新驱动理念高度契合，都是用科技促进发展。中国和众多发展中国家，尤其是数据获取和处理、发展指标监测和评估技术能力相对薄弱的国家，在落实2030年议程方面面临较大挑战和能力建设的紧迫需求。地球大数据可为此作出特有的贡献。

2020年时值联合国成立75周年，联合国开启可持续发展目标"行动十年"计划。中国科技界将继续与各国一道，积极推动落实"2030年可持续发展议程"，为如期实现可持续发展目标作出贡献。中国科学家谨以此报告为"2030年可持续发展议程"贡献中国力量，并将继续积极参与全球科学合作和知识共享，推动SDGs落实。值此报告出版之际，谨向郭华东院士领导的CASEarth团队对科技创新积极服务SDGs落实所付出的努力表示敬意和谢忱。

中国科学院院长
"地球大数据科学工程"专项领导小组组长
2020年11月30日

前　言

　　联合国《变革我们的世界：2030 年可持续发展议程》已通过 5 年。指标数据的不足仍是当前科学评估全球落实进展的重要瓶颈。2020 年初突发的新冠肺炎疫情在全球的蔓延，对人类社会的经济发展产生了严重影响，更对各国实现 SDGs 形成了严峻的挑战。

　　为支撑 SDGs 的实现，联合国提出了 SDGs 技术促进机制，其内涵包括可持续发展目标技术促进机制跨机构任务组和 10 人组、技术促进可持续发展目标多利益攸关方协作论坛以及网上平台三部分，旨在通过科技创新推动"2030 年可持续发展议程"的全球落实。当前，对 SDGs 监测进行数据和方法上的突破，已成为最紧迫、最重要的任务之一。

　　作为科技创新的重要方面，地球大数据在支撑可持续发展目标实现中具有重要作用。地球大数据具备宏观、动态、客观监测能力，可对包括陆地、海洋、大气及与人类活动相关的数据进行整合和分析，可以把大范围区域作为整体进行认知，为可持续发展目标特别是地球表层与环境、资源密切相关的诸多目标，提供动态、多尺度、周期性的丰富信息。

地球大数据服务 SDGs 的主要目标是实现地球大数据向 SDGs 相关应用信息的转化，构建和集成地球大数据支持 SDGs 的指标体系，研究各目标间的关联和耦合，进而为 SDGs 落实提供决策支持。本年度，我们根据地球大数据的优势和 SDGs 指标体系的特点，遴选出 6 个 SDGs 进行分析。

地球大数据主要通过 3 种方式贡献 6 个 SDGs：一是数据产品，利用地球大数据为 6 个 SDGs 提供评估数据的新来源；二是方法模型，基于地球大数据技术和模型，创立 SDGs 评估新方法；三是决策支持，围绕 SDGs 开展实践案例研究和分析，监测 SDGs 指标实践进展。

2020 年度报告（"一带一路"篇）针对 19 个具体目标汇集了与中国签订共建"一带一路"合作协议的国家（简称"一带一路"协议国家）的 44 个典型案例，展示了全球、区域、国家和典型地区四个尺度在数据、方法模型和决策支持方面对相关 SDGs 及其指标进行的研究和监测评估成果，包括 43 套数据产品、25 种方法模型和 30 个决策支持结果。这些分析成果，包括莫桑比克定制化农情监测系统、亚非沙漠蝗灾情监测与评估、"一带一路"协议国家大型地表水体透明度时空分布、高分辨率全球不透水面制图服务全球城镇化评估、全球火烧迹地分布、沿海国家海岸带红树林动态变化、全球高分辨率森林覆盖、全球及重点区域的土地退化评估等，表明地球大数据及其相关技术和方法，可以为深入认识和更为精准地判定这些SDGs相关重大问题提供新的分析工具，在推动科技服务全球可持续发展方面具有重要意义和实践价值。

　　本报告得到中国科学院、外交部、科学技术部领导和相关部门的悉心指导，报告形成过程中得到来自国家发展和改革委员会、自然资源部、生态环境部、住房城乡建设部、交通运输部、水利部、农业农村部、国家卫生健康委员会、应急管理部、国家统计局、国家林业和草原局相关领导和专家提出的宝贵意见和建议，团队科研人员付出了辛勤的劳动。值此报告出版之际，一并表示衷心感谢。

中国科学院院士

"地球大数据科学工程"专项负责人

"联合国可持续发展目标技术促进机制10人组"成员

2020 年 11 月 30 日

执行摘要

2020 年是联合国《变革我们的世界：2030 年可持续发展议程》（简称为"2030 年可持续发展议程"）通过的第 5 年。当前联合国 SDGs 落实进展数据缺失、统计方法不完善、指标众多且相互关联制约，以及本地化问题多样等问题对落实目标进展造成一定制约。作为科学技术创新的重要方面，地球大数据已经成为我们认知地球的新钥匙和知识发现的新引擎。在《地球大数据支撑可持续发展目标报告（2019）》（郭华东主编，科学出版社 2020 年 1 月出版）中，我们的研究团队已经证明地球大数据可以为可持续发展做出特有贡献。本报告利用地球大数据的优势和特点，对 SDG 2 零饥饿、SDG 6 清洁饮水和卫生设施、SDG 11 可持续城市和社区、SDG 13 气候行动、SDG 14 水下生物和 SDG 15 陆地生物等 6 个 SDGs 展开监测评估，展现了"地球大数据科学工程"专项在数据产品、方法模型和决策支持方面所作的重要贡献。

在 SDG 2 零饥饿方面，本报告聚焦全球粮食安全脆弱关键区——非洲，粮食安全热点——沙漠蝗虫问题，以及粮食可持续的关键因素——生产力水平，围绕单位劳动力生产量（SDG 2.3.1）、从事生产性和可持续农业的农业地区比例（SDG 2.4.1）及国际合作与能力建设（SDG 2.a）三个子目标/指标，基于地球大数据开展方法创新与改进、示范与推广和技术落地，发展了融合多元数据和虫害迁飞扩散模型的灾情监测方法，监测精度达到 80% 以上；形成了赞比亚破碎化农田较规模化农田生产力高、埃塞俄比亚小麦潜在单产约为 3.62 t/hm²、中南半岛五国水稻复种指数在 2000～2019 年明显增长等关键结论；提出了赞比亚、埃塞俄比亚等非洲国家粮食单产提升的可行途径，构建了面向莫桑比克农情监测与粮食安全预警的定制化云服务平台，为其他"一带一路"协议国家粮食安全预警能力建设提供成功范例，全面展现了地球大数据在实现零饥饿可持续发展目标方面的重要支撑作用。

在 SDG 6 清洁饮水和卫生设施方面，本报告聚焦水资源、水环境、水生态三个方向，围绕湖泊水体透明度（SDG 6.3.2）、用水效率（SDG 6.4.1）和涉水生态（SDG 6.6.1）三个指标，面向亚欧非典型国家和地区，发展了基于地球大数据的 SDGs 监测评估方法，并开展了示范应用。生产了"一带一路"协议国家大型地表水体透明度时空分布数据集（2015 年和 2018 年）、全球首个澜－湄流域尺度的用水效率变化数据集（2008～2019 年）和亚非欧大陆 86 个国际重要湿地水体（2000～2018年）等空间数据集；重点发展了基于水体色度指数的普适性的透明度反演方法、基于多源遥感数据和生长过程的作物水分生产力评估模型、基于水系统综合模拟的用水效率评估方法、适用于海量遥感大数据和云平台的水体自动提取方法；得出了2015～2018 年"一带一路"协议国家大型地表水体透明度总体呈下降趋势、近 20年来中亚五国的万美元 GDP 用水量呈显著下降趋势、2000～2018 年"一带一路"国家 50% 的国际重要湿地水体呈现了显著的变化趋势（其中多数表现为增长趋势）等关键结论。以上这些重要成果，为全球发展中国家的水环境监测与治理、水资源优化配置和湿地保护行动提供了有效的决策支持。

在 SDG 11 可持续城市和社区方面，本报告聚焦公共交通（SDG 11.2.1）、城镇化（SDG 11.3.1）、文化遗产保护（SDG 11.4.1）三个指标，在亚欧非开展了基于地球大数据技术支撑的 SDG 11 指标监测与评估。自主生产了亚欧非 65 个国家 2015 年、2017 年、2019 年三期 10 m 分辨率城市路网产品，2015 年和 2018 年两期全球 10 m 分辨率不透水面产品，1997～2019 年 30 m 分辨率森林类世界自然遗产森林扰动数据集与人为干扰指数数据，2000 年和 2015 年两期归一化的城市建设用地、夜间灯光、人口格网数据，1990～2015 年 30 m 分辨率亚欧非 1000 个（含中国）城市建成区数据集。发展基于深度学习和多源遥感数据的路网提取方法。对 SDG 11指标进行修改与扩展，进一步完善 SDG 11 指标体系，例如针对世界文化遗产，提出新的城镇化强度指标；针对世界自然遗产，建立可定量评估自然遗产地人为压力状态的人为压力指标；优化联合国中用于计算 SDG 11.3.1 的模型，解决人口分布与土地扩张数据之间耦合问题。得出亚欧非陆路设施可用性增强并向可持续方向发展，全球城镇化可持续发展仍面临挑战，尤其是亚欧非土地利用效率降低趋势明显，将给城市土地利用的可持续性带来负面影响等关键结论。围绕互联互通、土地利用、遗产保护和城市空间格局四个方面，在亚欧非国家或者典型地区通过地球大数据技术和手段动态监测与评估城市可持续发展进程，为区域城市可持续发展提供数据支撑和技术支持。

在 SDG 13 气候行动方面，本报告聚焦减少气候相关灾害损失（SDG 13.1）、气候变化影响和应对（SDG 13.2）两个具体目标，利用地球大数据开展了 SDG 13 指标监测和进展评估。在气候变化相关灾害方面，在以往统计数据基础上，增加了不同灾种（洪水、滑坡、火灾、沙尘暴）的高分辨率空间分布数据集，结果发现：2015 ～ 2019 年，亚非是遭受自然灾害影响最严重的地区；2015 年和 2019 年全球火烧迹地面积相近，其中南美洲 2019 年火烧迹地变化显著，面积增加 22%；2015 ～ 2019 年，中亚大部分地区的沙尘气溶胶污染问题呈向好发展态势。在气候变化影响和应对方面，通过地球大数据方法，分析了气候变化在多个层面的影响，并为未来应对气候变化提供决策支持；发现高亚洲地区中高风险冻融灾害呈现出加剧的趋势，从 2001 年占总面积的 17% 上升到 2019 年的 20%；分析了多种气象条件，发现 2018 ～ 2019 年的阿拉伯半岛等区域的降水量大幅增加是非洲沙蝗在非洲、亚洲造成严重灾害的重要成因；通过长时间序列观测发现，1961 ～ 2018 年亚洲中部地区总体呈现变湿趋势，气象干旱事件频次逐渐增加，但平均干旱影响面积、持续时间、严重度逐渐降低；通过预测未来 10 年全球森林碳收支趋势，得出未来 10 年北半球森林总体上固碳能力将增强，而南半球森林固碳能力将明显减弱的结论；结合北极海冰观测结果和多种气候模式进行预测，预测结果显示 21 世纪 30 年代和 40 年代商船在东北航道的可通航里程增长较为缓慢，但是到 2050 年前后可通航里程增加幅度明显。

在 SDG 14 水下生物方面，本报告聚焦地球大数据技术支撑的预防和大幅减少各类海洋污染（SDG 14.1）、可持续管理和保护海洋和沿海生态系统（SDG 14.2）、保护沿海和海洋区域（SDG 14.5）三个具体目标，通过五个案例在"海上丝绸之路"和典型

地区两个空间尺度，通过时空数据融合和模型模拟等方法，完成对南海及周边典型海域富营养化评价、中南半岛近岸水产养殖塘时空格局及其对近海叶绿素 a 的影响评估、科伦坡港附近海域水环境动态变化监测、沿海国家海岸带红树林动态监测，以及海岸带港口城市发展及其岸线保护与利用等方面的动态监测和综合评估研究工作。研究结果显示，和历史数据相比，柔佛海峡、马尼拉湾和孟加拉湾的营养盐污染排放近年来没有缩减，孟加拉湾甚至有增加的趋势；近岸水产养殖是近海富营养化的重要陆上营养盐污染源之一；科伦坡港口在建设初期虽然存在叶绿素 a 增长、悬浮泥沙增加的水环境响应，但在 4 个月内基本恢复至建设前水平，建设影响能控制在合理时间尺度内；案列研究区内 68.4% 的亚洲国家红树林面积呈持续减少的趋势，66.4% 的非洲国家红树林面积呈增加的趋势；近 30 年，案例研究区内海岸线长度总体呈稳定增长的趋势，东部地区尤其是东南亚国家沿线的海岸线变化较大。

　　在 SDG 15 陆地生物方面，本报告聚焦森林保护与恢复、土地退化与恢复、濒危物种栖息地、生物多样性保护、山地生态系统保护及关键基础数据集六个方向，围绕森林比例（SDG 15.1.1）、生物多样性保护比例（SDG 15.1.2/15.4.1）、永久森林丧失净额（SDG 15.2.1）、退化土地比例（SDG 15.3.1）、山区绿化覆盖指数（SDG 15.4.2）及红色名录（SDG 15.5.1）六个指标，在全球、"一带一路"协议国家或者典型地区，发展了地球大数据支撑的指标评价模型和方法，并开展了示范应用。形成了全球尺度 2019 年 30 m 森林覆盖、全球土地退化与恢复、全球土地覆盖变化、全球陆地生态系统气候潜在生产力与水分利用效率（Water Use Efficiency, WUE）及全球干旱生态系统主要生态要素变化数据集；发展了基于机器学习与云计算的全球森林覆盖产品快速生产体系、基于地球大数据的保护区脆弱性评估方法体系、考虑生态与生产要素的草地退化评价体系及栅格尺度山区绿化覆盖指数计算模型；得出了中国土地退化零增长（Land Degradation Neutrality, LDN）趋势 2015 ~ 2018 年持续向好（贡献全球近 1/5），中亚大部分地区未完成土地退化零增长目标等科学结论；提出了蒙古国土地退化防控建议、亚洲象与东北虎栖息地保护对策建议，为 SDG 15 指标动态监测和评价提供了有力的支撑。

地球大数据支撑可持续发展目标案例汇总表

对应具体目标	案例名称	数据产品	方法模型	决策支持
SDG 2.3	赞比亚不同规模农田占比空间分布及农业生产力	赞比亚不同规模农田占比空间分布（500 m～1 km 分辨率）	赞比亚不同生产规模农田的农业生产力对比分析方法	—
	亚非沙漠蝗虫灾情监测	2018～2020年亚非沙漠蝗虫害迁飞扩散路径、主要繁殖区监测	融合多元数据和虫害扩散模型的灾情监测方法	揭示区域蝗灾发生发展趋势，提出重点关注国家
SDG 2.4	中南半岛水稻种植模式时空动态格局	2000 年、2015 年、2019 年中南半岛水稻种植分布、复种指数分布数据产品	—	为区域水稻生产模式规划等政策提供科学参考
	东北欧亚大陆耕地生产力数据集与应用	东北欧亚大陆主要农耕区作物种植类型与单产水平数据集	—	为区域农业生产格局调整与生产力水平提升提供科学建议
	埃塞俄比亚小麦生产潜力	埃塞俄比亚 1 km 分辨率小麦实际单产与潜在单产差距空间分布数据集	—	提出埃塞俄比亚实现可持续农业发展、确定 2030 年农业生产力翻番最可行途径科学建议
SDG 2.a	莫桑比克粮食安全预警能力建设	—	—	通过能力建设使得莫桑比克具备粮食安全预警能力，为该国农业生产、应对粮食安全挑战提供决策支持
SDG 6.3	"一带一路"协议国家大型地表水体透明度时空分布格局	"一带一路"协议国家大型地表水体透明度分布数据集（2015年、2018年）	基于水体色度指数的普适性的透明度反演方法	—
SDG 6.4	摩洛哥作物水分生产力评估	田块精细尺度作物水分生产力数据集（2016～2019 年）	基于多源遥感数据时空数据融合并结合本地作物生长过程的作物水分生产力评估	—

续表

对应具体目标	案例名称	数据产品	方法模型	决策支持
SDG 6.4	中亚地区水资源利用效率	2000～2019 年中亚地区水资源利用效率评估数据集	—	为联合国中亚水危机协调机构、中亚跨境河流水资源谈判提供决策支持
	澜-湄流域水资源利用效率	全球首个澜-湄流域尺度的用水效率变化数据集	基于水系统综合模拟的澜-湄流域用水效率分析	为澜-湄流域管理机构、东盟中心提供决策支持
SDG 6.6	"一带一路"协议国家国际重要湿地水体动态变化	"一带一路"协议国家长时序地表水体动态分布数据集（2000～2018 年）	适用于多种光学传感器；适用于海量遥感大数据和云平台，如 GEE 等；构建全球的水体 NDVI 阈值时空参数数据集；无须样本迁移	为各缔约国履行《湿地公约》《生物多样性公约》提供决策支持
SDG 11.2	亚欧非 65 个国家路网变化及道路通达性评估	亚欧非 65 个国家全覆盖道路网络数据（2015 年、2017 年、2019 年）	—	—
	中巴铁路沿线农村可及性分析	提供中巴铁路沿线 2014/2019 年农村道路两侧人口监测数据产品	—	—
SDG 11.3	高分辨率全球不透水面制图服务于全球城镇化评估	2015 年和 2018 年两期全球 10 m 分辨率高精度城市不透水面遥感产品	提出利用多源多时相升降轨 SAR 和光学数据结合其纹理特征快速提取方法；提供透水面快速提取方法；提供地球大数据云服务平台下的 SDG 11.3.1 指标在线计算工具	为全球城市可持续发展提供数据支撑和决策支持
	亚欧非城市用地效率及可持续性分析	1990 年、1995 年、2000 年、2005 年、2010 年和 2015 年共 6 期亚欧非人口数超过 30 万城市建成区数据集	—	为亚欧非不同区域可持续城市及人类住区的建设提供决策支持

续表

对应具体目标	案例名称	数据产品	方法模型	决策支持
SDG 11.3	全球大城市土地利用变化评估	大城市生态环境遥感产品	—	大城市生态环境可持续发展建议
	亚欧非文化遗产时空分布特征与保护对策研究	归一化的城市建设用地、夜间灯光、人口格网数据	提出新的城市化强度指标	相关成果数据及评估报告提交给 UNESCO 及 "一带一路" 协议国家相关机构
SDG 11.4	亚欧非世界自然遗产地人为干扰监测与综合压力分析	中亚森林类自然遗产地森林扰动和人为压力数据	建立可定量评估自然遗产地人为压力状态的人为压力指数	"一带一路" 沿线典型案例地的可持续发展趋势分析
	亚/非/欧/大洋洲 2015～2019 年自然灾害影响及典型区对地观测评估方法对比	形成遥感数据为主的灾害空间观测数据集	对比传统统计结果，利用对地观测手段客观评估国家尺度受灾情况和 SDG 指标	—
SDG 13.1	全球火烧迹地分布及变化	目前最高空间分辨率的全球火烧迹地产品	基于地球大数据和人工智能技术的自动化生产方法	—
	中亚沙尘源区近 40 年沙尘气溶胶排放年际变化及影响因素	中亚沙尘暴强度分布数据集、沙尘颗粒物干沉降数据集	基于大数据深度学习的沙尘暴强度提取	为中亚国家减灾管理机构沙尘预警提供支持
	全球森林碳收支与气候变化	长时间序列森林碳收支数据集	更为准确地评估碳平衡以及维护全球气候等方面中的碳汇作用	—
SDG 13.2	高亚洲地区冻融灾害风险性评估	2001～2019 年高时空分辨率的高亚洲地区冻融灾害评估数据集	基于冻土指数权重分析和归一化方法	为拟建冻土工程的设计和线路规划提供指导意见
	2019 年末非洲沙漠蝗灾成因分析及其未来可能风险	提供基于风云卫星的非洲沙漠蝗繁育区的高精度土壤水分产品	采用基于多输入变量(Fengyun-3C VSM、MODIS NDVI、位置和高程信息)和非线性拟合的人工神经网络模型，获取区域尺度高精度的高精度土壤水分	为 2020 年初非洲沙漠蝗的发生、影响和未来可能的发展趋势的分析判断提供数据支持

续表

对应具体目标	案例名称	数据产品	方法模型	决策支持
SDG 13.2	北极东北航道通航能力可持续发展评估	北极航道最优通航路径产品	北极航道最优通行航线算法	为北极航道通航路径规划及航道开发等规划提供决策参考
	亚洲中部地区气象干旱事件监测	综合考虑降水和蒸发作用的标准化干旱指数 SPEI 长序列数据产品	提出基于经度-纬度-时间的三维聚类干旱事件识别方法评估模型	实现典型干旱事件动态监测及影响追踪，为政府制定预防和减灾措施提供决策支持
SDG 14.1	南海及周边典型海域富营养化评价	2019 年南海及周边海域的富营养化现场调查数据	建立了一种基于无机氮、无机磷和溶解氧的富营养化评价新方法	提供南海及周边重点海域富营养化评价结果及建议
	中南半岛近岸水产养殖塘时空格局及其对近海叶绿素 a 的影响评估	2000 年、2010 年和 2015 年中南半岛典型水产养殖近岸水产养殖塘时空分布及近海叶绿素 a 产品	提出一种评价近岸水产养殖塘空间分布对近海营养盐污染的定量评价方法	为改善水产养殖近岸海水体富营养化、减少海洋营养盐污染的相关政策制定提供数据支撑和决策支持
SDG 14.2	科伦坡港附近海水环境变化	科伦坡港口附近水环境参数（2013~2020 年，30 m）	港口附近的叶绿素、悬浮泥沙等重要水环境参数反演	客观反映港口工程前后水环境变化特征，为促进港口海洋环境恢复提供科学依据
	沿海国家海岸带红树林动态变化监测	1990 年、2000 年、2010 年和 2015 年案例研究区海岸带红树林数据集	基于机器学习的红树林精确提取方法和红树林动态变化分析方法	为相关国家提供红树林保护、恢复和管理，以及海洋及其周边生态环境保护的决策支持
SDG 14.5	海岸带港口城市发展及其岸线保护与利用	1990 年、2000 年、2010 年和 2015 年案例研究区海岸带港口城市建设用地扩张和岸线变化数据集	港口城市建设用地扩张分析模型及岸线保护分析方法	为进一步推动海岸带岸线保护和海岸带生态环境修复提供科学量化依据

续表

对应具体目标	案例名称	数据产品	方法模型	决策支持
SDG 15.1	全球/区域森林覆盖现状	全球30 m森林覆盖数据产品，时间为2019年，数据产品空间分辨率30 m，覆盖全球范围，产品精度不低于85%	—	—
	"三海一湖"重要国际流域保护区脆弱性评估	2001年、2005年、2010年、2016年"三海一湖"重要国际流域保护区的脆弱性数据集	新发展一种基于地球大数据方法的保护区脆弱性评估方法	—
SDG 15.2	东南亚区域森林覆盖时空动态格局	2015年东南亚9国30 m分辨率森林覆盖产品及2014~2018年森林覆盖变化产品	—	—
	全球土地退化零增长进展评估	2018年全球SDG 15.3.1评估结果数据集，250 m空间分辨率最高且符合联合国标准规范的全球土地退化评估产品	—	2018年全球国别尺度SDG 15.3.1评估报告，为联合国相关机构政策制定提供决策支持
SDG 15.3	中亚五国土地退化监测与评估	发布2000~2019年逐年土地退化指数遥感产品，空间分辨率500 m	—	量化中亚土地退化零增长目标完成情况，发布区域实现的空间分布图
	非洲地中海草地退化特点及动态	2007~2019年草地退化监测产品，空间分辨率250 m	考虑生态与生产要素的北非草地退化评价体系	—
	蒙古国荒漠化精细反演及防控对策	30 m空间分辨率的蒙古国1990~2000年、2000~2010年、2010~2015年土地退化与土地恢复分布图	—	蒙古国土地退化与土地恢复驱动力分析，以及蒙古国重点退化土地区的土地退化防控建议
SDG 15.4	"一带一路"经济廊道山区绿化覆盖指数时间序列变化监测与决策支持示范	"一带一路"经济廊道高分辨率山区绿化覆盖指数数据产品	构建栅格尺度的山区绿化覆盖指数计算模型	提出"一带一路"经济廊道山地生态系统保护对策建议

续表

对应具体目标	案例名称	数据产品	方法模型	决策支持
SDG 15.5	亚洲象栖息地森林损失监测与评估	（1997～2019年）每2～3年一期（共7～10期）的斯里兰卡亚洲象栖息地破碎化地球大数据监测与评估结果，空间分辨率优于30 m	—	向斯里兰卡野生动物管理局和世界自然保护联盟提供用于制定全球保护策略的评估报告
	东北虎生境动态监测	1990～2020年东北亚森林类型面积及比例数据集，空间分辨率30 m	—	为东北虎国家公园建设提供有关栖息地方面决策支持
	近20年全球土地覆盖变化	完成4期（2000～2018年）1 km全球土地覆盖产品，精度比现有产品提高5%左右	—	—
SDG 15综合	全球陆地生态系统气候生产潜力及水分利用效率动态	全球陆地生态系统气候生产潜力（2000～2018年）及水分利用效率（1982～2018年）数据集	—	—
	人口和气候变化对全球干旱生态系统物质供给能力的影响评估	全球干旱生态系统主要生态要素变化数据集（10 km, 2000～2017年）；气候和人口增长对干旱生态系统影响分析数据集（中国、南非、以色列, 10 km, 2000～2017年）	—	—

目　　录

第三章

SDG 6
清洁饮水和卫生设施

第四章
SDG 11
可持续城市和社区

第五章
SDG 13
气候行动

第七章
SDG 15
陆地生物

第一章

绪　论

　　2015 年，联合国大会通过《变革我们的世界：2030 年可持续发展议程》，提出 17 项可持续发展目标（Sustainable Development Goals, SDGs），涵盖经济、社会、环境三大领域，为各国发展和国际发展合作指明方向。议程通过几近 5 年，SDGs 监测与评估是落实 2030 年议程的重要方面。针对监测中面临的数据缺失、能力不均衡、目标间关联且相互制约等问题，科技创新的重要作用日益凸显。中国科学院"地球大数据科学工程"（Big Earth Data Science Engineering Program, CASEarth）发挥地球大数据多尺度、近实时和系统集成的优势，聚焦 SDG 2 零饥饿、SDG 6 清洁饮水和卫生设施、SDG 11 可持续城市和社区、SDG 13 气候行动、SDG 14 水下生物和 SDG 15 陆地生物等 6 个目标，以年为节点定期发布科学实证的监测和评价结果，为 SDGs 的实现做出实质性贡献（Guo et al., 2019）。

SDGs实现过程中存在的问题与挑战

　　联合国于 2017 年通过了可持续发展目标全球指标框架，这是一套评估监测可持续发展目标进展的初步体系，由会员国主导、自愿采用，定期更新调整。目前，SDGs 落实面临的挑战主要有以下三个方面。

1. 数据缺失

　　SDGs 实施 5 年来，原本处于无方法无数据状态的指标均得到了改善，但仍有 46% 的指标处于有方法无数据状态；有方法有数据指标的量测以统计方法为主，缺乏有效空间分布信息。不同尺度、客观精准的空间数据可为 SDGs 的实现提供必要的数据支撑。面对全球环境变化导致的极端高温热浪、火灾频次增加、海洋酸化、富营养化加剧、持续的土地退化、生物多样性减少、农业生产生态环境影响增加等问题，采集科学数据，定时定量评估自然环境变化，精确定位灾害的空间分布，准确预测其未来趋势，将可提供有效解决途径，为促进 SDGs 实现提供重要参考。

2. 能力不均衡

受经济发展水平和资源环境压力制约，发展中国家面临着儿童生长迟缓比率高、城市住房和公共空间不足、抵御灾害能力差、难以获得安全卫生的淡水资源、森林利用过度等问题，其定期、有效收集与分析数据的能力也普遍较弱。数据的缺乏使上述问题"隐形"，一定程度上加剧了这类地区的弱势。发挥大数据优势，及时、准确、全面地采集全球、区域等各个空间尺度的客观数据，改进数据兼容性和可比性，在数据上确保"不落下任何人"，是实现 SDGs 的基本诉求。

3. 目标间关联且相互制约

SDGs 指标体系涉及面广，时间跨度长，指标间相互依存、相互关联，其涉及的内容体现了整体性与多样性的统一、层次性与有机性的结合、复杂性与可行性的整合。厘清 SDGs 指标体系间的内在关联，采集标准统一、可量化的科学数据，提出客观、有效的指标监测和评估方法模型，成为亟待突破的重要方向。

地球大数据

为解决上述 SDGs 落实过程中存在的问题与挑战，联合国启动了技术促进机制（Technology Facilitation Mechanism, TFM），以凝聚科技界、企业界和利益攸关方的集体智慧，从科学、技术和创新（Science, Technology and Innovation, STI）出发推进落实 SDGs。

地球大数据是具有空间属性的地球科学领域大数据，尤其指基于空间技术生成的海量对地观测数据（Guo et al., 2016）。地球大数据主要产生于具有空间属性的大型科学实验装置、探测设备、传感器、社会经济观测以及计算机模拟过程，它具有海量、多源、异构、多时相、多尺度、非平稳等大数据的一般性质，同时还具有很强的时空关联和物理关联，具有数据生成方法和来源的可控性。地球大数据科学是自然科学、社会科学以及工程学交叉融合的产物，基于地球大数据分析来系统研究地球系统的关联和耦合，即综合应用大数据、人工智能和云计算，将地球当作一个整体进行观测和研究，理解地球自然系统与人类社会系统间复杂的交互作用和发展演进过程，可为实现 SDGs 做出重要贡献。

中国科学院于 2018 年启动的 A 类战略性先导科技专项"地球大数据科学工程"，旨在促进和加速从单纯的地球数据系统和数据共享，到数字地球数据集成系统的转变，促进全球范围内的数据、知识和经验共享，为科学研究、决策支持、知识传播提供支撑（Guo et al., 2020a）。地球大数据科学为研究和实现全球跨领域、跨学科协作提供了一种解决方案，是技术促进机制支撑 SDGs 落实的一项创新性实践（Guo et al., 2020b）。

地球大数据支撑SDGs实现

地球大数据支撑落实 SDGs 的方式包括实现地球大数据向 SDGs 相关应用信息的转化、为 SDGs 的落实提供决策支持、构建地球大数据支持 SDGs 指标体系和集成，以及从地球系统的角度研究各目标间的关联和耦合。通过地球大数据共享服务平台、地球大数据云服务基础设施，从数据、在线计算、可视化演示方面为 SDGs 指标监测与评估提供支持。目前，"地球大数据科学工程"共享数据总量约 8PB，并每年以 3PB 的数据量持续更新。云平台可提供 1PF 的高性能计算能力和大数据处理能力。地球大数据系统实现了从数据到信息可视化再到系统数值模拟的全流程功能，可支撑 SDGs 动态监测和宏观决策。

地球大数据围绕 SDGs 的研究内容包括以下四个方面。

（1）构建支撑落实 SDGs 的地球大数据基础设施，提供面向 SDGs 评估的数据产品，填补 SDGs 数据空白，实现 SDGs 相关数据共享；

（2）利用地球大数据建立落实 SDGs 的方法和技术体系，为落实 2030 年议程提供数据支持；

（3）提供支撑 SDGs 的地球科学卫星运行，支撑相关 SDGs 指标的监测研究；

（4）发布《地球大数据支撑可持续发展目标》年度报告，展示地球大数据支持 2030 年议程落实的新进展。

《地球大数据支撑可持续发展目标报告（2020）："一带一路"篇》针对 6 个可持续发展目标的 44 个典型案例开展监测研究，旨在探讨运用地球大数据高效精准监测 SDGs 落实进展的方法和路径，为相关决策提供科学、客观和适时的数据支撑。

2 零饥饿

第二章

SDG 2 零饥饿

背景介绍

　　零饥饿（SDG 2）目标旨在消除任何形式的饥饿，实现粮食安全，改善营养状况和促进可持续农业，《中国落实 2030 年可持续发展议程国别方案》也将之与消除贫困共同列为实现 2030 年可持续发展的首要目标。

　　然而，在全球范围全面实现零饥饿目标仍面临巨大挑战。气候变化致使极端事件发生的频率增加，导致温度与降水的变化，从而影响区域水资源与土地资源的可利用性，影响农业的生产能力、生产布局与结构变动，农业生产的不稳定性增加。在雨养农业为主的非洲地区，农业生产的脆弱性更为明显，非洲已经成为全球气候变化最敏感的地区（Thornton et al., 2009）。《全球生态环境遥感监测 2019 年度报告》和联合国发布的《2018 年世界粮食安全和营养状况报告》显示，无论是全球还是非洲，饥饿与营养不良人口数量已连续增加 3 年，非洲人均粮食产量下降至 2014 年以来的最低水平，近 5 年来粮食安全状况持续恶化（FAO et al., 2018）。

　　开展零饥饿现状评估，动态跟踪掌握零饥饿目标实现程度及各项指标的发展变化，并进一步为实现零饥饿可持续发展目标提供科学建议，成为国际科学界的共同责任与义务。联合国南南合作办公室于 2016 年和 2018 年分别发布了《南南合作与三方合作促进可持续发展实践案例》报告，总结了联合国南南合作和三角合作项目支撑下，全球不同国家和地区在实现 SDGs 方面的努力和成效，强调了通过激发团结合作、知识共享、能力建设等方式加速实现人类可持续发展目标的效力。

　　然而，SDG 2 各项指标评估的数据、方法等基础参差不齐，现有的评估也多以统计调查这一传统手段为主。SDG 2 目标实现程度的评估，必须依靠新的理念和创新方法支持。空间科学的发展、数字技术及地球大数据、人工智能等技术手段的应用，能够在大尺度 SDG 2 指标评估中发挥优势。

　　本报告围绕粮食生产和国家行动两方面具体目标，选取代表性指标（表 2.1），瞄准全球粮食安全脆弱关键区——非洲，粮食安全热点——沙漠蝗虫问题，以及粮食可持续的关键因素——生产力水平，利用地球大数据等一系列方法创新与改进、示范与推广、技术落地等科技杠杆提升"一带一路"协议国家及周边国家粮食安全治理能力，体现中国为帮助"一带一路"协议国家及周边国家实现零饥饿目标、构建人类命运共同体的担当。

主要贡献

　　围绕涵盖粮食生产保障和国家行动调节的三个子目标 / 具体指标，报告提出了两个指标 / 亚指标 / 中间产品评估方法，包括融合多元数据和虫害预测预报模型的灾情监测与农牧业损失评估方法、不同生产规模农田的农业生产力对比分析方法。基于此，在区域或国别尺度开展指标评估数据产品研制，形成了五套产品数据集；通过深入分析时空规律，展现部分"一带一路"协议国家及周边国家在零饥饿目标实现方面的进展，并为相关国家在提升粮食生产系统可持续性方面提出决策支持建议。具体贡献如表 2.1 所示。

表 2.1　案例名称及其主要贡献

指标 / 目标	案例	贡献	
SDG 2.3.1 按农业 / 畜牧 / 林业企业规模分类的每个劳动单位的生产量	赞比亚不同规模农田占比空间分布及农业生产力	数据产品：	赞比亚不同规模农田占比空间分布（500 m～1 km 分辨率）
		方法模型：	赞比亚不同生产规模农田的农业生产力对比分析方法
SDG 2.4.1 从事生产性和可持续农业的农业地区比例	亚非沙漠蝗虫灾情监测	数据产品：	2018～2020 年亚非沙漠蝗虫迁飞路径、主要繁殖区监测
		方法模型：	融合多元数据和虫害迁飞扩散模型的灾情监测方法
		决策支持：	揭示区域蝗灾发生发展趋势，提出重点关注国家
	中南半岛水稻种植模式时空动态格局	数据产品：	2000 年、2015 年、2019 年中南半岛水稻种植分布、复种指数分布数据产品
		决策支持：	为区域水稻生产模式规划等政策提供科学参考
	东北欧亚大陆耕地生产力数据集与应用	数据产品：	东北欧亚大陆主要农耕区作物种植类型与单产水平数据集
		决策支持：	为区域农业生产格局调整与生产力水平提升提供科学建议
	埃塞俄比亚小麦生产潜力	数据产品：	埃塞俄比亚 1 km 分辨率小麦实际单产与潜在单产差距空间分布数据集
		决策支持：	提出埃塞俄比亚实现可持续农业发展、确定 2030 年农业生产力翻番最可行途径科学建议
SDG 2.a 通过加强国际合作等方式，增加对农业基础设施、农业研究和推广服务、技术开发、植物和牲畜基因库的投资，以增强发展中国家，特别是最不发达国家的农业生产能力	莫桑比克粮食安全预警能力建设	决策支持：	通过能力建设使得莫桑比克具备粮食安全预警能力，为该国农业生产、应对粮食安全挑战提供决策支持

案例分析

赞比亚不同规模农田占比空间分布及农业生产力

对应目标

SDG 2.3：到2030年，实现农业生产力翻倍和小规模粮食生产者，特别是妇女、土著居民、农户、牧民和渔民的收入翻番，具体做法包括确保平等获得土地、其他生产资源和要素、知识、金融服务、市场以及增值和非农就业机会

 案例背景

赞比亚地处非洲南部，大部分海拔处于 1000～1500 m，总体属于高原地区，地势大致从东北向西南倾斜。该国大部分地区土地肥沃、水利资源丰富，人烟稀少，适于大面积种植多种农作物，超过一半的土地适宜从事农业生产，年均降雨量为 800～1000 mm，但实际开垦农田面积比例较低。

目前，赞比亚在粮食安全、气候变化和自然灾害等方面面临诸多挑战。随着人口的快速增长、城市化进程的加快、经济增长和饮食结构的变化，水资源、粮食和能源的需求日趋激烈，但是该国尚缺乏对全国范围土地覆被类型进行近实时更新的能力，耕地分布等基础数据更新滞后，迫切需要准确、及时的科学数据来支撑气候变化背景下的水资源、农业资源与能源的合理开发与利用，以促进该地区的可持续发展。此外，赞比亚的商业农场规模庞大，商业农场与个体农户在农业种植模式、农产管理水平等多个方面存在显著差异；部分土地由部落首领管理，部落与政府双重土地权属管理模式下的土地开发（Collier and Dercon, 2014）、农田生产力水平（Jombo et al., 2017）等的空间差异尚不明朗。

为了科学指导赞比亚政府农业发展规划政策的制定，迫切需要掌握该国不同地区、不同规模农田生产力水平与自然禀赋的空间匹配程度。对地观测系统为大范围监测提供了可能，全球农情遥感速报系统（CropWatch）团队与赞比亚农业部、赞比亚大学等当地机构的科研人员鼎力合作，结合海量多源遥感数据、众源实测的数据优势，应用云平台和大数据技术，联合完成了 2018 年覆盖赞比亚全国的 10 m 分辨率高精度耕地分布数据产品的制作以及不同规模农田的农业生产力水平的分析，旨在因地制宜地指导农业生产，提升全国总体生产力水平，为落实零饥饿可持续发展目标和粮食安全服务。

所用地球大数据

◎ 2017 ～ 2019 年覆盖赞比亚的多源卫星数据，包括 GF-1、Sentinel-2、Sentinel-1 SAR 数据、Landsat-8 以及 2014 年以来的中分辨率成像光谱仪（Moderate-Resolution Imaging Spectroradiometer, MODIS）净初级生产力（Net Primary Productivity, NPP）数据，空间分辨率为 10 m、10 m、30 m、500 m。

◎ 美国国家环境预测中心（NCEP）第 2 代气候预报系统（CFSv2）再分析数据，空间分辨率为 0.25°。

◎ GEOWIKI、美国国家航空航天局（NASA）耕地数据产品地面验证样点（Laso Bayas et al., 2017; Xiong et al., 2017)和当地团队共享的数据；地面调查众源数据(GPS-Video-GIS, GVG）野外调研数据；无人机航拍数据。

◎ 全球粮食安全分析数据集非洲区 30 m 分辨率耕地数据集（Xiong et al., 2017）、欧洲空间局（European Space Agency, ESA）气候变化倡议（Climate Change Initiative, CCI）2016 年 20 m 土地利用数据以及 2017 年 300 m 土地利用数据（http://maps.elie.ucl.ac.be/CCI/viewer/）等现有土地覆被数据集。

方法介绍

以自主研发的 GVG 农情众源采集 APP 为工具，在赞比亚全境开展农情数据众源采集；同时与赞比亚农业部的科研人员前往赞比亚的复杂农业区，联合开展实地调研并获取耕地提取实测样本数据。在地面数据的支撑下，辅以无人机航拍、其他众源采集数据，以欧洲空间局 Sentinel-1/Sentinel-2 系列、GF-1 多光谱系列以及 Landsat-8 等多源遥感数据为基础，构建基于多源遥感数据的多时相波段反射特征集、多种遥感指数数据集、多种分期数据合成策略；基于高分辨率遥感影像的耕地形态特征、光谱特征、空间分布特征等参量以及随机森林分类等大数据分析方法分区域开展分类模型参数的优化与模型训练，实现对 2017 ～ 2019 年赞比亚高分辨率耕地数据集的更新；基于独立的样本数据，采用混淆矩阵精度评估方法对耕地数据集进行分区域精度验证，定量评估耕地提取的精度。

依托完善后的赞比亚 30 m 分辨率耕地数据集，采用空间聚合、分区统计等方法，获取赞比亚逐个地块面积属性，利用聚类分析、决策树等方式，实现赞比亚地块面积的分级归类，并与赞比亚农业部联合，采用专家知识等方法制定不同规模农田分级标准，实现赞比亚不同规模农田的区分；在不同农田规范范围内开展农田 NPP 统计分析，对比不同农田规模的生产力区域空间差异，并利用大数据技术将农田生产力与光和有效辐射、气温、降水等自然禀赋条件的空间差异进行对比分析，解析不同规模的农田生产力差异的可能原因并对未来的农业生产发展规划提出建议。

结果与分析

1. 赞比亚不同规模耕地分布特征

遥感监测显示，赞比亚耕地面积 8878.2 khm^2（图 2.1），占国土面积的 11.8%，仅占赞比亚可耕地面积的 20.3%。这表明赞比亚仍有广阔的耕地资源待开发，未来农业发展空间巨大。

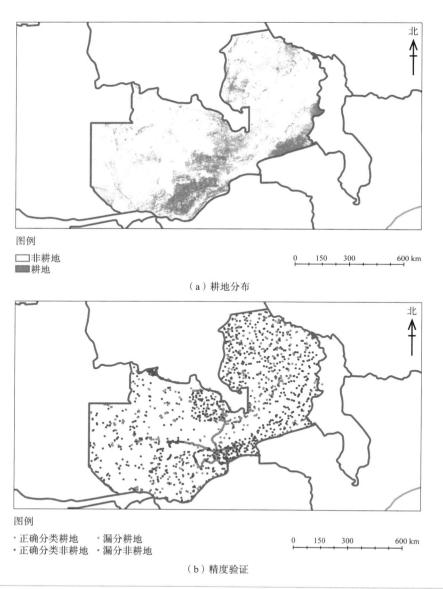

图例

▢ 非耕地
■ 耕地

0　150　300　600 km

（a）耕地分布

图例

· 正确分类耕地　· 漏分耕地
· 正确分类非耕地　· 漏分非耕地

0　150　300　600 km

（b）精度验证

图 2.1　2017～2019 年赞比亚 10 m 分辨率耕地分布与精度验证

赞比亚大学及赞比亚农业部联合开展了数据产品独立精度验证工作，结果显示该数据集的全国总体精度（Overall Accuracy, OA）达到 85.6%。赞比亚耕地与非耕地样本分类正确性分布如图 2.1 所示。利用该数据集不仅准确提取了大型农场的大面积农田，还对个体农户的零散分布的破碎化耕地地块进行了准确提取。

高精度的耕地分布数据为该国农业部门掌握确切的耕地分布、实际利用的耕地资源及耕地面积提供了数据支撑，可为科学合理地进行农业规划、土地管理提供依据，也是精准农情监测的基础，为实现 SDG 2 零饥饿目标提供决策支持。

在千米尺度上的空间聚合分析结果显示，赞比亚农田以破碎化分布农田、中等规模农田为主，分别占全国的 47% 和 35%；尽管赞比亚有大量商业农场，但在全国范围内规模化农田的占比仍相对较低，仅为 18%；空间上破碎化的耕地主要分布在西部和北部，中部和东南部大部分耕地集中连片分布，该地区也是规模化生产的商业农场的主要分布区（图 2.2）。部分国家自然保护区内仍有少量零散耕地存在，但总体占比极低，表明该国自然保护区内的耕作活动较少，自然保护区得到有效保护。

2. 赞比亚不同规模农田生产力

赞比亚农田生产力总体呈现西南地区生产力较低，北部地区生产力相对较高的空间态势（图 2.3）。破碎化耕地区农田生产力总体高于规模化农田，且变异范围也更大；规模化农田的耕地生产力呈现正态分布特征，而破碎化分布的耕地区域则表现为偏正态分布（图 2.4）。

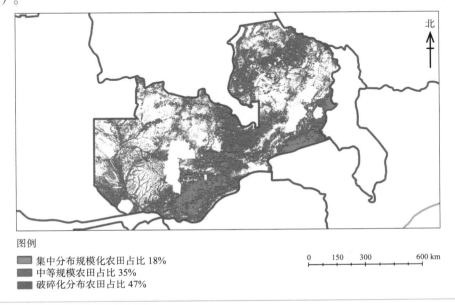

图例
- 集中分布规模化农田占比 18%
- 中等规模农田占比 35%
- 破碎化分布农田占比 47%

0　150　300　600 km

图 2.2　赞比亚不同规模农田分布状况及占比

对过去 15 年间降水、气温和光合有效辐射的年均状况进行分析发现，赞比亚降水从南到北呈现梯度递减规律，且中部和南部年降水变异系数较大；光合有效辐射和气温从南到北呈现梯度递增规律，且中部和南部年气温和光合有效辐射变异系数较大。采用多因子关联分析发现，赞比亚北部水热资源丰富地区的土地生产力较高，但农田较为破碎；南部（如

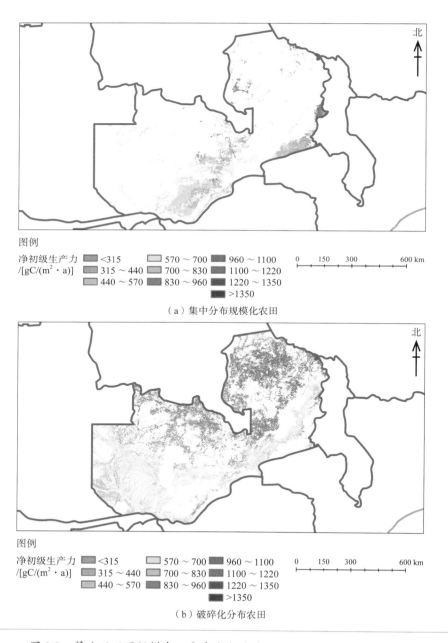

图 2.3　赞比亚不同规模农田生产力水平（2014～2018 年平均水平）

利文斯通省、卢萨卡省等）耕地广泛分布，存在大量规模化农场，但水热条件年际起伏较大，不稳定的农业气象条件对农作物生产总体不利。同时，破碎化耕地由大量个体农户的农田所主导，由于每户农民农田保有量有限，农家肥的普遍使用可能是另一个促使破碎化农田生产力较高的原因。

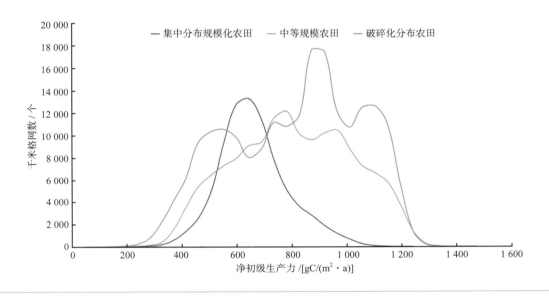

图 2.4　赞比亚不同规模农田生产力水平直方分布规律（2014～2018 年平均水平）

成果要点

- 赞比亚破碎化分布农田、中等规模农田占主导，规模化农田仅占 18%；

- 赞比亚规模化开垦的农田与高生产力空间错位，规模化农田主要分布在中部和西南部，受自然条件不稳定影响，农田生产力总体较低，应适度加强灌溉设施开发，以确保该地区的粮食生产稳定；

- 破碎化的耕地分布在西部和北部，水热资源丰富，土地生产力较高，应适度加强相应地区的耕地开发，提升粮食产出。

讨论与展望

赞比亚粮食产量近 10 年呈现快速增长趋势，其已成为粮食净出口国。本案例基于地球大数据方法实现千米尺度上不同规模农田的划分、空间分布特征的分析，并在不同规模农田范围内开展了农田生产力对比分析、限制因素分析等。赞比亚农田以破碎化分布农田、中等规模农田为主，规模化农田主要分布在该国中部和东南部，但该地区水热条件不稳定，导致年均农田生产力总体较低，应适度加强灌溉设施开发，以确保该地区的粮食生产稳定。赞比亚大部分破碎化的耕地分布在西部和北部，水热资源丰富，相应的土地生产力较高，但由于该地区仍以个体农户粗犷式农业生产为主，粮食产量对全国的贡献较为有限，应适度加强相应地区的耕地开发，更合理地利用好总体有利的自然资源禀赋。

然而，气候变化影响下农业气象条件的年际波动将进一步增加，近年来赞比亚连续受到厄尔尼诺现象影响，未来赞比亚应该因地制宜地优化不同地区的农业开发政策，同时也需要加强对农作物品种的改良，以适应或减轻气候变化对农业生产力的不利影响。在地球大数据技术的支撑下，赞比亚农业资源禀赋与农业开发政策将愈发合理，赞比亚未来可能成为南部非洲的重要粮食供应地。

亚非沙漠蝗虫灾情监测

对应目标

SDG 2.4：到2030年，确保建立可持续粮食生产体系并执行具有抗灾能力的农作方法，以提高生产力和产量，帮助维护生态系统，加强适应气候变化、极端天气、干旱、洪涝和其他灾害的能力，逐步改善土地和土壤质量

案例背景

粮食安全一直是国际社会关注的热点问题。气候变化大背景下，虫害发生范围和流行程度有明显扩大和增强趋势。蝗虫是世界范围内重大迁飞性害虫，自 2018 年起，异常气候致使沙漠蝗虫于阿拉伯半岛南部自由繁殖，并逐步席卷非洲之角和西亚、南亚各国，至今沙漠蝗虫已严重危害巴基斯坦、索马里、埃塞俄比亚、肯尼亚、也门等多国粮食安全。联合国粮食及农业组织（Food and Agriculture Organization of the United Nations, FAO）向全球发出预警，希望各国高度戒备蝗灾，采取多国联合防控措施以防虫害入侵国家出现严重粮食危机。传统目测手查单点监测方法和有限站点气象预测方法只能获取"点"上的虫害发生发展信息，不能满足"面"上对虫害的大面积监测和及时防控需求。遥感能够高效客观地在大尺度上对虫害的发生发展状况进行时空连续的监测，近年来遥感对地观测技术的快速发展为蝗虫的大范围监测提供了有效技术手段，对大面积、快速指导虫害高效科学防控、保障粮食安全具有重要意义。此外，不断加密的气象站点数据以及由遥感、气象数据耦合形成的面状气象参数产品为蝗虫发生动态监测提供了更为丰富的信息来源。

本案例利用多源数据，结合对迁飞性虫害生物学特性及发展扩散过程和环境影响因素的不断深入研究，构建虫害监测模型，通过数字地球科学平台大数据分析处理，对肆虐非洲之角和西亚、南亚各国的沙漠蝗虫繁殖、迁飞的时空分布及重点危害国家的灾情监测开展定量监测与分析。本案例开展洲际蝗灾监测的相关结果通过 FAO 的 HiH 平台向全球共享，以支持多国联合防控，保障入侵国家的农牧业生产安全及区域稳定。

所用地球大数据

◎ 遥感数据：2000 年至今亚非区域 MODIS（500 m 分辨率，来源：https://ladsweb.modaps.eosdis.nasa.gov/search/）、Landsat 数据（30 m 分辨率，来源：https://earthexplorer.usgs.gov/）、Sentinel 数据（10 m 分辨率，来源：https://scihub.copernicus.eu/），重点危害国家典型区域

的 Planet 数据（3 m 分辨率）、Worldview 数据（0.5 m 分辨率）；2000 年至今亚非区域植被绿度数据（来源：http://iridl.ldeo.columbia.edu/maproom/Food_Security/Locusts/Regional/greenness.html）和降水数据（来源：https://sharaku.eorc.jaxa.jp/GSMaP/）。

◎ 气象数据：2000 年至今国际气象站点长时间序列完整气象资料、2018 年至今的热带气旋数据，以及气象数值预报产品（来源：http://data.cma.cn/）。

◎ 基础地理信息：全球 10 m 和 30 m 土地利用、DEM、亚非区域主要作物（小麦、水稻、玉米等）种植区、行政区划数据等。

◎ 其他数据：FAO 发布的地面调查数据（来源：https://locust-hub-hqfao.hub.arcgis.com/）、农作物种植日历数据（来源：http://www.fao.org/agriculture/seed/cropcalendar/welcome.do）等。

方法介绍

　　本案例以沙漠蝗虫为研究对象，首先针对与沙漠蝗虫繁殖发育及迁飞密切相关的要素（虫源、寄主、环境等）进行遥感定量提取及其时序变化分析，构建用于沙漠蝗虫遥感监测的指标体系，并构建生境适宜性模型，在地理信息系统（Geographic Information System, GIS）空间分析、地统计学、时空数据融合等技术手段辅助下，结合全球土地利用数据、地面观测数据等多源数据，实现大面积蝗虫繁殖区定量提取；其次，融合地面调查数据、农作物种植日历及区域分布、全球土地利用数据等多源信息与蝗虫发生扩散动力学模型，实现蝗虫迁飞路径的分析；然后，结合灾害模型，分析近 20 年各重点危害国家植被生长曲线，提取蝗虫危害信息进而划定蝗灾危害空间范围和面积；最后，针对蝗虫危害重点国家和地区开展精细尺度的灾害遥感监测，包括危害植被类型（农田、草地和灌丛）、危害空间分布、危害面积等。

结果与分析

　　2018 年受飓风等气候条件影响，红海沿岸成为沙漠蝗虫的核心繁殖区，之后蝗虫在也门、阿曼和索马里开始孳生、繁殖、蔓延。2019 年 1 月，蝗群向沙特阿拉伯东部和伊朗南部入侵；2～6 月，印巴边界和阿拉伯半岛春季繁殖区的蝗虫持续增多；6～10 月，异常长的夏季风导致印巴边界夏季繁殖区的蝗虫不断孵化、成群；随后，印巴边界的蝗群开始三代繁殖并向伊朗南部和阿曼北部等春季繁殖区迁移。与此同时，受气候影响非洲之角的蝗群持续增长并向索马里南部及肯尼亚东北部迁移。2020 年 1～2 月，沙漠蝗虫在非洲之角的埃塞俄比亚和肯尼亚暴发并向乌干达和坦桑尼亚入侵，在伊朗东南沿海继续繁殖，印巴边界的蝗虫进入下一轮春季繁殖（图 2.5）。

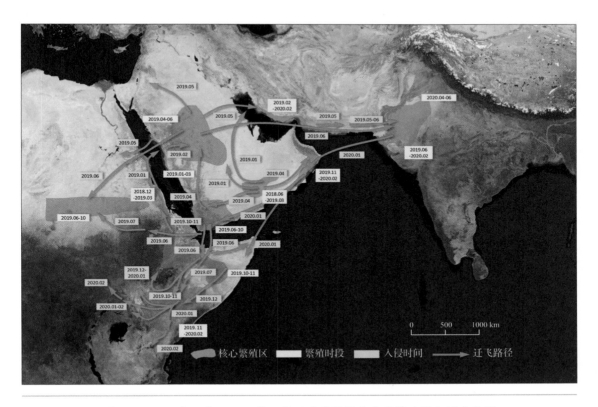

图 2.5 2018 年 6 月～2020 年 6 月亚非沙漠蝗虫主要繁殖区和迁飞路径

2020 年 3 月初,科威特的蝗群继续向伊拉克东南部扩散,而沙特阿拉伯东部沿海的蝗群扩散到阿拉伯联合酋长国西海岸,同时,埃塞俄比亚南部蝗群开始向北部迁飞;3 月中旬,埃及东南部红海沿岸发现晚龄期不成熟蝗群;3 月底,吉布提东海岸出现不成熟蝗群。4 月,东非地区出现大量降水,沙漠蝗虫持续进行春季繁殖并不断成熟成群,埃塞俄比亚和索马里的蝗群不断北移,阿拉伯半岛北部的蝗群扩散到伊拉克中部,伊巴边界蝗虫密度不断变大。5 月,蝗卵不断孵化繁殖;5 月中下旬,蝗群开始从肯尼亚、埃塞俄比亚及巴基斯坦西部等春季繁殖区向苏丹中部、沙特阿拉伯西南部和印巴边界等夏季繁殖区迁飞;5 月底,蝗群由印巴边界向东迁飞到达印度北部。6 月中下旬至 7 月,肯尼亚、埃塞俄比亚和索马里等春季繁殖区的蝗虫向西或西北迁飞至苏丹中部,向东北迁飞至印巴边界等地进行夏季繁殖;同时,伊朗南部的蝗虫向东迁飞入巴基斯坦西部,印度北部的蝗虫持续繁殖并继续向东扩散(图 2.6)。

截至 2020 年 4 月,巴基斯坦植被受灾面积为 241.74 万 hm^2,境内农田受灾严重(图 2.7),索马里植被受灾面积为 263.15 万 hm^2,主要危害境内农田、灌丛及草地(图 2.8);截至 2020 年 5 月,沙漠蝗虫危害埃塞俄比亚植被面积 539.77 万 hm^2,其中裂谷区域损失严重(图 2.9),

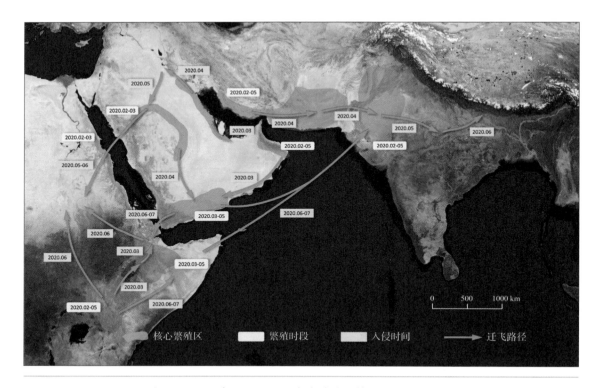

图 2.6　2020 年 2～7 月亚非沙漠蝗虫繁殖区和迁飞路径

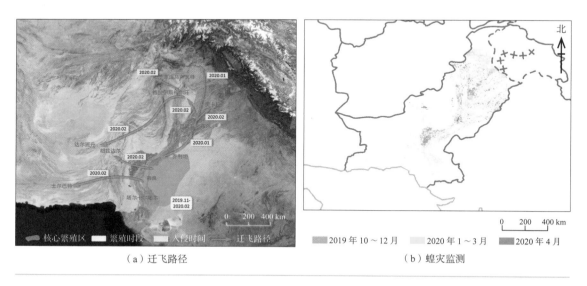

（a）迁飞路径　　　　　　　　　　　　　　　　（b）蝗灾监测

图 2.7　2019 年 10 月～2020 年 4 月巴基斯坦沙漠蝗虫迁飞路径及蝗灾监测

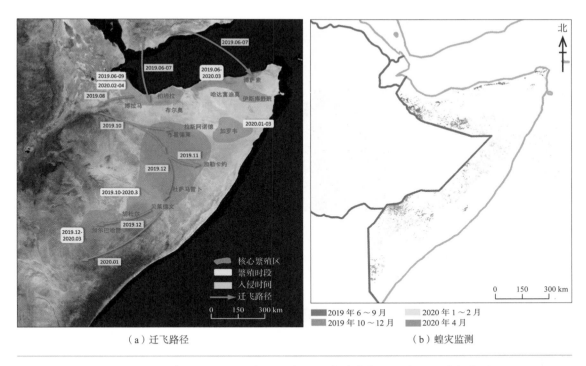

图 2.8 2019 年 6 月~2020 年 4 月索马里沙漠蝗虫迁飞路径及蝗灾监测

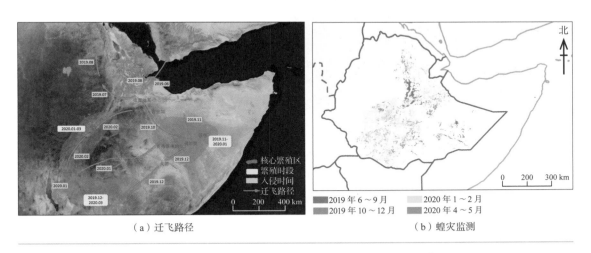

图 2.9 2019 年 6 月~2020 年 5 月埃塞俄比亚漠蝗虫迁飞路径及蝗灾监测

肯尼亚受灾面积为 610.45 万 hm^2，危害区主要位于中部的裂谷省和东部省（图 2.10）；自 2019 年 2 月至 2020 年 5 月，沙漠蝗虫已入侵也门 20 个省份，危害植被面积 206.52 万 hm^2（图 2.11）。经 FAO 提供的地面数据验证，灾害监测精度高于 80%。

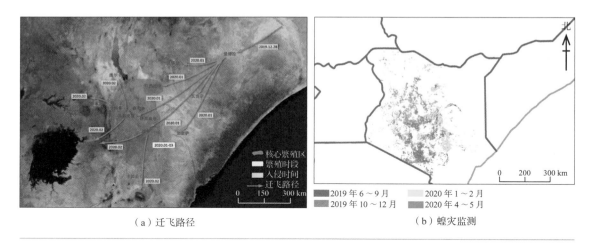

（a）迁飞路径   （b）蝗灾监测

图 2.10   2019 年 6 月～2020 年 5 月肯尼亚沙漠蝗虫迁飞路径及蝗灾监测

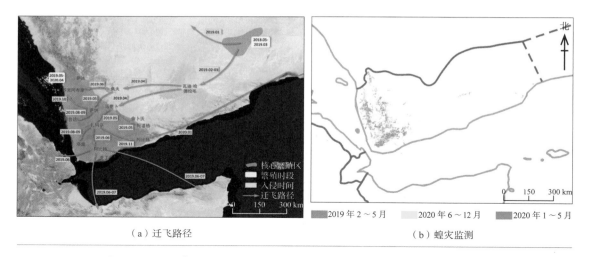

（a）迁飞路径   （b）蝗灾监测

图 2.11   2019 年 2 月～2020 年 5 月也门沙漠蝗虫迁飞路径及蝗灾监测

成果要点

- 2018～2020 年亚非沙漠蝗虫核心繁殖区与蝗虫迁飞路径监测，以及重点危害国家（巴基斯坦、索马里、埃塞俄比亚、肯尼亚、也门）灾情监测。

- 成果被 FAO 采纳，为多国联合动态防控虫害以保障农牧业生产提供信息支持。

讨论与展望

　　在技术创新方面，案例利用国际共享遥感数据集，通过数字地球科学平台大数据分析处理，对大尺度沙漠蝗虫繁殖区提取、蝗虫迁飞路径长时序定量监测、蝗灾定量监测进行了系统研究，实现了亚非各国的沙漠蝗虫灾害遥感监测，并对其危害动态进行持续更新，有助于保障农牧业生产和粮食安全，为蝗灾应急响应提供了重要信息支持。

　　在应用推广方面，2018～2020 年亚非沙漠蝗虫核心繁殖区与蝗虫迁飞路径监测，以及重点危害国家（巴基斯坦、埃塞俄比亚、肯尼亚、索马里、也门）灾情监测成果已经被 FAO 采纳，为多国联合防控虫害以保障农牧业生产提供信息支持。

中南半岛水稻种植模式时空动态格局

对应目标

SDG 2.4：到2030年，确保建立可持续粮食生产体系并执行具有抗灾能力的农作方法，以提高生产力和产量，帮助维护生态系统，加强适应气候变化、极端天气、干旱、洪涝和其他灾害的能力，逐步改善土地和土壤质量

 案例背景

水稻是全世界主要的粮食作物之一。中南半岛是全球水稻的主要生产区之一，适宜的气候条件和丰富的水资源使得水稻的集约生产和多种作物的种植成为可能。水稻产区的高产量和巨大的承载能力支持了该区域人口的增长，过剩水稻产量使得泰国、越南等国家能够向世界各地出口水稻。因此，对该区域进行长时间序列的水稻种植监测，对评估国际水稻的可持续性供应具有重要意义。

联合国 2015 年提出的《变革我们的世界：2030 年可持续发展议程》中，SDG 2.4.1 被定义为农业可持续性，即从事生产性和可持续农业的农业地区比例。遥感是水稻空间分布制图的重要手段，国内外已有较多学者开展该方面研究。然而目前全球尺度的水稻专题制图仍然缺乏，仍主要基于统计资料获取；在次大陆尺度上，有部分水稻专题制图产品发布（Bridhikitti and Overcamp, 2012），但没有进行时序的动态更新（Dong and Xiao, 2016）。水稻，由于其生长期短，在中南半岛可以一年多次种植，相比于仅依据水稻种植面积的统计数据，水稻种植总面积、水田面积以及水稻复种指数的综合性表达对准确描述水稻生产的可持续性更有意义。

对于 SDG 2.4.1，本案例基于地球大数据开展中南半岛 2000～2019 年水稻专题信息制图，为该指标的监测与评估提供数据支撑；对中南半岛五国，分别分析其在水稻种植总面积、水田面积以及水稻复种指数上的变化特征，在国家尺度上评估水稻产业的可持续性；分析典型区域水稻种植模式变化的主要影响原因。

 所用地球大数据

◎ 2000～2019 年 MODIS 归一化植被指数（Normalized Difference Vegetation Index, NDVI）时间序列数据，每日一景，空间分辨率 250 m；

◎ 2000～2019 年 MODIS 归一化水体指数（Normalized Difference Water Index, NDWI）时间序列数据，每日一景，空间分辨率 500 m；

◎ 2015 年全球土地覆盖数据，哥白尼全球土地服务（Copernicus Global Land Service, CGLS）
提供，分辨率 100 m；

◎ 2000～2019 年覆盖中南半岛地区的 Landsat 系列卫星数据，包括 Landsat-5（2000～2010 年）、
Landsat-8（2015～2019 年），分辨率 30 m。

方法介绍

为确保水稻专题产品的精度，第一步需要先提取中南半岛 2000～2019 年每 5 年的耕
地分布数据：基于 CGLS-LC100 土地分类产品构建分类样本库，基于 Landsat 系列卫星数
据的植被指数时间序列对样本库进行筛选，构建土地覆盖/利用分类特征数据集，采用面
向对象分割和随机森林分类算法实现 2000～2019 年每五年耕地覆盖区的高精度提取。

第二步，基于耕地分布数据，依托谷歌地球引擎（Google Earth Engine, GEE）平台研
发全年水稻复种指数的自动化提取技术。对时间序列 MODIS NDVI/NDWI 数据进行重构；
进行时间序列 NDVI 数据的平滑滤波，根据不同地区水稻样本的时间序列进行相似性的比
对；依据水稻播种期 NDWI 较高的特征进行非水稻的剔除；将上述方法分别应用到中南半
岛的五个国家，提取 2000～2019 年每 5 年的水稻空间分布和水稻复种信息。

第三步，进行中南半岛水稻种植模式的时空动态格局分析。根据水稻种植的特点以及
SDG 2.4.1 指标的定义，水稻种植模式的内涵包括水稻种植总面积、水田面积以及水稻复种
指数三个子指标，其中：

（1）水稻种植总面积为研究区内全年水稻种植面积总和；

（2）水田面积为研究区内一年内种植过水稻的农田面积；

（3）水稻复种指数为研究区内（水稻种植总面积/水田面积）×100%。

基于 2000～2019 年中南半岛五国的水稻空间分布和水稻复种数据，分别进行上述三
个子指标的统计，通过多时期的数据对比分析五国的水稻种植模式的演变，此外，对不同
时间的水稻分布和复种数据进行空间相交处理，提取 2000～2019 年的水稻分布和复种变化，
实现中南半岛的水稻种植模式空间动态格局分布制图和分析。在空间动态格局分析阶段，
定义两个方面的水稻种植模式变化：

（1）水田变化：对每个水田地块，分别将非水田→水田、水田→非水田、水田→水田
定义为新增水田、减少水田、稳定水田三个变化状态；

（2）水稻复种指数变化：对每个水田地块，通过对比不同时间的水稻复种指数，将水
田地块分为复种增加、复种减少、复种不变三个变化状态。

结果与分析

1. 中南半岛 2015 年水田分布及水稻复种制图

因为缺少可供对比的相关产品，本案例通过两种方式进行所生产数据的验证。

（1）整个中南半岛随机分布大量样点，通过逐个分析 2015 年 MODIS 时序 NDVI、NDWI，以及 Landsat 影像确定各样点地物属性（包括水田、非水田和水稻复种指数），以生成的随机样点来评估 2015 年产品精度。结果显示，水田分布 OA 大于 92%，水稻复种指数 OA 大于 86%。

（2）将 2015 年产品数据的统计结果与中南半岛五国 2015 年发布的水稻种植总面积统计数据进行比对。结果显示，5 个国家的误差均小于 10%。中南半岛五国 2015 年水田分布如图 2.12 所示。

中南半岛的水田主要分布在几个区域，包括：越南红河三角洲、湄公河三角洲，泰国

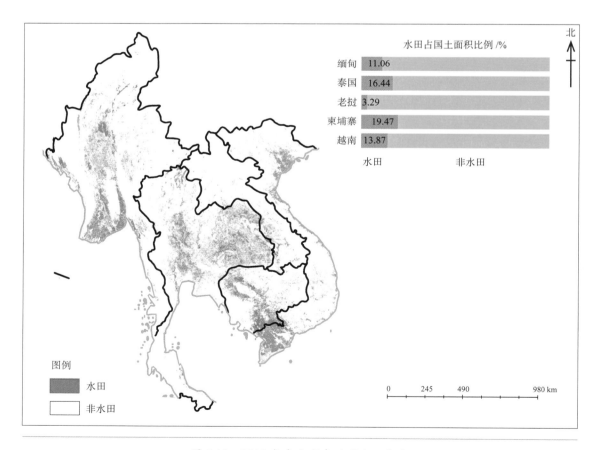

图 2.12　2015 年中南半岛五国水田分布

呵叻高原、湄南河三角洲，缅甸伊洛瓦底江三角洲。

2. 2000～2019 年中南半岛水稻种植模式变化

从中南半岛五国 2000～2019 年每 5 年水稻专题数据变化（图 2.13）来看，越南水田面积略有减少，但水稻复种指数增长较大，从 178 变为 191，水稻种植总面积反而略有增加；泰国水田面积与水稻种植总面积均呈明显减少趋势，水田复种指数变化较小，从 121 变为 125，略有增长；缅甸、柬埔寨的变化特征相似，水田面积、水稻种植总面积、水稻复种指数均呈增长趋势，水稻复种指数分别从 109 增长到 121，从 112 增长到 124；老挝的水田面积、水稻种植总面积呈增长趋势，但涨幅较小，水稻复种指数略有降低。

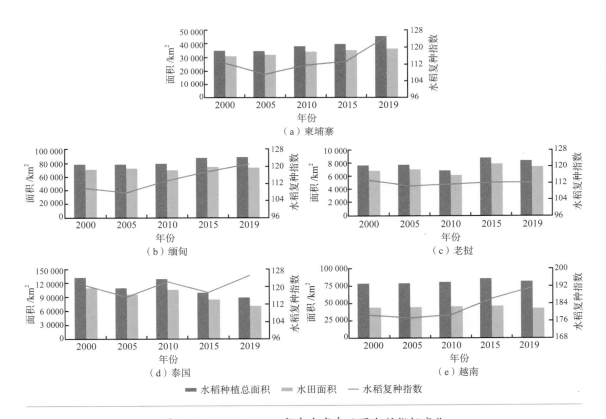

图 2.13　2000～2019 年中南半岛五国水稻指标变化

图 2.14 所示为 2000～2019 年中南半岛水稻种植模式变化的空间分布。中南半岛的几个水田主要分布区呈现不同的水田种植模式变化特征，其中红河三角洲水稻复种指数变化不大，但存在一定程度的水田减少，湄公河三角洲的水稻复种指数增加的比例较高，呵叻高原的水稻复种指数减少主要源于水田的减少，湄南河三角洲和伊洛瓦底江三角洲的复种指数也存在明显的增长。

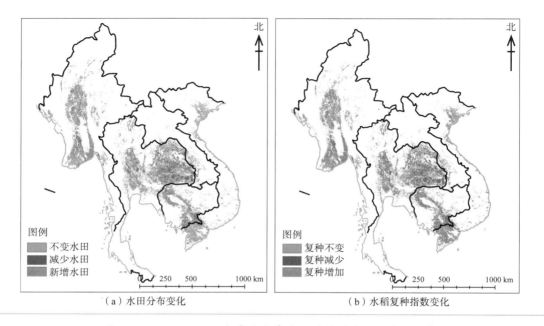

（a）水田分布变化　　　　　　　　　　　　　　（b）水稻复种指数变化

图 2.14　2000～2019 年中南半岛水稻种植模式变化空间分布

3. 典型地区水稻种植模式变化分析

选择越南湄公河三角洲和缅甸若开邦罗兴亚人聚居区进行其水稻种植模式变化的具体分析，如图 2.15 所示。

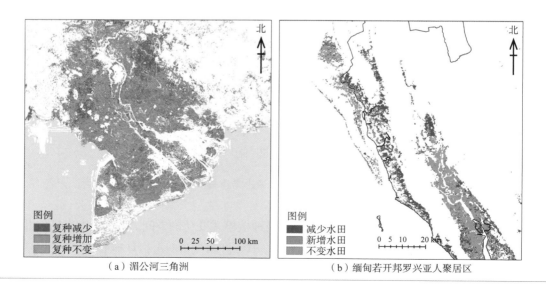

（a）湄公河三角洲　　　　　　　　　　　　　　（b）缅甸若开邦罗兴亚人聚居区

图 2.15　2000～2019 中南半岛水稻种植变化典型区分析

　　越南湄公河三角洲的水稻种植模式变化如图 2.15（a）所示。对比 2000 年、2019 年的水稻复种指数分布数据发现，该区域内三季稻、两年七季稻的比例明显增加，三季稻比例从 15.9% 增加到 32.78%，两年七季稻的比例从 1.33% 增加到 2.81%。此外，该区域水稻复种指数从 2000 年的 185 增长到 2019 年的 214。初步分析表明，气候变暖以及所导致的降水分布和强度变化是该区域变化的主要影响因素。

　　缅甸若开邦罗兴亚人聚居区的水稻种植模式变化如图 2.15（b）所示，对比罗兴亚人聚居区与若开邦其他地区以及临近的孟加拉国，其减少水田的比例明显较高，达到 80% 以上。分析其原因，人类活动是该区域水稻种植模式变化的主要影响因素。2017 年，罗兴亚危机爆发，危机一直持续至今仍没有结束，其间超过 70 万的罗兴亚难民从缅甸若开邦逃亡至孟加拉国，农业人口的减少以及持续的动乱使得罗兴亚人聚居区的大量水田弃耕。

成果要点

- 形成了中南半岛 500 m 分辨率 2000 ～ 2019 年每 5 年的水稻分布及种植模式数据集，可为 SDG 2.4.1 提供空间数据支撑，解决数据缺失问题。

- 开展中南半岛五国水稻种植模式时空动态变化分析，2000 ～ 2019 年 5 个国家的水稻复种指数均呈明显增长趋势。

- 以越南湄公河三角洲和缅甸若开邦罗兴亚人聚居区为例，说明气候变暖和人类活动是对水稻种植模式的影响。

讨论与展望

　　基于国际共享数据集，实现了中南半岛 2000 ～ 2019 年多时期的水稻及复种指数分布数据制图，提出了适用于水稻的 SDG 2.4.1 的评估指标体系，分析了中南半岛水稻种植模式的时空变化，并通过国别尺度上的分析明确了不同国家在指标 SDG 2.4.1 上的变化差异，针对两个典型区域分析其变化的主要影响因素，为目标 SDG 2.4 的实现提供了重要信息支持。

　　未来，将基于所生产的水稻专题产品，结合人口、经济、政策、夜间灯光、城市发展、气候变化等多源数据，深入挖掘整个中南半岛以及各不同地区水稻种植模式变化的原因；还将进一步完善方法，将该方法应用到全球其他水稻主产区，并每年发布和更新水稻专题产品；此外，高分辨率数据，尤其是 SAR 数据的丰富能够克服水稻产区光学影像获取困难的问题，大大提高水稻分布产品的精度，这也是本案例未来的重要发展方向。

东北欧亚大陆耕地生产力数据集与应用

SDG 2.4：到2030年，确保建立可持续粮食生产体系并执行具有抗灾能力的农作方法，以提高生产力和产量，帮助维护生态系统，加强适应气候变化、极端天气、干旱、洪涝和其他灾害的能力，逐步改善土地和土壤质量

 案例背景

耕地是人类赖以生存的基本资源和条件，粮食生产能力作为耕地最重要的资源特征，是耕地资源关乎粮食安全的内在特质与根本原因（段增强等，2012）。耕地资源及其利用在可持续发展过程中有着特殊的使命，是农业可持续发展的基础。身处欧亚大陆的中国是全球最重要的粮食生产国之一，2015年中国谷物产量在全球所占比重为22.8%。未来，中国粮食产量会保持增长。进入21世纪后，中国更加重视统筹利用国际国内两个市场、两种资源，制定了农业"走出去"战略规划，加强与"一带一路"协议国家及周边国家的农业合作。可以预测，未来十几年将是中国由农产品贸易大国向农产品贸易大国及对外农业投资大国并重转变的重要阶段。

SDG 2.4.1定义为从事生产性和可持续农业的农业地区比例，该目标提出目前支持全球粮食安全的生产系统以及政策和体制日益不足。及时和准确的粮食产量预测可以为决策者提供重要的信息并将其应用于改进作物管理和调控市场，维护地区乃至世界粮食安全。对于该指标，本案例以中国东北三省和内蒙古东部、蒙古国东部、朝鲜半岛及东西伯利亚周边所在的东北欧亚大陆为研究区，主要工作包括：①适合东北欧亚大陆的作物识别与单产估算方法研究；②基于地球大数据的近20年东北欧亚大陆作物种植类型与单产监测；③数据集的应用分析研究。开展近20年东北欧亚大陆的耕地利用模式与耕地生产力水平的时空变化分析，总结其总体变化趋势与变化规律；分析研究区内中国与周边国家区域的耕地利用模式与生产力水平差异，分析其原因与驱动力；针对SDG 2.4.1的评估指标（proportion of agricultural area under productive and sustainable agriculture，可以理解为耕地面积中高产与可持续农业的比例），探索利用长时间序列的田块作物种植类型与单产水平进行该指标量化评估的可行性。

所用地球大数据

◎ 2000 年、2005 年、2010 年、2015 年、2019 年 4 ～ 10 月 Landsat 影像，美国地质勘探局
（United States Geological Survey, USGS）提供，空间分辨率 30 m；

◎ 2000 ～ 2019 年 NDVI 数据，USGS 提供，空间分辨率 30 m，时间分辨率 8 d；

◎ 2000 年、2005 年、2010 年、2015 年、2019 年 4 ～ 10 月 6 h 太阳辐射数据产品，美国国家
海洋和大气管理局（National Oceanic and Atmospheric Adminstration, NOAA）提供；

◎ 2000 年、2005 年、2010 年、2015 年、2019 年 4 ～ 10 月气象数据，欧洲中期天气预报中心
（European Centre for Medium-Range Weather Forecasts, ECMWF）提供。

方法介绍

通过 GEE 云平台所提供的 JavaScript 的 API 接口，进行长时间序列 Landsat 系列卫星影像的辐射校正、几何校正、云 / 雪 / 阴影掩膜、最小云量影像合成等操作。为充分利用研究区同季相的影像信息并克服多云的影响，本案例研究采用像元级最小云量影像合成法，以获取相同季相的纯净影像。在 GEE 云平台上分别获取 2000 年、2005 年、2010 年、2015 年、2019 年全生育期的研究区 Landsat 影像数据，通过 GEE 平台自动执行影像拼接、辐射校正、去云等预处理。

在作物类型识别方面，针对面向地块农作物遥感分类存在的问题，通过分析农作物分类特征研究其对面向地块分类的影响，针对样本数量和混合像元问题，对面向地块分类的分类策略进行改进。获取研究区域的高分辨率遥感影像，采用影像分割和人工干预的方式获取田块边界。根据高分辨率遥感影像目视解译结果，结合地面调查的地块作物类型得到作物分布数据，用于后续的样本选择和分类精度验证；根据作物种植区 / 非作物种植区识别结果去除非作物种植区，结合田块边界数据得到作物种植区的田块级遥感影像；分析不同分类特征及其组合进行农作物遥感识别，研究各分类特征对分类结果的影响。分别使用最大似然分类（MLC）、支持向量机（SVM）、神经网络（NN）三种监督分类对田块级的特征影像进行分类，选择对训练样本要求较低、精度较高的最优分类算法。在对不同分类方法对比分析的基础上，选择最适合研究区域的农作物遥感分类方法，基于该方法进行农作物种植面积空间制图。

在单产估算方面，基于作物生长模型和遥感数据同化算法，从模型的机理补充、多模型耦合以及模型算法改进等三个不同的角度出发，在此基础上利用 GEE 云平台所提供的 JavaScript 的 API 接口，在多年研究区域大量地面观测实验的基础上，对世界粮食研究（World Food Studies, WOFOST）模型进行本地化定标，将基于田块的作物类型识别方法与 CASA-WOFOST 相耦合的单产估算方法可实现面向 GEE 平台的改造与移植，使其可在平台上运行，

以改进后的 CASA-WOFOST 作物模型为作物生长模拟工具，以集合卡尔曼滤波（Ensemble Kalman Filter, EnKF）法为主要遥感数据同化方法，实现作物单产的高精度稳定估算。最后通过地面观测数据对模拟结果进行精度评价，分析算法的优缺点，并对算法进行优化，形成基于时间序列遥感数据与作物生长模型同化的作物单产估算最优算法，以满足农田管理对快速、低成本高精度产量信息的保障性获取需求。

结果与分析

1. 2000～2019 年东北欧亚大陆耕地类型及单产数据集

图 2.16、图 2.17 为 2000～2019 年研究区作物类型及单产数据集。

2. 作物单产年际变化及差异分析

图 2.18 反映了 2000～2019 年东北欧亚大陆各国作物单产年际变化及差异。由图 2.18 可知，2000～2019 年，中国大豆和水稻单产逐年升高，在 2015 年达到峰值，2019 年略微下降，玉米单产则逐年升高；蒙古国作物单产总体较低，2010 年相对较高。俄罗斯 2000～2019 年大豆单产起伏较大，2015 年最高，水稻和玉米有先上升后下降；朝鲜和韩国作物单产在 2000～2010 年相对较低，在 2015 年和 2019 年作物单产相较于前几年都有明显的上升趋势。

3. 2000～2019 年东北欧亚大陆各国平均作物单产分析

图 2.19 显示了 2000～2019 年东北欧亚大陆各国的平均作物单产的差异。2000～2019 年，俄罗斯作物平均单产最高，其次是中国，蒙古国的平均单产最低。

4. 2000～2019 年东北欧亚大陆各国耕地生产水平对比分析

为了更精确地分析东北欧亚大陆各国耕地生产力水平差异及年际变化，对研究区大豆、水稻、玉米三种作物单产进行归一化处理，将三种作物放在一起进行分析。归一化方法为将估算的作物单产影像的 5% 下侧百分位数作为单产的最大值和最小值。

1）各国耕地生产力水平差异及年际变化

图 2.20 为东北欧亚大陆各国耕地生产力水平年际变化。由图 2-20 可知，2000～2019 年，中国耕地生产力水平逐年升高，2015 年达到峰值，2019 年略微下降。蒙古国耕地生产力水平先上升，2010 年达到峰值，2010 年以后呈现下降趋势。俄罗斯耕地生产力水平在 2000～2019 年相对平稳。朝鲜和韩国耕地生产力水平 2000～2010 年相对较低，2015 年和 2019 年相较于前几年都有明显的上升趋势。

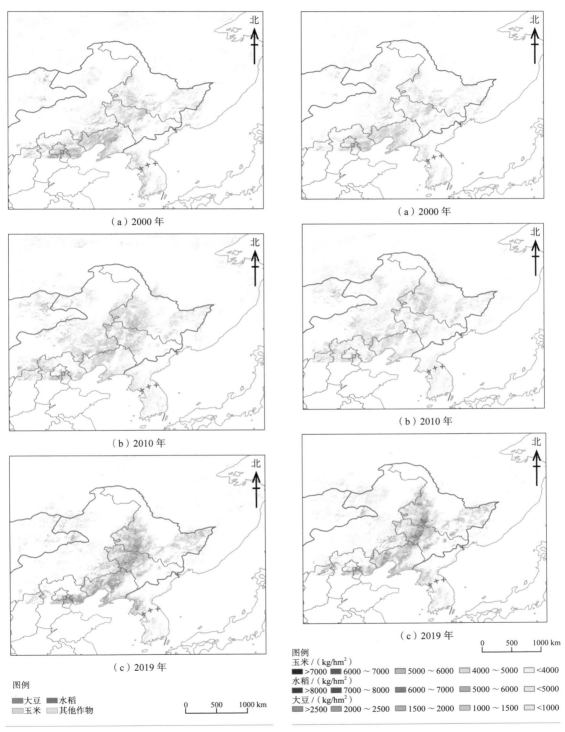

（a）2000 年

（b）2010 年

（c）2019 年

图例
大豆 水稻
玉米 其他作物

0 500 1000 km

图 2.16 2000～2019 年东北欧亚大陆作物
类型空间分布

（a）2000 年

（b）2010 年

（c）2019 年

图例
玉米 /（kg/hm²）
>7000 6000～7000 5000～6000 4000～5000 <4000
水稻 /（kg/hm²）
>8000 7000～8000 6000～7000 5000～6000 <5000
大豆 /（kg/hm²）
>2500 2000～2500 1500～2000 1000～1500 <1000

0 500 1000 km

图 2.17 2000～2019 年东北欧亚大陆
作物单产空间分布

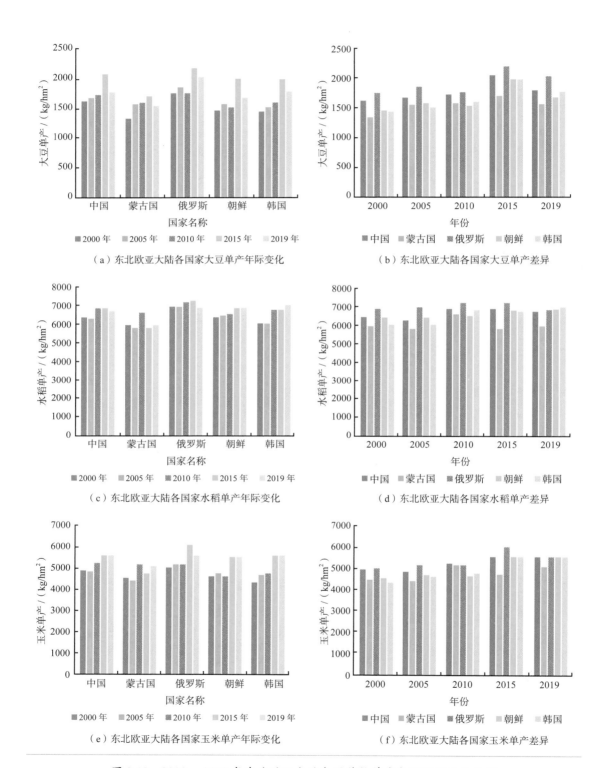

（a）东北欧亚大陆各国家大豆单产年际变化

（b）东北欧亚大陆各国家大豆单产差异

（c）东北欧亚大陆各国家水稻单产年际变化

（d）东北欧亚大陆各国家水稻单产差异

（e）东北欧亚大陆各国家玉米单产年际变化

（f）东北欧亚大陆各国家玉米单产差异

图 2.18　2000～2019 年东北欧亚大陆各国作物单产年际变化及差异图

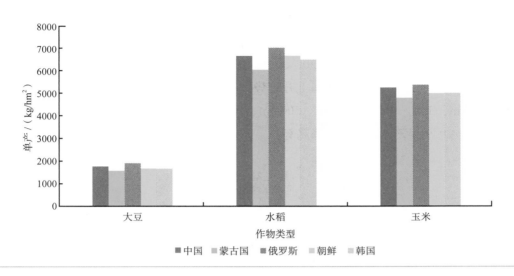

图 2.19 2000～2019 年东北欧亚大陆各国作物平均单产

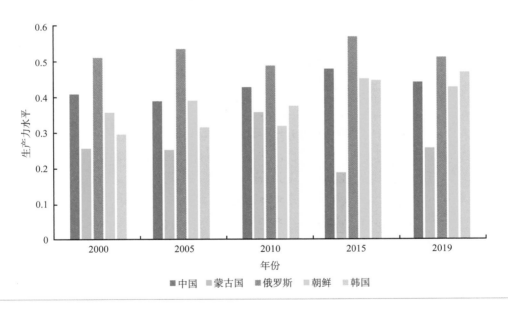

图 2.20 2000～2019 年东北欧亚大陆各国生产力水平年际变化

通过分析各国耕地平均生产力水平差异（图 2.21）可知，2000～2019 年，俄罗斯耕地平均生产力水平最高，其次是中国和朝鲜，蒙古国的耕地平均生产力水平最低。

2）中国作物耕作模式对周边国家耕地平均生产力的辐射作用分析

分析中国作物耕作模式对周边国家耕地平均生产力的影响，以中国边境线为起点，以 100 km 为单位建立多个环形缓冲区，分析缓冲区内各个国家的耕地平均生产力水平，如

图 2.22 所示。朝鲜半岛建立的 0 ～ 100 km、100 ～ 200 km、200 ～ 300 km、300 ～ 400 km、400 ～ 500 km、500 ～ 600 km 缓冲区内的耕地平均生产力水平在研究时段内整体呈下降趋势。蒙古国建立的 0 ～ 100 km、100 ～ 200 km、200 ～ 300 km、300 ～ 400 km 缓冲区内的耕地平均生产力水平在 2000 ～ 2019 年呈上升趋势。俄罗斯建立的 0 ～ 100 km、100 ～ 200 km、200 ～ 300 km、300 ～ 400 km、400 ～ 500 km、500 ～ 600 km 缓冲区内的耕地平均生产力水平在 2000 ～ 2019 年整体均呈现下降趋势。

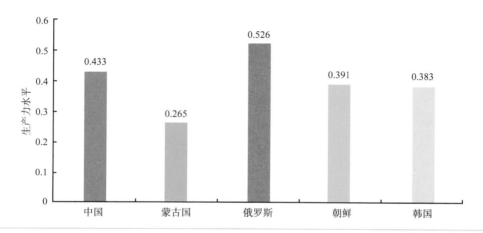

图 2.21　2000 ～ 2019 年东北欧亚大陆各国平均生产力水平

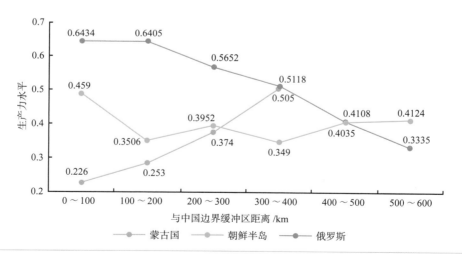

图 2.22　2000 ～ 2019 年东北欧亚大陆耕地平均生产力水平缓冲区分析

> ### 成果要点
>
> ○ 形成了东北欧亚大陆 21 世纪前 20 年主要作物空间分布与单产水平数据集。
>
> ○ 形成了以 GEE 为平台的可运行的农作物识别与单产估算技术方案。
>
> ○ 开展东北欧亚大陆周边国家农业生产格局与生产力水平的对比分析，结合典型区的工作，探索分析现代农业技术对农业生产格局与生产力水平的影响与提升作用。

讨论与展望

　　以东北欧亚大陆为研究区，在区域农作物识别与单产估算方法的支撑下，开展研究区 20 年主要作物空间分布与单产水平监测，分析区域内耕地生产水平的时空变化及中国与周边国家区域的耕地利用模式与生产力水平差异，探索利用长时间序列的田块作物种植类型与单产水平进行 SDG 2.4.1 量化评估的可行性。

　　精准农业是农业现代化的必由之路，规模急剧膨胀的农业数据和大数据技术的发展为精准农业的发展提供了新的方法，成为引领精准农业发展的一支重要力量。近年来，随着物联网、互联网及云存储计算等先进技术的发展和其向农业领域的渗透，农业领域的数据呈爆发式增长，这为精准农业的发展开辟出一条新的道路。农业遥感以其信息获取容易、信息量大、获取信息范围广、平台多等特点而成为快速获取农作物长势、病虫害、大田环境等信息的重要手段，为及时精准地调整大田生产活动提供数据支持，是实现精准农业的一大利器。可通过对大田作物的精细监测和真实探测，以及对农情的全面监测和动态分析，达到精准监测的目的，为农民提供精确种植建议及管理指导。随着农业物联网技术的发展，传感器作为信息获取源，为高效获取动植物生长信息提供了一种解决办法。常见的参数有温度、湿度、pH 值、风速、图像等。以此为基础，可以通过农业信息技术获取作物生长过程的营养状况数据等，利用大数据技术融合多源传感器数据，实现对作物生长过程的动态监视与预警。农业大数据技术能够及时和准确地估测粮食产量，可以为决策者提供重要的信息并用于改进作物管理和调控市场，以维护地区乃至世界粮食安全。

埃塞俄比亚小麦生产潜力

 案例背景

　　埃塞俄比亚的国土面积为 114 万 km²，其中耕地面积为 51.3 万 km²（占国土面积的 45%），可灌溉面积达 3.42 万 km²（占国土面积的 3%）。地处非洲之角的埃塞俄比亚是"一带一路"协议国家之一，也是通往非洲国家的门户。该国是非洲人口第二大国，人口超过 1.04 亿，面临巨大的粮食安全压力。据统计，埃塞俄比亚近 1/4 的人口营养不良，其中多数处于长期饥饿状态。农业是埃塞俄比亚经济的支柱，产值占其 GDP 的 45%，农业劳动力占就业总人口的 80%。埃塞俄比亚的农业以雨养农业为主，粮食生产的稳定性差，受气候变化影响最为显著（Di Falco et al., 2011）。2015 年、2016 年的厄尔尼诺现象导致的严重干旱对该国粮食安全造成重大威胁。《2019 年全球粮食危机报告》中相关数据表明，埃塞俄比亚是当今全球重度饥饿人口最多的国家之一。

　　小麦是埃塞俄比亚的主粮之一。自 20 世纪 90 年代末以来，埃塞俄比亚的政局逐步趋向稳定，农业生产得以恢复，小麦单产和总产持续增长（图 2.23）。如今，该国的小麦实际单产约为 2.6 t/hm²，处于非洲的较高水平，但仍低于 3.6 t/hm² 的世界平均水平。因此，在全球气候变暖加剧的趋势下，随着埃塞俄比亚人口的稳步增长，为满足更多人口粮的需求，需要更好地挖掘作物单产的增产潜力，为实现零饥饿可持续发展目标和粮食安全服务。

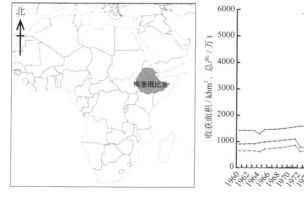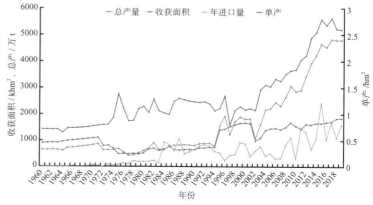

图 2.23　埃塞俄比亚地理位置与小麦产量的变化

所用地球大数据

◎ 土壤数据：非洲土壤质地格网数据，空间分辨率 250 m，该数据来自非洲土壤信息服务网（http://africasoils.net/services/data/soil-databases/）。

◎ 叶面积指数（Leaf Area Index, LAI）：MODIS LAI 产品数据 MOD15A2H，空间分辨率 500 m，数据来自 NASA 数据服务网。

◎ 耕地数据：全球粮食安全 – 支撑分析数据（Global Food Security-Support Analysis Data, GFSAD）耕地数据，空间分辨率 30 m。

◎ 小麦单产数据：119 个样点的小麦实际单产数据，该数据由埃塞俄比亚默克莱农业研究所处理完成。

◎ 气象数据：埃塞俄比亚全国站点的日最高、最低温，湿度，水汽压，降水，日照时数，风速数据集，该数据由埃塞俄比亚国家气象局提供。

方法介绍

本案例采用作物生长模型 WOFOST（de Wit et al., 2019）和 EnKF 法（Evensen, 2003），对 2019 年埃塞俄比亚小麦潜在单产进行评估（图 2.24）。方法的主要步骤概述如下。

首先，收集埃塞俄比亚的气象、土壤、小麦物候数据，实地调查埃塞俄比亚提格雷（Tigray）、奥罗米亚（Oromia）两州小麦单产，收集了 119 个样点的小麦单产数据集；同时，收集了两州的施肥、农技服务、种子改进等数据。

之后，案例采用线性回归的方法对出苗期、花期、收获期的小麦单产数据和同时期的 LAI 数据进行拟合，用决定系数（R^2）和均方根误差（Root-Mean-Square Error, RMSE）判定不同物候期作物单产与 LAI 的紧密程度。

与此同时，案例采用收集的物候数据、作物单产数据、土壤数据对 WOFOST 模型的关键参数进行标定，提升 WOFOST 模型在埃塞俄比亚的应用能力。

然后，案例采用 EnKF 法，将不同物候期的 LAI 和 WOFOST 模型进行耦合，对水分胁迫下的埃塞俄比亚小麦潜在单产进行了综合评估。考虑到埃塞俄比亚农田水利灌溉设施的普及率较低，97% 以上的耕地都属于雨养耕地，因此，该案例选取了 WOFOST 模型在水分胁迫下的小麦潜在单产评估方法。

最后，基于小麦潜在单产的模拟结果，结合在提格雷、奥罗米亚两州收集的施肥、农技服务、种子改进数据集，对埃塞俄比亚潜在单产的空间差异进行了分析，并定量评估了施肥、农技服务和种子改进对潜在单产的影响。

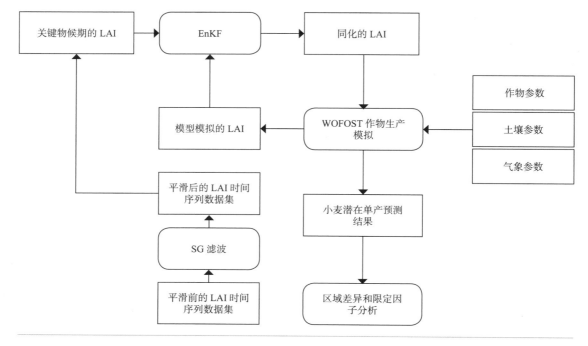

图 2.24　2019 年埃塞俄比亚小麦潜在单产评估方法

结果与分析

　　根据 WOFOST 模型，得到 2019 年埃塞俄比亚小麦潜在单产的空间分布（图 2.25）。

　　模型结果表明，2019 年埃塞俄比亚小麦潜在单产的平均值为 3.62 t/hm²，比当前埃塞俄比亚小麦的实际单产高 1 t/hm² 左右，与全球小麦单产的平均单产较为接近。埃塞俄比亚小麦的潜在单产在空间上波动较大，为 2.87 ~ 6.15 t/hm²。该国小麦潜在单产空间分布的高值区在奥罗米亚和阿姆哈拉（Amhara）中西部的局部地区，主要是由于这两个区域具有相对较好的水资源禀赋。提格雷和阿姆哈拉的东部地区是小麦潜在单产空间分布的低值区，主要是这两个地区的降水相对较少造成的。提格雷、阿姆哈拉、奥罗米亚和南方各族州（SNNP）是该国四大小麦主产地区，2019 年这四个区域的小麦潜在单产分别达到 3354 kg/hm²、3576 kg/hm²、3680 kg/hm² 和 3679 kg/hm²（图 2.25）。

　　2019 年，案例组在埃塞俄比亚提格雷、奥罗米亚开展了施肥率、氮肥施肥量、种子改进、农技服务等数据的调查与收集（表 2.2），并分析了上述管理要素与小麦潜在单产的相关性。在提格雷和奥罗米亚两个调查区域的结果表明，施肥率、氮肥施肥量、种子改进、农技服务对实际单产与潜在单产的影响较大。

　　以奥罗米亚州的 Kulumsa 和 Debrezite 地区为例，二者的施肥率一致，但是 Kulumsa 的种子改进和农技服务比 Debrezite 高，导致 Kulumsa 的潜在单产比 Debrezite 高 1800 kg/hm²。与提格雷州相比，奥罗米亚州的氮肥施肥率达到 100%，即调查区域地块的氮肥使用率达到了 100%，而提格雷州的氮肥施肥率只有 50% 左右水平。除此之外，奥罗米亚州的农技服务使用率也较提格雷州高 11 个百分点左右。氮肥和农技服务的差异，导致奥罗米亚州调查区比提格雷州的潜在单产高 1000 kg/hm² 以上。提升氮肥的使用率和农技推广服务覆盖率有助于小麦单产的实现。另外，两个调查区的使用种子改进服务水平都较低，提升种子改进服务水平可能成为单产实现的另一途径。

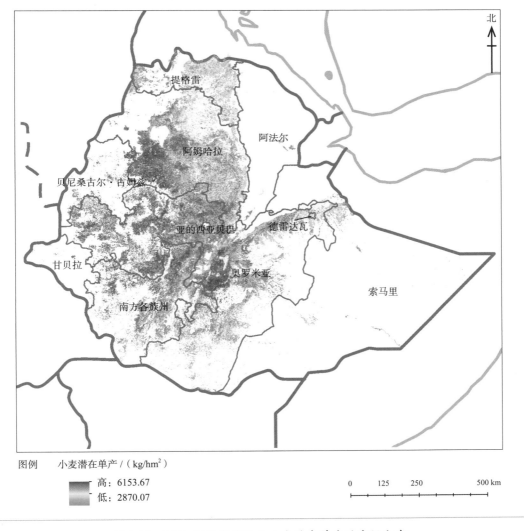

图 2.25　2019 年埃塞俄比亚小麦潜在单产的空间分布

表 2.2 潜在单产的区域差异和限定因子

州	典型区	潜在单产/（kg/hm²）	施肥率/%	氮肥/（kg/hm²）	种子改进/%	农技服务/%
提格雷州	Enderta	4220	87	46	6.7	31.0
	Hawuzen	4420	86	50	6.0	31.7
	Wukro	4100	87	50	6.7	31.7
	Hagereselam	4200	88	50	6.7	31.7
	Alaje	4500	88	50	7.0	32.0
奥罗米亚州	Debrezite	5500	89.4	100	5.7	40.4
	Melkasa	6300	89.4	100	5.0	45.0
	Kulumsa	7300	89.4	100	5.8	45.0

成果要点

○ 埃塞俄比亚小麦潜在单产的首次评估，全国小麦潜在单产约为 3.62 t/hm²。

○ 提升氮肥使用率、农技推广服务覆盖率，种子改良有助于埃塞俄比亚小麦单产的提高。

讨论与展望

本案例综合评估了 2019 年埃塞俄比亚小麦的潜在单产、空间差异和限制因子。在现有条件下，该国小麦的潜在单产为 3.62 t/hm²，比实际单产高 1 t/hm²，施肥、农技推广服务等对小麦潜在单产有较大影响。从实现 2030 年 SDG 2 零饥饿目标实现的角度来看，提升施肥率和农技推广率是现有条件下提升小麦单产的重要途径。从长远的角度来看，由于埃塞俄比亚是气候变化，特别是厄尔尼诺现象影响最强的区域，提升农田的灌溉保障率，缓解气候变化的水资源胁迫，是潜在的实现小麦单产的有效途径。

莫桑比克粮食安全预警能力建设

对应目标

SDG 2.a： 通过加强国际合作等方式，增加对农业基础设施、农业研究和推广服务、技术开发、植物和牲畜基因库的投资，以增强发展中国家，特别是最不发达国家的农业生产能力

案例背景

气候变化致使极端事件发生的频率增加，导致农业生产的不稳定性增加，农业成为全球气候变化最脆弱的部门。非洲农业生产的脆弱性更为明显，已经成为全球气候变化最敏感的地区（Thornton et al., 2009）。政府间气候变化专门委员会（Intergovernmental Panel on Climate Change, IPCC）第四次评估报告指出，到 2020 年，一些国家的雨养农业产量将下降最高达 50%（IPCC，2007）。

及时、透明、公正的全球农情信息是精准把握农业生产与供应形势，提前做好应对粮食安全问题措施的信息保障。拥有独立的农情监测信息平台，独立自主地开展农情监测，第一时间获取准确及时的农情信息是各国的共同心愿。全球众多国际组织与少数强国先后建成全球或区域尺度农情监测系统，如 FAO 的全球信息早期预警系统（Global Information and Early Warning System, GIEWS）、美国的 Crop Explorer、欧盟的农业遥感监测（Monitoring Agriculture with Remote Sensing, MARS）项目、中国的 CropWatch 等，均在一定程度上提升了农情信息时效性、准确性与透明度，但现有的全球／区域农情监测系统大都是由少数国家或组织主导的，且现有农情监测系统技术封闭，发展中国家无法有效地参与农情监测，即便参与也只能是单向的被动参与，很难结合本国的种植结构、物候和气候特点开展有针对性的监测和分析，想要在世界范围内实现无差别的、及时、准确、透明的农情信息分享还有很长的路要走。

莫桑比克位于非洲南部，随着人口的快速增长、经济增长和饮食结构的变化，水资源、粮食和能源的需求日趋激烈，在粮食安全、气候变化和应对自然灾害方面面临许多挑战。受遥感监测能力的制约，莫桑比克耕地资源本地数据更新严重滞后，农业监测与预警能力偏弱，迫切需要利用最新的技术及时准确地获取耕地数据支持农业规划、农情监测，以实现国家可持续发展目标。

CropWatch 长期致力于开发、移植符合"一带一路"协议国家农业特点的农情监测系统，并通过与相关国家共同开展合作研究，提高"一带一路"协议国家在农情监测、决策与粮食安全保障方面的能力，对实现零饥饿可持续发展目标具有重要的现实意义。

方法介绍

利用海量多源遥感数据、GVG，应用云平台和大数据分析技术，将近 3 年覆盖莫桑比克的所有 Sentinel-2、GF-1、GF-2 和 Landsat-8 等光学卫星数据按雨季与旱季两个时段进行数据合成，并结合 Sentinel-1 SAR 数据，综合利用光谱、物候、纹理、季相等多种特征，采用随机森林分类器开展莫桑比克高分辨率耕地识别模型训练，并对 2017 ～ 2019 年度覆盖莫桑比克全国的 10 m 分辨率高精度耕地进行提取识别。同时，通过和莫桑比克农业部及各省、市、县级农业工作人员在全国 9 个农业主产省开展主要农作物生育期关键参量的联合观测，对 CropWatch 云平台中的全球通用模型进行本地化标定与完善，形成适应于莫桑比克农业生产模式的农情监测指标、模型及完整监测体系。

依托"数字丝路国际科学计划"（Digital Belt and Road Program, DBAR）卢萨卡国际卓越中心（DBAR IcoE-Lusaka），CropWatch 团队于 2018 年 4 ～ 6 月连续为莫桑比克农业部作物监测与预警中心提供技术培训；2018 年 9 月 17 ～ 21 日，CropWatch 团队为农业部及各省农业厅共 29 名技术人员开展了为期 5 天的农情遥感监测技术与云平台培训，以提升莫桑比克农情监测技术水平。

2019 年 3 月 13 ～ 26 日，基于 Sentinel-1 SAR 图像，采用变化检测和决策树分类方法将热带气旋伊代（Idai）导致的洪水发生前、洪水发生期内和发生洪灾 10 天以后的 SAR 数据后向散射系数进行对比分析，开展莫桑比克洪灾影响范围及受灾耕地面积的快速监测。

 所用地球大数据

◎ 2010 ～ 2019 年 1 月期间获取的 MODIS NDVI 数据，2017 ～ 2020 年覆盖莫桑比克 GF-1、Sentinel-2 多光谱数据、Sentinel-1 SAR 数据和 Landsat-8 数据。

◎ 莫桑比克 30 m 分辨率耕地掩膜、NOAA 农业气象站点全球地面逐日气象资料（Global Surface Summary of the Day, GSOD）；美国国家环境预测中心（NCEP）第 2 代气候预报系统（CFSv2），分辨率 0.25°。

◎ 地面实测作物类型、样本数据用于模型标定与验证。

结果与分析

1. 高分辨率耕地

与莫桑比克农业部及莫桑比克天主教大学合作，联合完成了 2017 ～ 2019 年覆盖莫桑比克全国的 10 m 分辨率高精度耕地分布科学数据产品（图 2.26）。莫桑比克天主教大学学

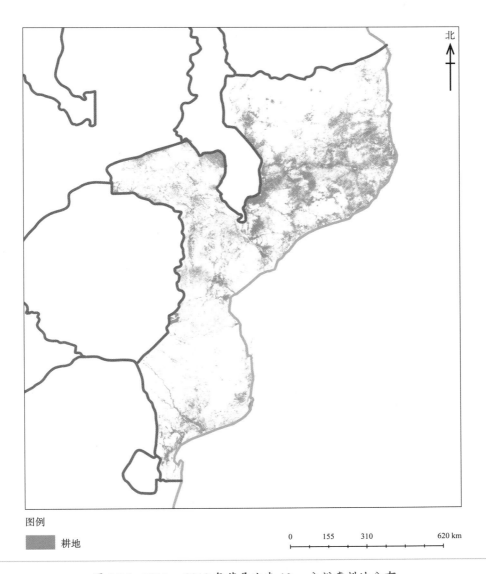

图例

███ 耕地

0   155   310   620 km

图 2.26　2017～2019 年莫桑比克 10 m 分辨率耕地分布

者的独立精度验证显示，该数据集的全国 OA 达到 83.8%。该国的最新耕地提取结果在分辨率提升的同时，精度也得到显著提升，无论是大型农田地块还是面积较小的零散耕地均得到准确提取。

2. 2019 年洪涝灾害应急监测

莫桑比克洪涝灾害的应急监测显示，2019 年 3 月 13～26 日，洪水淹没总面积为 2 761 245 hm^2，约占莫桑比克国土面积的 3.5%；之后洪水逐渐消退，但截止到 4 月 9 日仍有

1 057 214.4 hm^2 的土地被洪水淹没。图 2.27 显示了截至 4 月 9 日的洪水淹没范围及其与 3 月 26 日前洪水期的变化。加扎（Gaza）、马普托（Maputo）、伊尼扬巴内（Inhambane）和索法拉（Sofala）（全省约 12.3%、6.1%、5.9% 和 5.6% 的部分被淹）被列为受影响最严重的省份，受洪水影响范围分别为 928 087.0 hm^2、137 047.7 hm^2、406 225.4 hm^2 和 381 248.8 hm^2。

卫星监测表明农田受到严重破坏（图 2.28）。在洪水期间，共有 251 060.0 hm^2 农田受到洪水影响，到 2019 年 4 月 9 日仍有 157 897.5 hm^2 耕地被洪水淹没。加扎的农田受影响最

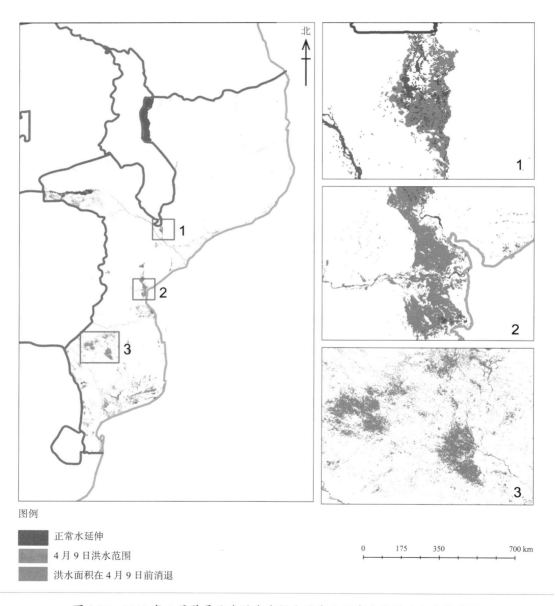

图例

■ 正常水延伸
■ 4 月 9 日洪水范围
■ 洪水面积在 4 月 9 日前消退

0   175   350   700 km

图 2.27   2019 年 3 月莫桑比克洪灾期间和洪灾之后半个月的洪水淹没范围

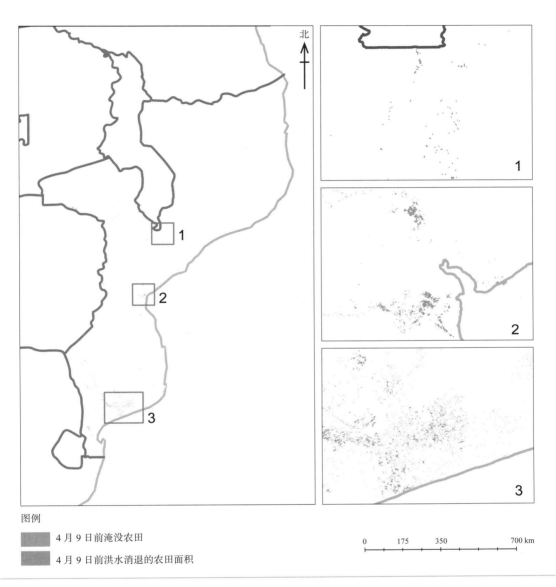

图例

▨ 4月9日前淹没农田

▨ 4月9日前洪水消退的农田面积

0　　175　　350　　700 km

图 2.28　2019 年 3 月 13 日～4 月 9 日受洪水影响的耕地面积

大，占全国洪水期间洪水淹没耕地总面积的 48.8%，到 4 月 9 日其受洪水影响范围占到全国的 62.2%。加扎、伊尼扬巴内、马普托和索法拉约有 16.4%、8.3%、3.7% 和 27.0% 的农田，相当于 122 501.2 hm^2、31 010.8 hm^2、11 020.8 hm^2 和 15 391.4 hm^2 的耕地受到洪水影响。

农田遭受严重影响的地区包括加扎省的希布托（Chibuto）和曼雅卡泽地区，受洪水影响的耕地面积分别为 25 281.9 hm^2 和 19 723.4 hm^2；伊尼扬巴内省的让加莫（Jangamo）和约莫伊内（Homoine），受洪水影响的耕地面积分别为 13 305.4 hm^2 和 3753.2 hm^2；马普托省的莫安巴（Moamba）和马古德（Magude），受洪水影响的耕地面积分别为 4421.5 hm^2

和 3132.8 hm²；索法拉省的布济（Buzi）和恩雅马坦达（Nhamatanda），受洪水影响的耕地面积分别为 9724.7 hm² 和 1682.6 hm²。

加扎、伊尼扬巴内和马普托正遭受洪水侵袭，受洪水影响农田的比例分别为 7.8%、3.7% 和 2.3%，面积分别达到 58 590.7 hm²、13 822.7 hm² 和 6744.9 hm²。其中，加扎省的邵奎（Chókwè）和希布托地区受洪水影响最大，受灾耕地面积分别为 10 999.0 hm² 和 9862.5 hm²；伊尼扬巴内省的让加莫和潘达（Panda）受灾最为严重，受洪水影响的耕地面积分别为 8270.7 hm² 和 1223.1 hm²；马普托省的莫安巴和马古德耕地受灾最为严重，受洪水影响的耕地面积分别为 2897.2 hm² 和 1724.9 hm²。

本案例通过基础数据更新、模型本地化标定、应急监测模型研发等有效提升了莫桑比克运行 CropWatch 云平台的能力，推进了发展中国家农业监测的能力建设，使得莫桑比克农情监测技术水平实现跨越式发展；同时采用云平台架构，为莫桑比克搭建了一套农情监测全流程解决方案（图 2.29），且莫桑比克无须投入大量资金和人力进行硬件设备的采购和维护，大幅节约了发展中国家开展农情监测的财力投入，提升了农情监测的可持续性，实现了该国全国、省、市、县等多个行政级别的全覆盖监测（图 2.30）。特别是，本案例组提供的定制化农情监测云平台中的模型，均利用本地获取的地面实测数据对模型进行本地化标定，确保所有模型适用于莫桑比克的实际农业生产模式。模型定制化完成后，通过不同规模的技术培训，全面提升了莫桑比克的农情监测能力与可持续农业发展水平。采用相同的云平台方案，本案例研究也可为其他国家或地区提供定制化的农情监测系统，在更大范围实现农情监测能力的提升与可持续农业发展，可以为联合国 2030 年 SDGs 的实现提供空间数据和决策支持。

基于 CropWatch，莫桑比克农业部实现了该国的农情自主监测，监测结果被莫桑比克农业部正式纳入国家农业气象通报。这是 CropWatch 监测成果首次正式纳入非洲国家农情监测报告，并为该国报告提供业务化平台和持续更新的信息支撑。

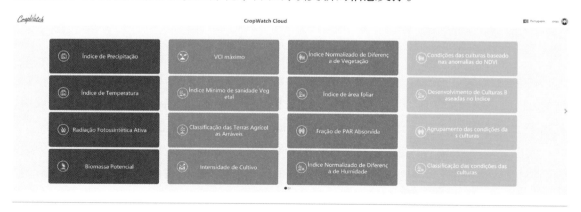

图 2.29　定制化的葡萄牙语版本莫桑比克农情遥感监测云平台界面

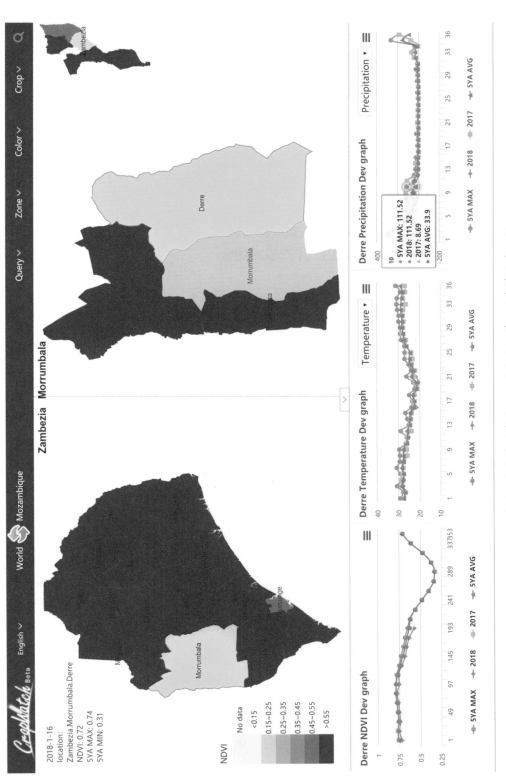

图 2.30 莫桑比克农情遥感监测云平台县级单元的农情信息示例

成果要点

○ 本案例产出的耕地数据集是莫桑比克首套近实时（2017～2018年）10 m分辨率耕地数据产品，为莫桑比克农情监测系统的本地化提供数据支撑。

○ 本案例为莫桑比克提供了系统性的农情监测与粮食安全预警解决方案，促使莫桑比克粮食安全治理能力实现跨越式发展，自2018年6月以来已经完全自主发布18期莫桑比克农情监测与粮食安全预警报告。

○ CropWatch云服务模式在莫桑比克的案例为其他"一带一路"协议国家粮食安全预警能力建设提供了成功范例。

讨论与展望

在莫桑比克10 m分辨率全新高精度耕地本底数据的支撑下，CropWatch云平台充分考虑莫桑比克不同地区种植结构差异和监测指标的偏好，提供了定制化的农气、农情、产量、预警等监测功能，精准实现耕地范围农气条件、农情状况、生产形势等的定量监测；同时，向用户共享CropWatch农情在线监测、分析、查询与发布功能，让用户能够自主选择指标开展特定区域的在线监测与分析，推动了现有的遥感数据互联网下载服务升级到遥感信息实时处理与分析服务。

促进数据与算法资源的开放，为授权用户提供能自定义构建符合自身需求的监测系统功能，用户通过系统能自定义形成自己的农情监测系统，独立开展农情监测，显著提高"一带一路"协议国家的粮食安全保障能力。

通过技术合作/转移、能力建设以及信息交流等，提高"一带一路"协议国家的粮食安全保障能力。例如，利用最前沿的计算机技术，提升合作伙伴方平台农情监测信息的深层挖掘、预测和预警能力；通过国际会议、培训班以及高级人才培养的方式，为有意愿参与农情监测的"一带一路"协议国家培训相关人员，提高使用习惯与使用技巧，提高农情监测系统运行维护的能力以及本国农情监测的获取能力。

CropWatch云平台提供的农业灾害应急监测服务，为莫桑比克农业生产过程中对灾害的应急响应、政府决策提供了科学数据支撑，促进了莫桑比克粮食安全科技治理水平的跨越式发展。得益于云平台的可拓展性和可定制化，未来地球大数据支撑下的CropWatch云平台将向更多发展中国家提供粮食安全能力建设。

本章小结

零饥饿是联合国《变革我们的世界：2030 年可持续发展议程》的第二大目标，然而在全球范围全面实现零饥饿目标仍面临巨大挑战。空间科学的发展、信息技术及地球大数据、人工智能等技术手段的应用，能够在大尺度 SDG 2 指标评估中发挥优势，为零饥饿目标实现程度的评估提供新思路和创新方法支持。

报告聚焦全球粮食安全脆弱关键区——非洲，粮食安全热点——沙漠蝗虫问题，以及粮食可持续的关键因素——生产力水平，基于地球大数据开展方法创新与改进、示范与推广、技术落地，通过科技杠杆提升"一带一路"协议国家及周边国家粮食安全治理能力，践行"不落下任何一人"的可持续发展理念。

研究表明，非洲部分典型国家、中南半岛、东北欧亚大陆等区域，当前农田生产力水平距离潜在水平仍有一定差距，农业资源禀赋、农业生产格局与生产力水平空间错位，需要因地制宜地通过农业技术服务推广、农田管理设施开发、提升复种水平等手段进一步优化农业资源利用率，提升农田生产力水平和气候变化的抵御力，以确保地区的粮食生产稳定。

地球大数据为突发自然灾害的实时监测与预警提供了动态高效的手段。2018 年以来发生的沙漠蝗虫灾害已经对巴基斯坦、埃塞俄比亚、肯尼亚、索马里、也门等国的农牧业生产造成了显著影响，地球大数据技术的实时监测与智能预测为政府动态防控虫害以保障农牧业可持续生产提供了有力支持。以地球大数据和云服务为抓手的粮食安全预警解决方案为莫桑比克提供了系统性的农情监测与粮食安全预警服务，促使莫桑比克粮食安全治理能力实现跨越式发展，该模式为其他"一带一路"协议国家粮食安全预警能力建设提供了成功范例，有望在更大范围发挥地球大数据科技杠杆提升粮食安全治理能力的作用。

通过指标评估、进程监测与能力建设，报告为零饥饿可持续发展目标评估提供了科学可靠的数据集，为准确跟踪可持续发展目标的实现过程提供了技术方法，并为相关国家和地区零饥饿可持续发展目标的实现提出了科学建议。

6 清洁饮水和
卫生设施

第三章

SDG 6 清洁饮水和卫生设施

背景介绍

　　水是生命之源，是保障人类社会和自然生态系统生存、发展的关键资源。因此，水安全关乎人类福祉，是经济发展、社会进步、生态文明的重要基石。SDG 6 清洁饮水和卫生设施（为所有人提供水和环境卫生并对其进行可持续管理）是联合国 2030 年可持续发展目标的重要内容。良好的水质与充沛的水源也是实现其他 SDGs 的重要保障。SDG 6 共包含 8 项具体目标和 11 个具体指标，涵盖水资源、水环境、水生态以及与水相关的国际合作等多个主题。为了全面监测、评价，联合国水机制（United Nations Water, UN-Water）组织、联合国儿童基金会（United Nations International Children's Emergency Fund, UNICEF）和世界卫生组织（World Health Organization, WHO）等共同实施了三项监测计划，对指标开展监测。数据是目前制约 SDG 6 指标监测的最大瓶颈。SDG 6 的 11 个具体指标中有 5 个指标属于有明确方法但缺少相关数据的指标。在全球范围内开展 SDG 6 各指标评价目前还存在一定难度，需要各个国家和地区根据自身情况，结合联合国要求，探索利用多源数据，创新评价方法，提升监测与评价的时空精度。联合国 SDG 6 相关指标的元数据文件和评估报告中推荐的评价方法主要以统计和普查数据为主要依据。受抽样调查的成本及周期的限制，基于统计数据的指标评价实时性弱、空间解析能力有限，同时由于各国在统计体系和方法上的差异，导致评价结果间的可比性不强。

　　以大样本量、实时、动态、微观、详细、多源、自下而上、更加注重研究对象的地理位置信息等为特征的地球大数据，为可持续发展研究提供了一个全新的数据驱动力，也为 SDG 6 指标评价提供了新的途径。目前应用的热点为综合利用卫星遥感和地面观测数据开展水环境、水资源、水生态指标的相关监测，具体包括：①探明湖泊水体透明度时空分布格局，推动实现 SDG 6.3.2 指标的大范围动态监测；②研发具有自主产权的水分作物生产力模型和水文系统过程模拟等方法，发展和丰富了 SDG 6.4.1 用水效率评估方法；③构建地表水体自动提取算法，分析"一带一路"协议国家国际重要湿地水体的面积动态变化，为《湿地公约》履约提供决策支持。

主要贡献

通过五个示范案例从数据产品、方法模型和决策支持三个角度例证了地球大数据技术对 SDG 6 目标实现的支撑作用。重点是应用卫星遥感、云平台、统计等多源数据，通过时空数据融合和模型模拟方法，实现了 SDG 6.3.2、SDG 6.4.1 和 SDG 6.6.1 等 3 个具体指标的监测评估（表 3.1）。

表 3.1　案例名称及其主要贡献

指标	案例	贡献
SDG 6.3.2 环境水质良好的水体比例	"一带一路"协议国家大型地表水体透明度时空分布格局	**数据产品：** "一带一路"协议国家首个地表水体透明度时空分布数据集（2015 年、2018 年） **方法模型：** 基于水体色度指数的普适性的透明度反演方法
SDG 6.4.1 按时间列出的用水效率变化	摩洛哥作物水分生产力评估	**数据产品：** 田块精细尺度作物水分生产力数据集（2016～2019 年） **方法模型：** 基于多源遥感数据时空数据融合并结合本地作物生长过程的作物水分生产力评估
	中亚地区水资源利用效率	**数据产品：** 2000～2019 年中亚地区水资源利用效率评估数据集 **决策支持：** 为联合国中亚水危机协调机构、中亚跨境河流水资源谈判提供决策支持
	澜 – 湄流域水资源利用效率	**数据产品：** 全球首个澜 – 湄流域尺度的用水效率变化数据集 **方法模型：** 基于水系统综合模拟的澜 – 湄流域用水效率分析 **决策支持：** 为澜 – 湄流域管理机构、东盟中心提供决策支持
SDG 6.6.1 与水有关的生态系统范围随时间的变化	"一带一路"协议国家国际重要湿地水体动态变化	**数据产品：** "一带一路"协议国家长时序地表水体动态分布数据集（2000～2018 年） **方法模型：** 适用于多种光学传感器；适用于海量遥感大数据和云平台，如 GEE 等；构建全球的水体 NDVI 阈值时空参数数据集；无须样本迁移 **决策支持：** 为各缔约国履行《湿地公约》《生物多样性公约》提供决策支持

案例分析

"一带一路"协议国家大型地表水体透明度时空分布格局

对应目标

SDG 6.3: 到2030年，通过以下方式改善水质：减少污染，消除倾倒废物现象，把危险化学品和材料的排放减少到最低限度，将未经处理的废水比例减半，大幅增加全球废物回收和安全再利用

对应指标

SDG 6.3.2: 环境水质良好的水体比例

实施尺度

"一带一路"协议国家

案例背景

　　全球面积大于 $0.002\ km^2$ 的湖泊有 1.17 亿个，代表了全球 85% 的地表淡水资源（Verpoorter et al., 2014）。湖泊为人类社会提供了重要的水资源、渔业资源、娱乐活动场所以及生态价值，在人类生存发展中发挥着重要作用（Millennium Ecosystem Assessment, 2005）。过去 100 年中，在土地利用和气候变化因素驱动下，全球范围内的湖泊发生了迅速的环境变化，导致水华爆发频率增加、水生植被减少、透明度下降、湖泊个数减少、湖泊面积缩小，以及水资源和食物供应能力下降等一系列问题（Shi et al., 2018）。

　　在联合国 2015 年提出的 SDGs 中，SDG 6.3.2 定义为每个国家的环境水质良好的地表水体占地表水体总数的比例。但是，能够监测到连续常规水质监测的水体只占全球地表水体的很小一部分，传统的野外站点监测手段不能满足大范围地表水体水质监测的需求。随着新一代卫星数据空间分辨率、光谱分辨率的提高以及重返周期的缩短，卫星遥感数据将成为最重要且低成本的大范围地表水质监测数据来源。此外，公众参与的众源数据的兴起，也将服务于填补区域水质数据空白。地球大数据可以结合卫星遥感数据和众源数据的优势，更好地服务于 SDG 6.3.2 指标，在填补数据空白的同时保证数据精度。

　　需要指出的是，传统站点监测中水质评价指标主要包括氮、磷、pH 值、导电率和溶解

氧 5 个核心物理化学参数，反映自然水体水质综合状况，以及气候、地理和人为因素对水质的影响。而通过光学遥感数据监测地表水体水质能够直接监测的参数均为光学水质参数，即能够影响水体光学特性的水质参数。

水体透明度（Secchi Disk Depth, Z_{SD}）又称作塞氏盘深度，是主要的光学水质参数之一，也是衡量水下光场的重要指标之一，其现场测量简单经济，由塞氏盘在水中消失的垂直深度决定。水体透明度变化受到水中悬浮泥沙、叶绿素和有色可溶性有机物的共同影响。相比其他光学水质参数，水体透明度在一定程度上体现了水体的综合水质尤其是清澈程度情况。

本案例将以卫星遥感数据为主要数据源，结合众源数据，通过遥感反演地表水体透明度来指示其水体清洁度良好水体，为"一带一路"协议国家实现 SDG 6.3.2 提供全新地表水体透明度遥感监测数据集。

所用地球大数据

◎ 遥感数据：2015 年和 2018 年"一带一路"协议国家 MODIS 数据。

◎ 水体实测数据：近几年国内外地表水体野外地面采样数据集。

◎ 水体众源数据：近几年国内外地表水体众源水体颜色指数和透明度采样数据集，主要来源于 EyeOnWater 网站（https://www.eyeonwater.org/），在众源观测数据质量控制中，当观测颜色指数和透明度数据与拍照数据能够大致对应时判断为有效数据。

◎ 基础地理信息："一带一路"协议国家行政区划数据等。其中"一带一路"协议国家是指截至 2020 年 1 月底已与中国签订共建"一带一路"合作协议的 119 个国家（位于亚洲、非洲、欧洲和大洋洲）；国家名单来源为"中国一带一路网"（https://www.yidaiyilu.gov.cn/gbjg/gbgk/77073.htm），网页查询日期为 2020 年 4 月 8 日。

方法介绍

本案例以 MODIS 地表反射率产品（MOD09A1）为主要数据源，采用基于水体颜色指数和色度角的水体透明度反演方法（Wang et al., 2020），在此基础上通过阈值分级法判断水质等级（Bigham Stephens et al., 2015）。数据处理流程包括：

（1）湖库水体自动提取：基于 MOD09A1 图像，利用单个水体自动阈值判断法对其进行水陆分割（Zhang et al., 2018），提取面积大于 25 km² 的大型地表水体。

（2）数据预处理：对 MOD09A1 图像数据进行几何校正和二次大气校正，提取水体离水反射率（Wang et al., 2016）。

（3）色度角和水体颜色指数提取：基于 MOD09A1 三个可见光波段的离水反射率图像计算色度角，进一步计算水体颜色指数（Wang et al., 2018）。

（4）水体透明度反演：基于水体颜色指数和色度角数据，根据模型反演透明度。利用地表水体野外实测和众源透明度数据，构建了 300 对星地同步数据用于透明度模型构建和检验，透明度范围为 0.1～13.1 m。经检验，基于水体颜色指数和色度角的透明度反演模型平均相对误差（MRE）为 27%，平均绝对误差（MAE）为 0.4 m。

（5）利用透明度阈值分级法，将水体透明度（Z_{SD}，单位为 m）分为 6 个等级：Ⅰ级水体：Z_{SD}>4 m；Ⅱ级水体：2 m<Z_{SD}≤4 m；Ⅲ级水体：1 m<Z_{SD}≤2 m；Ⅳ级水体：0.5 m<Z_{SD}≤1 m；Ⅴ级水体：0.25 m<Z_{SD}≤0.5 m；Ⅵ级水体：Z_{SD}≤0.25 m。其中，Ⅰ、Ⅱ、Ⅲ和Ⅳ级水体为清澈程度良好水体。

结果与分析

"一带一路"协议国家大型地表水体 2018 年夏季（6～9 月）平均透明度分布图如图 3.1 所示。其中，水体透明度大于 2 m 的Ⅰ级和Ⅱ级水体主要集中在中国青藏高原地区、俄罗斯西北部地区、东南亚、新西兰以及中亚部分地区；水体透明度在 0.5～2 m 的Ⅲ级和Ⅳ级水体分布较广泛，透明度小于 0.5 m 的Ⅴ、Ⅵ级水体主要集中区域包括中国东部地区、俄罗斯东部地区和非洲中部地区。其中，中国东部地区水体透明度较低主要与水浅且受人类活动影响水体富营养化有关（Wang et al., 2020）；俄罗斯东部地区水体透明度较低主要与

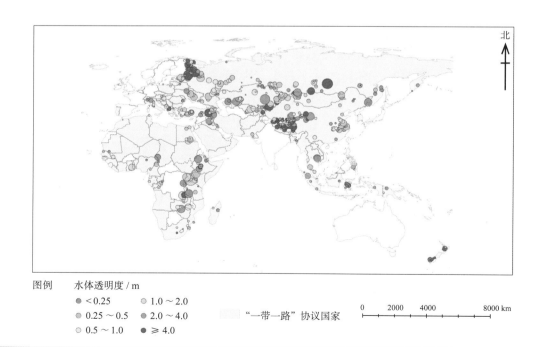

图 3.1　2018 年"一带一路"协议国家大型地表水体夏季平均透明度分级分布图

水体流域地质条件和气候变化影响有关（Bogatov et al., 2016）；非洲中部地区水体主要受气候变化和人类活动影响导致水体透明度较低（Hecky et al., 2010）。从国家角度来看，新西兰地表水体平均透明度最高，且 I 级水体比例高达 85%，水体透明度较高的其他国家包括塔吉克斯坦、吉尔吉斯斯坦、北马其顿、印度尼西亚、中国和意大利等；而毛里塔尼亚、乍得、柬埔寨、尼日利亚、马达加斯加、孟加拉国等国家地表水体平均透明度低于 0.5 m，V 级和 VI 级水体占比为 100%（图 3.2）。

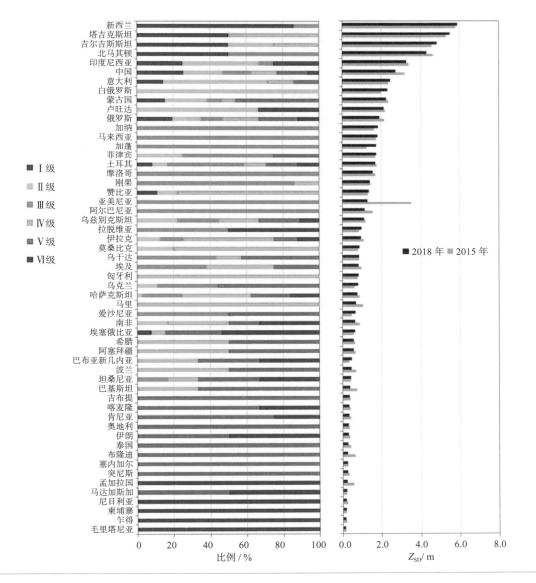

图 3.2　"一带一路"协议国家 2018 年夏季大型地表水体透明度（Z_{SD}）分级比例图及相对 2015 年平均透明度变化

2015～2018年"一带一路"协议国家夏季大型地表水体透明度变化率分布图如图3.3所示。统计分析可知，2015～2018年地表水体透明度总体呈下降趋势，其中68.3%的水体透明度下降，只有31.7%的水体透明度上升。从国家角度来看，水体透明度下降明显的国家包括亚美尼亚、中国、阿尔巴尼亚、布隆迪、马里等（图3.2）。其中，下降最明显的亚美尼亚是由于其唯一被监测到的大型地表水体——塞凡湖近年透明度下降明显，这可能与塞凡湖蒸发增强水位下降有关（Vardanian, 2011）。

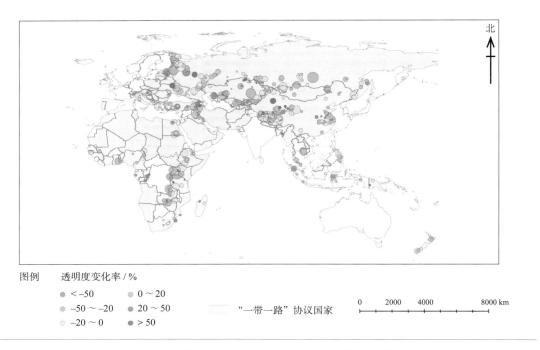

图 3.3　2015～2018年"一带一路"协议国家夏季大型地表水体透明度变化率分布图

成果要点

- 发展且验证了基于水体颜色指数和色度角的地表水体透明度反演模型，在此基础上针对 SDG 6.3.2 提供"一带一路"协议国家的大型地表水体清澈程度良好比例信息。

- 首次提供了 2015 年夏季和 2018 年夏季"一带一路"协议国家大型地表水体透明度空间分布及变化图，为"一带一路"协议国家大型地表水体清澈程度改善提供决策支持。

- 2015～2018 年"一带一路"协议国家大型湖泊透明度总体呈下降趋势，在数量上 68.3% 的湖泊透明度下降，只有 31.7% 的湖泊透明度上升。

讨论与展望

　　本案例采用基于水体颜色参量的地表水体透明度反演方法，以卫星遥感数据为主要数据源，以众源数据和地面实测数据为辅助数据，利用透明度指示地表水体清澈程度良好情况，以实现"一带一路"协议国家 SDG 6.3.2 指标的监测。通过在国别尺度上分析，指出了不同国家地表水体透明度和清澈程度良好水体比例的差异，以及以 2015 年为基准年的水质变化情况，为实现改善水质可持续发展目标提供了重要的信息支持。

　　目前，通过遥感手段监测的地表水体水质参数主要仍为光学水质参数，如本案例中的地表水体透明度监测。未来工作中，首先将进一步探索建立光学水质参数与 SDG 6.3.2 中生物化学指标的水质参数之间的联系，使地表水体水质遥感监测与 SDG 6.3.2 指标能够进一步紧密结合。其次，将结合多种遥感数据源，通过数据融合技术提高遥感反演模型精度和增加对小型地表水体的监测。在提高数据处理平台效率的基础上，达到大范围长时序连续动态监测，进一步完善面向 SDG 6.3.2 指标的地表水体水质监测，为各级环境监测和管理部门以及公众提供多尺度水质信息和决策支撑。

摩洛哥作物水分生产力评估

对应目标

SDG 6.4：到2030年，大幅提高所有部门用水效率，以可持续的方式抽取和供应淡水，以便解决缺水问题，大幅减少缺水人数

对应指标

SDG 6.4.1：按时间列出的用水效率变化

实施尺度

摩洛哥典型农业区

案例背景

联合国水机制组织发起了"可持续发展目标6综合监测倡议"（Integrated Monitoring Initiative for SDG 6），在其中的"与水和卫生有关的可持续发展目标综合监测计划"（Integrated Monitoring of Water and Sanitation-Related SDG Targets, GEMI）所发布的"指标6.4.1逐步监测方法（Step-by-Step Monitoring Methodology for Indicator 6.4.1）"中，指标SDG 6.4.1涵盖农业、工业、服务业等行业的用水效率（单位为美元/m³）。由于涉及国民经济各个用水部门，因而其计量评价主要基于统计调查数据。在各个行业中，农业用水量大，耗水量高（消耗于蒸散发），仅节约一小部分便可显著缓解其他行业的缺水压力，因此，提高农业用水效率是实现农业节水、促进农业可持续发展以及水资源可持续开发利用的一项关键措施。

常用农业用水效率评价指标主要是作物水分生产力（Karimi et al., 2013），是指单位水量所生产的生物物质产量或经济价值，能够从产出方面反映水的利用效率和产生的经济效益。其计算公式为植被生物量或作物产量与蒸散耗水量之间的比值（单位为kg/m³），在此基础上将作物产量乘以单价（单位为美元/kg）即与GEMI评价的农业用水效率（单位为美元/m³）指标相一致。基于多源遥感等地球大数据的作物水分生产力评估可以为SDGs农业用水效率及其时间序列变化评估提供空间数据支持，其时空覆盖范围、时效性及更新频率明显优于基于统计数据的评估方法。

FAO发布了基于遥感估算植被生物量和蒸散耗水量的非洲大陆水分生产力数据集（250m分辨率，http://www.fao.org/in-action/remote-sensing-for-water-productivity/en/），并

正在研究将非洲部分国家（100 m 分辨率）和典型农业区（30 m 分辨率）的植被生物量转化为产量，进而得到基于作物产量的作物水分生产力。由于涉及作物精细分类信息，通常基于作物产量的作物水分生产力评估方法主要应用于局部农业区。

摩洛哥位于非洲西北端，西濒大西洋，北临地中海，扼地中海出入大西洋的门户，国土面积辽阔，不同的地区和年份降水量很不均衡，水资源相对匮乏。农业灌区面积仅占摩洛哥全部种植面积的 16%，而灌区农业产值占全部农业产值的 50%、占出口农产品的 75%，由此可见灌区在摩洛哥乡村和地区发展的进程中起到重要作用。

本案例发展了基于多源遥感数据时空数据融合并结合不同作物类型产量形成过程的作物水分生产力评估方法，在获取作物精细分类时序空间信息的基础上，生产北非摩洛哥典型灌区田块精细尺度 30 m 分辨率作物水分生产力数据集。在决策支持方面，基于面向农业灌区水资源管理的作物水分生产力评估，可以开展灌溉绩效分析并确定提高灌区水分生产力的主要方式，便于制定水资源合理分配决策和方案，实现农业节水增效和可持续发展。

所用地球大数据

◎ Sentinel-2 卫星遥感数据，时空分辨率为 10 m/10 d，来源于欧洲空间局（https://scihub.copernicus.eu/），主要用于提取作物精细分类信息并估算作物产量（时空分辨率为 10 m/1a）；

◎ Landsat-8 卫星遥感数据，时空分辨率为 30 m/16 d，来源美国地质调查局（https://earthexplorer.usgs.gov/），主要用于估算卫星晴空过境日 30 m 分辨率农田蒸散耗水量，并与 MODIS 逐日 1 km 分辨率农田蒸散耗水量进行时空数据融合得到 30 m/8 d 分辨率时空分布连续的农田蒸散耗水量；

◎ MODIS 定量反演地表参数产品，包括反照率 MCD43A3（500 m/1 d）、LAI MCD15A2H（500 m/8 d）、植被指数 MOD13A1（500 m/16 d）、地表温度 MOD11A2（1 km/8 d）、土地覆盖类型 MCD12Q1（500 m/1a）等，来源于美国国家航空航天局（https://search.earthdata.nasa.gov/search），主要用于估算逐日 1 km 分辨率农田蒸散耗水量；

◎ 第 5 代大气再分析资料（Fifth generation ECMWF ReAnalysis, ERA5）全球近地面大气再分析数据，包括气温、露点温度、气压、风速、降水、下行短波辐射、下行长波辐射等，时空分辨率为 25 km/1 h，来源于欧洲中期天气预报中心（https://cds.climate.copernicus.eu/），主要作为模型大气驱动数据结合上述多源遥感数据来估算作物产量和农田蒸散耗水量；

◎ 作物类型、产量等地面调研数据。

方法介绍

作物水分生产力是指作物生物量或产量与蒸散耗水量之间的比值，本案例中采用：作物水分生产力（kg/m³）= 作物产量 / 作物蒸散发。

本案例重点关注摩洛哥本地 3 种主要作物类型，包括小麦（粮食作物）、甜菜（经济作物）、苜蓿（牧草），作物生长季为前一年 9 月至当年 8 月，作物水分生产力评估方法如图 3.4 所示。首先，卫星过境日 30 m 高空间分辨率及逐日 1 km 低空间分辨率蒸散耗水量分别采用 ETMonitor 模型（Zheng et al., 2019; Hu and Jia, 2015; Cui and Jia, 2014）及相应的多源遥感数据（Landsat-8、MODIS）和大气再分析数据 ERA5 进行计算，充分考虑地表能量和水分交换过程中的能量平衡、水量平衡及植物生理过程，完善和提高当前利用遥感观测作为驱动的蒸散发模型模拟能力。其次，高分辨率时空分布连续的蒸散耗水量（时空分辨率为 30 m/8 d）采用高空间分辨率 – 低时间分辨率（Landsat-8 卫星晴空过境日 30 m 分辨率）蒸散耗水量与低空间分辨率 – 高时间分辨率（MODIS 逐日 1 km 分辨率）蒸散耗水量进行时空数据融合来实现，利用一种灵活的时空数据融合模型（Flexible Spatiotemporal DAta Fusion, FSDAF）（Zhu et al., 2016），能够有效解决单一数据源的遥感影像很难实现高精度、高频次同步观测的问题。最后，结合摩洛哥本地作物生长过程并改进光能利用率模型来评估作物生物量或产量（时空分辨率为 10 m/1 a）（Zwart et al., 2010），其中原光能利用率模型为 Monteith-CASA 模型（Field et al., 1995; Monteith, 1972），利用当地农作物产量数据对其进行局地化模型参数率定使其模拟结果与地面调研数据相一致。最终基于高分辨率作物蒸散耗水量和高分辨率作物产量得到田块精细尺度作物水分生产力（时空分辨率为 30 m/1a）。

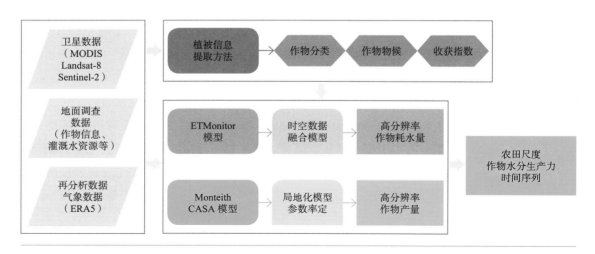

图 3.4 基于地球大数据的作物水分生产力评估方法

　　杜卡拉（Doukkala）灌区为摩洛哥第一大河乌姆赖比阿河（Oum Er-Rbia）流域内的主要灌区，也是摩洛哥主要农业区之一（图 3.5），由摩洛哥第二大水库阿尔马西拉（Al Massira）大坝的蓄水提供农业灌溉用水，在保障粮食安全、减少旱灾损失方面具有卓越的贡献。

杜卡拉灌区

阿尔马西拉水库

图 3.5　摩洛哥杜卡拉灌区地理位置及典型农业灌溉引水渠

2015～2019 年摩洛哥杜卡拉灌区作物水分生产力空间分布显示出较大的空间差异特征（图 3.6），其空间分布差异性主要由作物种植结构决定。对小麦、甜菜、苜蓿 3 种主要作物类型的作物水分生产力、蒸散耗水量、产量及作物种植比例在 2015～2019 年的年际变化对比分析表明（图 3.7），经济作物甜菜表现出最高的水分生产力，而作为粮食作物的小麦水分生产力明显低于经济作物甜菜及作为牧草的苜蓿（三者多年平均值分别为 1.1 kg/m³、16.4 kg/m³ 和 10.5 kg/m³）。这主要是由于在损耗相同水分的情况下（用实际蒸散发表示），小麦的单产比其他两种作物低很多。但是小麦是重要的粮食作物，可以通过灌区作物轮作，在保护主要粮食作物产量的同时提高整个灌区 WUE。此外，摩洛哥雨养农业区的小麦水分生产力通常小于 0.5 kg/m³，因而灌区在提高作物水分生产力方面具有显著的贡献。

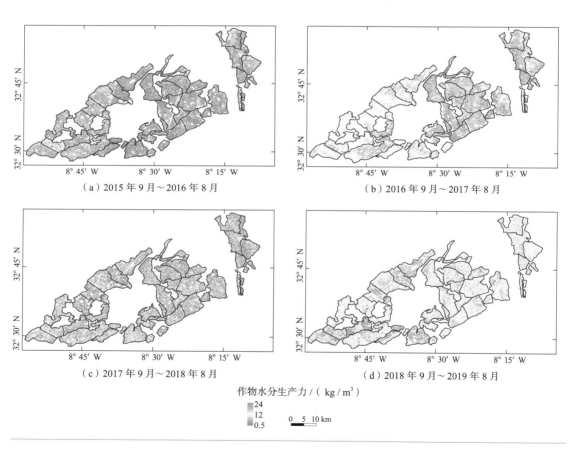

图 3.6   2015～2019 年摩洛哥杜卡拉灌区作物水分生产力空间分布

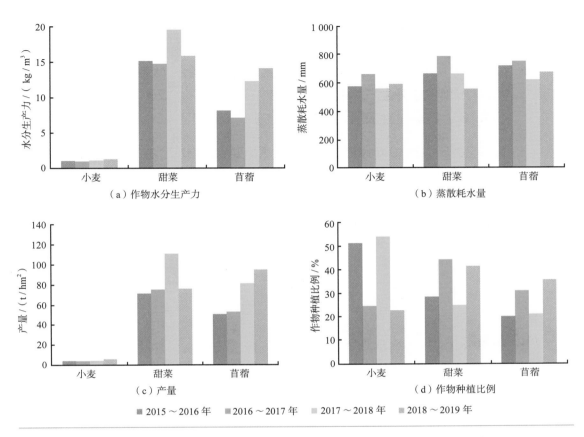

图 3.7 2015～2019 年摩洛哥杜卡拉灌区作物水分生产力、蒸散耗水量、
产量及作物种植比例的年际变化

　　摩洛哥杜卡拉灌区各主要作物类型的水分生产力在 2015～2019 年总体呈增加趋势。
苜蓿的水分生产力表现出了较为明显的增加趋势，主要是由于 2015 年和 2016 年发生极端
干旱事件，对牧草生长和产量产生较大影响，而前两年蒸散耗水量略高于后两年，因而苜
蓿水分生产力在前两年较低。本案例发现作物水分生产力年际变化特征与产量较为一致，
因而通过采取抗旱保产措施来保持作物稳产高产具有重要意义。目前该灌区内的部分区域
灌溉模式以漫灌为主，不利于保产节水，尤其在干旱发生时，增大了无益水分的损耗。

成果要点

○ 发展了田块精细尺度基于多源遥感数据时空数据融合并结合本地作物生长过程的作物水分生产力评估方法，为"一带一路"协议国家典型农业区 SDG 6.4.1 指标的监测评估提供方法创新。

○ 完成 2015～2019 年摩洛哥典型农业区主要农作物水分生产力评估，根据灌区可利用水资源及其分配情况，实施作物轮作，在保护粮食作物生产的同时兼顾提高灌区水分生产力。

○ 发现作物水分生产力年际变化与产量一致，对保持作物稳产高产具有重要意义。

讨论与展望

SDG 6.4.1 提出了按时间列出的用水效率变化的指标，针对农业、工业、服务业等行业的 WUE，其中地球大数据可以为农业用水效率（作物水分生产力）及其时间序列变化评估提供空间数据支撑。基于地球大数据的作物水分生产力评估方法具有数据收集获取便利的优势，可以在短时间内对农田蒸散耗水量、产量、作物水分生产力进行定量评估，本案例展示的方法和数据将在"一带一路"协议国家典型农业区推广应用。在估算出生态系统总初级生产力（Gross Primary Productivity, GPP）而不仅是农业区作物产量的条件下，与蒸散耗水量相结合即可评估"一带一路"协议国家陆地生态系统的 WUE。

中亚地区水资源利用效率

对应目标

SDG 6.4：到2030 年，大幅提高所有部门用水效率，以可持续的方式抽取和供应淡水，以便解决缺水问题，大幅减少缺水人数

对应指标

SDG 6.4.1：按时间列出的用水效率变化

实施尺度

中亚五国

案例背景

　　SDG 6.4.1 是反映用水效率变化的最直接指标。联合国 2019 年度 SDGs 报告 *Progress on Water-use Efficiency 2019 Global Baseline for SDG indicator 6.4.1* 基于农业、工业和服务业的生产总值和水资源利用量，通过加权平均值计算了各个国家的水资源利用效率，发现全球水资源利用效率平均为 15 美元 /m³。这个方法虽然可以很好地定量各个产业的水资源利用效率，但是产出指标过于依赖 GDP，导致以灌溉农业为主的国家，如乌兹别克斯坦、土库曼斯坦等水资源利用效率不足 1 美元 /m³。

　　中亚地区地处欧亚大陆腹地，降水稀少，气候干旱。中亚五国与我国接壤超过 3300 km，山水相连，民族相通，地缘政治复杂。作为命运共同体，中亚地区与我国"一带一路"合作倡议密切相关。然而，中亚地区水资源高耗低效显著，水资源低效粗放利用导致水短缺，与水相关的争端和冲突不断加剧，脆弱的生态环境受损。水资源成为限制该区发展的关键因子。准确评估中亚地区的水资源利用效率，提高水资源利用和管理水平，是实现中亚地区可持续发展的重大举措。

　　中亚国家数据有限，并且由于农业用水的粗放管理，导致统计数据难获得并且统计口径不一。目前很多研究集中在田间尺度的 WUE，如 Abdullaev 和 Molden（2004）分析了中亚锡尔河流域棉花和水稻的水分生产力（即每单位水生产的粮食产量）的时空变化，Conrad 等（2013）利用 FAO 推出的计算作物蒸散及调整农业管理模式的软件 CropWat 计算了费尔干纳盆地主要农作物的作物蒸散量，Lee 和 Jung（2018）评估了咸海流域不同作物类型和灌溉条件下的农业用水效率，并指出中亚国家用水经济效益低于其他亚洲国家，改

变作物类型和灌溉方式可以提高作物产量和用水效率。Zhang 等（2019）研究发现咸海流域棉花的水资源生产力最高，年均消耗每立方米水创造 0.727 美元价值，其次是水稻，小麦的水资源生产力最低，为年均消耗每立方米水创造 0.191 美元，空间上，三种主要作物较高的水资源生产力集中在费尔干纳灌区和塔什干灌区。然而，关于水资源利用效率的时间序列变化开展的研究很少。联合国 SDG 6.4.1 属于 Tier I，有数据有方法。但对于中亚地区，用水数据不连续，无法获得长时间序列的水资源利用效率数据，难以定量过去时间的水资源利用效率的变化。本案例基于统计数据和遥感大数据综合评估了中亚五国的万美元 GDP 用水量以及耕地的生态系统水分生产力变化，为提升中亚地区水资源利用效率和实现 SDG 6 提供科技支撑。

所用地球大数据

◎ MODIS 格点数据集。MOD16A2 全球陆地蒸散发数据，空间分辨率 500 m，时间分辨率 8 d；MOD17A2H 全球格点生物量 GPP 数据，空间分辨率 500 m，时间分辨率 8 d。

◎ 中亚的耕地面积数据来源于中亚灌溉数据和土地利用数据。其中，中亚灌溉数据的空间分辨率为 5'，时间为 2005 年，来源为全球水资源和农业信息系统官方网站（http://www.fao.org/aquastat/en/databases/maindatabase/）。中亚土地利用数据采用 MCD12Q1，空间分辨率 500 m，综合中亚灌溉数据，提取出中亚地区的耕地面积。

◎ 各个国家的 GDP 数据来源于世界银行，用水量数据来自 FAO（http://www.fao.org/nr/water/aquastat/data/query/index）、联合国数据检索系统（United Nations Data Retrieval System，http://data.un.org/）和吉尔吉斯斯坦国家统计委员会（National Statistical Committee of the Kyrgyz Republic，http://www.stat.kg/en/statistics/selskoe-hozyajstvo/）。

方法介绍

1. 万美元 GDP 用水量计算

目前有两种常见的用水效率计算方法：一是联合国 SDG 6.4.1 推荐的用水效率计算方法，即分别计算农业、工业、服务业的用水效率并进行加权平均；二是中国节水管理部门采用的用水效率指标评价方法，即万元 GDP 用水量。由于中亚五国不同行业部门的用水数据难以获得，本案例采用万美元 GDP 用水量来反映国家尺度的综合水资源利用效率。各个国家的 GDP 数据来自世界银行，总用水量数据来自统计资料，万美元 GDP 用水量即为各国总用水量与各国 GDP 的比值，详情见本节第二部分"所用地球大数据"。

2. 耕地 WUE 计算

本案例利用地球大数据计算了中亚耕地的水分生产力，即陆地生态系统总初级生产力（GPP）与蒸散发（ET）之比。实际上，水分生产力是可获得产量和实际耗水量的比值，但由于数据有限，本案例采用的 GPP/ET 可以在一定程度上反映植物的同化效率，是反映水资源利用效率的常用指标（Yuan et al., 2020; Cao et al., 2020）。

$$WUE=GPP/ET$$

式中，WUE 为水分利用效率（单位为 gC/kgH_2O）；GPP 为陆地生态系统总初级生产力（单位为 gC/m^2）；ET 为生态系统蒸散发（单位为 kgH_2O/m^2）。

本案例用到的 MOD16 ET 已通过涡度相关通量观测塔测得的 ET 以及来自全球 232 个流域的 ET 估计值进行了验证（Mu et al., 2013），并且该数据集可以很好地代表农田和草原的蒸散发水平（Khan et al., 2018）。本案例使用的 MOD17A2H 的 GPP 数据也在许多地区进行了验证（Turner et al., 2006; Wang et al., 2017）。由于国际通量观测网络在中亚地区的观测站非常稀缺，大多数实地研究都集中在田间尺度，无法验证其绝对数值精度，但是 WUE 的相对变化是可靠的（Zou et al., 2020）。

结果与分析

通过计算 1997～2017 年中亚五国的万美元 GDP 用水量发现，哈萨克斯坦的万美元 GDP 用水量在中亚五国中是最低的，其次是土库曼斯坦，塔吉克斯坦的万美元 GDP 用水量最高。1997～2017 年中亚五国的万美元 GDP 用水量均呈显著下降趋势，表明中亚五国的整体水资源利用效率在此期间呈现显著提高趋势。例如，塔吉克斯坦的万美元 GDP 用水量从 1997 年的 $12.88\times10^4\,m^3$ 下降到 2017 年的 $1.61\times10^4\,m^3$，仅为 1997 年的 12.5%。土库曼斯坦的万美元 GDP 用水量也呈迅速下降趋势，从 1997 年的 $9.70\times10^4\,m^3$ 下降到了 2017 年的 $0.74\times10^4\,m^3$（图 3.8）。

农业在中亚五国国民经济中占有重要地位，农业用水同时也是中亚地区的耗水大户，占水资源利用量的 66% 以上（表 3.2）。除了哈萨克斯坦农业用水占比为 66%，其余四国的农业用水占比均不低于 90%，工业和生活用水合计约为 10%。因此，农业用水效率的小幅度提高就可有效提升整体的水资源利用效率，有助于缓解中亚地区严峻的用水短缺形势。

由于中亚地区各行业用水数据缺失，尤其是农业用水数据缺失严重，统计不足，本案列基于地球大数据分析了 2000～2019 年中亚五国的耕地生态系统水资源利用效率的变

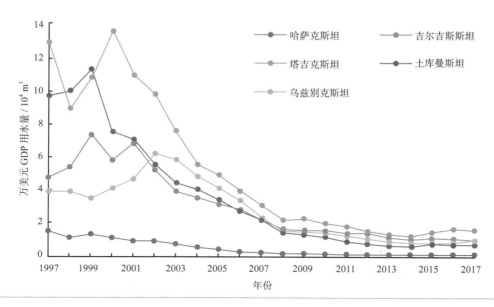

图 3.8　中亚五国万美元 GDP 用水量变化

表 3.2　中亚五国一、二、三产用水占比 （单位：%）

国家	工业用水	生活用水	农业用水
哈萨克斯坦	30	4	66
吉尔吉斯斯坦	4	3	93
塔吉克斯坦	4	5	91
土库曼斯坦	3	3	94
乌兹别克斯坦	3	7	90

化。图 3.9 展示了 2000 年和 2019 年中亚五国生态系统夏季 WUE 的空间分布，其中白色为 MODIS 蒸散发数据的空值区。本案例主要分析耕地的 WUE，空值区不纳入计算。在空间上，吉尔吉斯斯坦和塔吉克斯坦的山区以及哈萨克斯坦北部广大地区的生态系统水分生产力普遍较低，环巴尔喀什湖流域、费尔干纳谷地等区域水分生产力普遍较高。在时间上，2000～2019 年除哈萨克斯坦外，其余四国的耕地生态系统水分生产力呈下降趋势（图 3.10）。土库曼斯坦和乌兹别克斯坦的耕地 WUE 在过去 20 年间分别下降了 0.604 gC/kgH$_2$O 和 0.518 gC/kgH$_2$O，可能是因为这两个国家的灌溉设施相对落后，并且耕地依赖大水漫灌，导致作物产量低和水资源利用效率低。而哈萨克斯坦的耕地 WUE 呈微弱上升趋势。值得注意的是，哈萨克斯坦北部雨养小麦耕地的 WUE 增加，可能是全球气候持续变暖导致的。

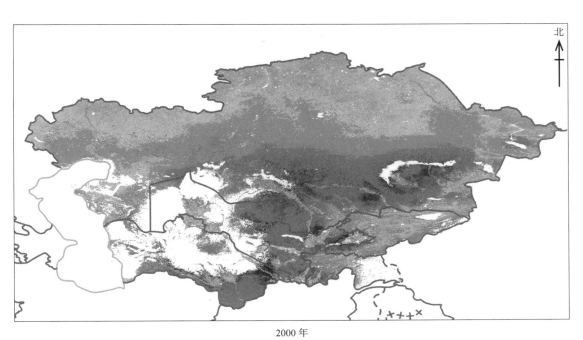

2000 年

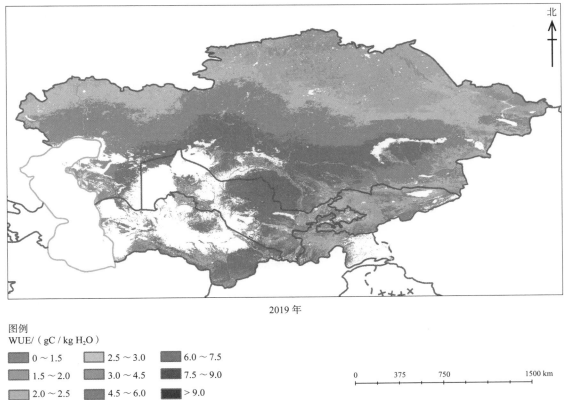

2019 年

图例
WUE/（gC / kg H₂O）

■ 0～1.5	■ 2.5～3.0	■ 6.0～7.5
■ 1.5～2.0	■ 3.0～4.5	■ 7.5～9.0
■ 2.0～2.5	■ 4.5～6.0	■ >9.0

图 3.9　2000 年和 2019 年中亚五国生态系统夏季 WUE 空间分布

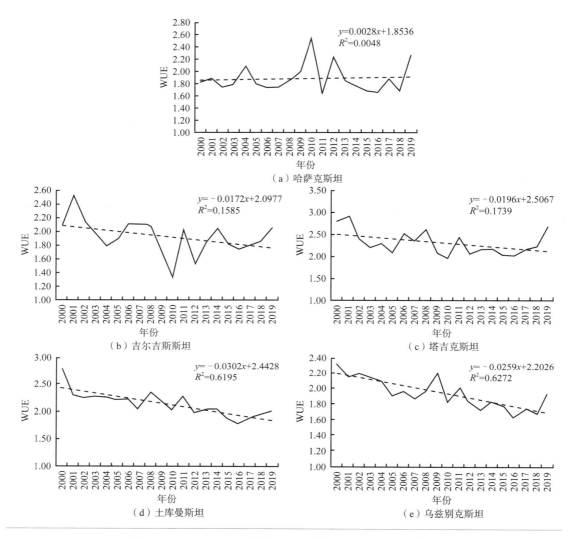

图 3.10　2000～2019 年中亚五国耕地 WUE 变化趋势图

成果要点

- 结合统计数据和地球大数据发现，近 20 年来中亚五国的万美元 GDP 用水量呈显著下降趋势，说明水资源利用效率总体得到提升，但是耕地的 WUE 呈总体减少趋势，说明水资源利用效率的提高是由非农业部门拉动的。

- 中亚地区农田灌溉用水在水资源利用中占比最高，提高农田的 WUE 是大幅提高用水效率的关键。

　　本案例利用统计数据计算了中亚五国万美元 GDP 用水量，发现 1997～2017 年中亚五国万美元 GDP 用水量呈不断下降趋势，说明中亚五国的水资源利用效率总体提高。利用 MODIS 遥感蒸散发和 GPP 计算生态系统中亚五国 WUE，发现耕地 WUE（土壤 WUE）并没有提高，说明中亚地区水资源利用效率的提高主要不是来自农业的贡献。值得注意的是，对于哈萨克斯坦北部的雨养农田，耕地的水分生产力有升高趋势，可能与全球气候变暖有关。

　　本案例为大范围、缺资料地区的 WUE 评估提供了思路，同时研究结果可以为中亚国家的水资源利用结构优化提供科学依据，为实现 SDG 6.4 目标提供了努力的方向。

澜沧江-湄公河流域水资源利用效率

对应目标

SDG 6.4：到2030 年，大幅提高所有部门用水效率，以可持续的方式抽取和供应淡水，以便解决缺水问题，大幅减少缺水人数

对应指标

SDG 6.4.1：按时间列出的用水效率变化

实施尺度

澜沧江-湄公河流域

案例背景

水资源可持续利用一直是国际社会关注热点。澜沧江–湄公河（简称澜–湄）是东南亚第一大河，流经中国、缅甸、老挝、泰国、柬埔寨、越南等六国，流域水资源丰富但开发利用效率不高。2014 年，中国发起的"澜湄合作"，逐渐成为"一路一带"进程中次区域合作典范；2017 年，澜湄合作六国成立了澜湄水资源合作中心，以加强水资源可持续利用与管理的国际合作。本案例将遥感大数据与水系统模型相结合，定量分析 2008～2019年澜–湄流域用水效率变化，为联合国开展富水区待开发流域水资源可持续利用研究提供数据，为澜湄水资源国际合作提供决策依据。

目前关于用水效率指标研究，联合国可持续发展目标跨机构专家组（Inter-Agency and Expert Group on SDG Indicators, IAEG-SDGs）给出了用水效率指标计算方法，即通过第一产业、第二产业和第三产业的用水量及产业增加值来计算用水效率。最初列为有方法无数据类型，从 2020 年 4 月调整为有方法有数据类型。除了联合国的方法之外，一些国家实际上还采用万元 GDP 用水量、农田灌溉水有效利用系数、万元工业增加值用水量、人均生活用水量等指标，评估综合用水效率和工业、农业与生活用水效率。目前相关学术研究大多集中在农业用水效率、工业用水效率等单行业评价，较少进行综合评价。国家层面的用水效率研究较多，区域和流域尺度的较少。典型年份的用水效率研究较多，长时间序列的较少。而且大多数研究是基于统计数据进行评估，与专业模型相结合的研究较少。

6 所用地球大数据

◎ 遥感数据：2015 年澜沧江流域 30 m×30 m 空间分辨率地表覆盖产品（"地球大数据科学工程"专项集中共享数据）。

◎ 气象水文数据：2008～2019 年中国国家气象科学数据中心长时间序列气象数据（中国国家气象科学数据中心）、澜–湄流域干流 9 个水文站长时间序列径流数据。

◎ 基础地理信息：土地利用（2010 年、2015 年）、土壤类型（2010 年、2015 年）、行政区划（2016 年）、河网及流域边界（2016 年）等数据（"地球大数据科学工程专项"集中共享数据、中国科学院地理科学与资源研究所资源环境科学与数据中心）。

◎ 社会经济数据：2008～2019 年澜沧江流域用水数据（长江流域及西南诸河水资源公报）、2008～2019 年全球人口经济数据（FAO、全球水资源和农业信息系统、世界银行、粮农组织统计数据库、世界发展指标）、2008 年和 2010 年湄公河下游地区灌溉用水数据、三产产业增加值数据等（Mekong River Commission, 2018）。

◎ 其他数据：基于水文模块化框架的水文综合模拟系统（Hydro-Informatic Modeling System, HIMS）（刘昌明等，2008）、水文水资源模型（Decision Support Framework based on hydrological, water resources and hydrodynamic models, DSF）、水质水量耦合模型（Integrated Quantity and Quality Model, IQQM）（Penh, 2017）模拟水文水资源数据。

6 方法介绍

本案例中澜–湄流域内各国的用水效率计算，一是采用联合国 SDG 6.4.1 的用水效率计算方法。首先，分别计算农业、工业、服务业的用水效率；然后，按照农业、工业、服务业的用水比例进行加权计算出总的用水效率。二是采用中国节水管理部门的用水效率指标评价方法。即：综合用水效率指标——万元 GDP 用水量（单位为 m³/ 万元）；农业用水效率指标——农田灌溉水有效利用系数；工业用水效率指标——万元工业增加值用水量（单位为 m³/ 万元）；生活用水效率指标——城镇人均生活用水量（单位为 L/d）。两种用水效率方法对比分析，首先将指标进行无量纲归一化处理，然后进行变化趋势比较。

另外，针对部分国家缺少统计数据的情况，主要将自然界的产水过程与社会经济系统水循环的用水过程相耦合，初步构建了水系统模型。基于模型计算和遥感数据分析，弥补缺失的统计数据。其中，涉及的模型主要包括 HIMS 流域水文模型、DSF 水文水资源模型、IQQM 水质水量耦合模型。

结果与分析

1. 澜－湄流域用水效率变化分析

按照联合国的方法计算 2008～2019 年澜－湄流域各国用水效率（图 3.11）。总体上，澜－湄流域六国用水效率呈现增长趋势。澜－湄流域平均用水效率从 2008 年的 2 美元 /m³ 提升到 2019 年的约 4 美元 /m³，提高了近 1 倍，用水效率增速大约为每年 0.18 美元 /m³，但同世界用水效率平均水平 15 美元 /m³ 还有较大的差距。主要原因是澜－湄流域以农业为主，农业用水量占比较大（表 3.3），属于经济发展相对落后区域。

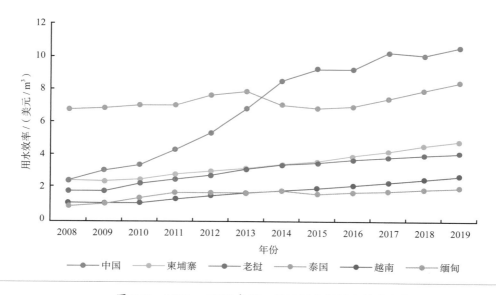

图 3.11　2008～2019 年澜－湄流域各国用水效率变化

表 3.3　澜－湄流域各国农业用水、工业用水和服务业用水比例　　（单位：%）

行业	中国	柬埔寨	老挝	泰国	越南	缅甸
农业	78	92	93	89	95	88
工业	10	1	1	2	1	1
服务业	12	7	6	9	4	11

从用水效率增长率的空间分布看（图 3.12），中国境内澜沧江流域用水效率的提升快速，2013 年超过泰国，位于澜－湄流域之首，但低于中国用水效率的平均水平。在东南亚五国中，泰国用水效率一直居于前列，但增加幅度较缓。缅甸用水效率总体上最低。

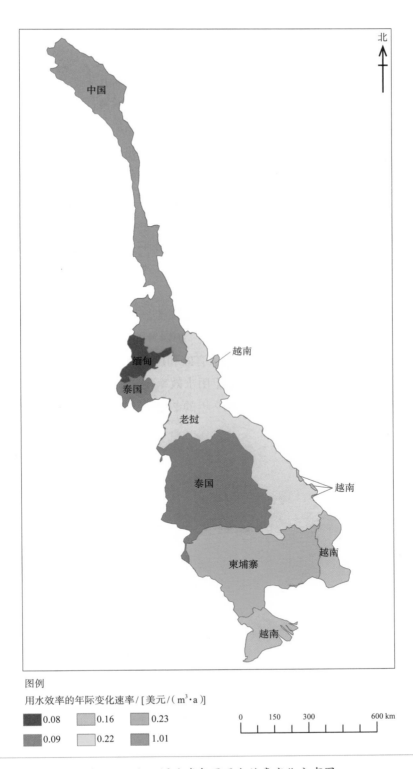

图例

用水效率的年际变化速率 / [美元/（m³·a）]

- 0.08
- 0.09
- 0.16
- 0.22
- 0.23
- 1.01

图 3.12　澜 - 湄流域各国用水效率变化分布图

2. 两类用水效率指标评估方法对比分析

选择数据资料比较齐全的中国境内澜沧江流域，开展两种用水效率指标方法对比验证。

（1）根据联合国 SDG 6.4.1 用水效率计算方法分析，澜沧江流域农业、工业、服务业用水百分比分别为 78%、10%、12%。其中，农业用水比例受降水影响波动较大，表现在 2009～2012 年中国西南大旱农业用水比例快速下降；工业用水占比变化比较平缓，呈微弱下降趋势；服务业用水比例处于缓慢上升趋势。澜沧江流域农业、工业、服务业用水效率逐年均呈现上升趋势。其中，农业用水效率提高缓慢；工业用水效率上升最大（表 3.4）；服务业用水效率整体上升，2017 年后略有下降。澜沧江流域用水效率总体上呈现显著上升趋势（图 3.13），其中 2010～2014 年增速最大，达 1.44 美元 /m³，主要是工业和服务业用水效率快速提升的贡献。2015 年以后澜沧江流域用水效率增加变缓。未来农业节水对澜沧江流域用水效率提升具有较大潜力。

（2）根据中国境内用水效率指标评价，澜沧江流域综合用水效率提升快速，表现为万元 GDP 用水量下降很快（图 3.14）。其中，2008～2014 年增加最快，2015 年及以后增加缓慢。农业用水效率增加相对缓慢，目前农田灌溉水有效利用系数为 0.49，接近中国平均水平 0.55，远低于节水发达国家 0.7～0.8 的水平；工业用水效率增加快速，表现为万元工业增加值用水量从 2008 年的 113.7 m³/ 万元降低到 2019 年的 25.5 m³/ 万元，高于中国 44 m³/ 万元的平均水平。

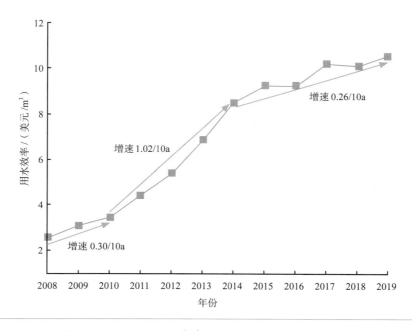

图 3.13　2008～2019 年中国澜沧江流域用水效率变化

表 3.4 2008～2019 年中国澜沧江流域万元工业增加值用水量变化

年份	万元工业增加值用水量（m³/万元）	年份	万元工业增加值用水量（m³/万元）	年份	万元工业增加值用水量（m³/万元）
2008	113.7	2012	69.5	2016	31.4
2009	104.1	2013	50.4	2017	27.1
2010	86.3	2014	43.1	2018	26.7
2011	80.0	2015	32.9	2019	25.5

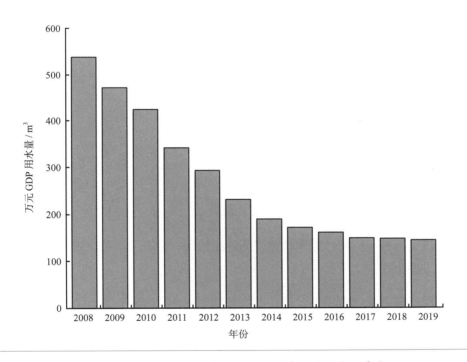

图 3.14 2008～2019 年中国澜沧江流域综合用水效率变化

（3）为了直观地对比分析，分别将联合国的方法和中国境内的方法计算得到的用水效率进行无量纲归一化处理（图 3.15）。从图中可以看出，用水效率变化趋势基本一致，其中，2008～2014 年用水效率增加快速，2015 年及以后逐步变缓。主要原因是工业用水效率达到一定水平后，节水空间较小，而农业用水效率提升缓慢，节水潜力较大。

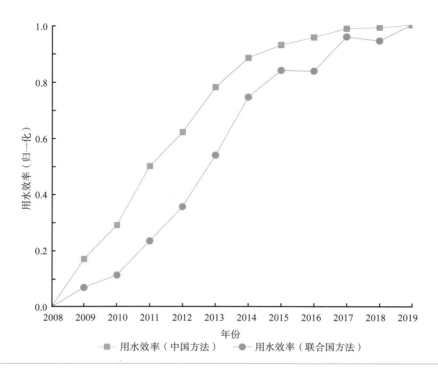

图 3.15　两种方法计算的用水效率归一化对比分析

成果要点

- 开展了两种不同用水效率计算方法对比验证，为联合国用水效率计算方法改进提出建议。

- 利用遥感数据结合模型计算，首次按国别给出 2008 ~ 2019 年澜 - 湄流域用水效率变化数据集，为联合国开展富水区待开发流域水资源可持续利用研究提供数据。

讨论与展望

数据方面。本案例利用遥感数据结合模型计算，弥补部分国家缺少的数据，首次按国别给出 2008～2019 年澜 – 湄流域用水效率变化数据集，为联合国开展富水区待开发流域水资源可持续利用研究提供数据。

方法方面。以澜沧江流域为例，开展了两种不同用水效率计算方法对比。研究表明，两种方法计算的用水效率变化趋势基本一致。其中，联合国的方法具有统一量纲，但目前很多国家缺少相应统计数据，而且存在统计口径不统一问题，并且涉及三产经济指标和汇率计算问题。中国境内的方法具有数据容易获取，计算分析简单，但存在各产业用水效率指标量纲不统一问题，不便于产业之间横向比较。两种方法各有优缺点，可以互相验证。

决策支持方面。澜 – 湄流域作为经济相对落后的富水区，水资源开发利用需要考虑人水和谐、走绿色发展之路。从案例分析看，澜 – 湄流域用水效率提高的重点在于农业节水而且潜力很大。按照现有用水效率指标评价看，虽然发展工业能够快速提高流域综合用水效率，但这显然是一种错误的指引方向。从中国境内澜沧江流域工业用水效率分析看，经过快速增长后工业节水潜力并不大，除非大范围扩大工业规模，这对于世界粮食主产区的澜 – 湄流域而言并不合适。

因此，从该案例研究看，联合国用水效率指标评价方法还存在一定局限性，目前过于强调用水的经济效益。水是"生命之源、生产之要、生态之基"，其社会效益、生态与环境效益同等重要。建议在考虑三产用水效率基础上，增加一项生态用水效率；另外，对于粮食安全与生态安全的敏感区域，除了用水比例系数之外，建议增加一个能够反映区域发展特点的权重修正系数。

"一带一路"协议国家国际重要湿地水体动态变化

对应目标

SDG 6.6：到2020年，保护和恢复与水有关的生态系统，包括山地、森林、湿地、河流、地下含水层和湖泊

对应指标

SDG 6.6.1：与水有关的生态系统范围随时间的变化

实施尺度

"一带一路"协议国家国际重要湿地

案例背景

　　SDG 6.6 "到 2020 年，保护和恢复与水有关的生态系统，包括山地、森林、湿地、河流、地下含水层和湖泊"是重要的 SDGs 目标之一。《关于特别是作为水禽栖息地的国际重要湿地公约》（简称拉姆萨尔公约，*Ramsar Convention*，又称《湿地公约》）是 1972 年为了保护湿地而签署的全球性政府间保护公约。截止到 2020 年 7 月，《湿地公约》缔约方共 171 个，我国 1992 年加入《湿地公约》。国际重要湿地是指在"生态学、植物学、动物学、湖沼学或水文学方面具有独特的国际意义"的湿地。至 2020 年全球有 2391 处湿地保护区被纳入公约湿地数据库目录（也就是国际重要湿地），覆盖了地球 25 300 万 hm² 的陆地面积。到 2020 年 2 月我国有 57 处湿地被列入国际重要湿地名录。

　　联合国水机制组织基于欧盟委员会联合研究中心（European Commission's Joint Research Centre, JRC）的全球水体数据集（Pekel et al., 2016）和全球湖泊与湿地数据（Lehner and Doll, 2004），给出了与 SDG 6.6.1 指标有关的数据集，包括地表水、红树林、水库和湿地等。然而到目前为止，尚没有关于专门针对国际重要湿地生态状况的直接的和综合的监测和评价。

　　水的变化与湿地的生态环境状况息息相关。一方面，湿地面积和水体的面积呈正相关关系；另一方面，水体的淹没频率和时长等对湿地的功能具有直接的影响。因此，国际重要湿地内的水体动态变化对国际重要湿地生态环境状况具有直接的影响。通过水体的动态监测，可以直接或间接地反映湿地生态系统的保护成效及其变化趋势（Han and Niu, 2020）。因此，国际重要湿地水体状况对区域的生态环境状况具有更为重要的意义。

所用地球大数据

◎ 拉姆萨尔（RAMSAR）国际重要湿地数据集，2020 年。

◎ 2000 ～ 2018 年全球水体动态数据集，中国科学院空天信息创新研究院，空间分辨率 250 m，时间分辨率 8 d（Han and Niu, 2020）。

◎ 世界自然基金会（World Wildlife Fund, WWF）的全球流域边界数据（2000 年）。

◎ 基础地理信息："一带一路"协议行政区划数据等。其中"一带一路"协议国家是指截至 2020 年 1 月底已与中国签订共建"一带一路"合作文件的 119 个国家（位于亚洲、非洲、欧洲和大洋洲）；国家名单来源为"中国一带一路网"（https://www.yidaiyilu.gov.cn/gbjg/gbgk/77073.htm），网页查询日期为 2020 年 4 月 8 日。

方法介绍

为分析国际重要湿地的水体动态变化，采用亚欧非范围内选取列入拉姆萨尔（Ramsar）官方网站上已存在的国际重要湿地矢量边界。对于尚无矢量边界但存在几何中心点的国际重要湿地，利用几何中心点的位置及湿地面积做圆，得到代表国际重要湿地的矢量圆。在上述获取的全部国际重要湿地的边界中，选取了 86 个内陆型国际重要湿地以及其所在的 51 个流域（三级）。

利用最小二乘线性回归方法（Dougherty, 2002），对上述国际重要湿地及其所在流域内的水体的总体变化趋势以及变异系数的年际变化趋势进行分析，并利用双尾 t 检验变化的显著性水平（$p = 0.05$）。水体的年内动态状况对湿地保护区的健康具有重要意义。

将国际重要湿地水体的变化分别与不同水体类型的变化相关联。依据时间序列水体数据集，对国际重要湿地水体类型进一步划分为永久性水体、季节性水体和临时性水体三种类型。为获取国际重要湿地及其所在流域水体的变化信息，利用小波变换和时间序列分解提取不同水体类型长时间序列的趋势项，得到国际重要湿地不同水体类型在 2000 ～ 2018 年的变化趋势。根据水体的变化显著性，选取 7 个典型的国际重要湿地进行不同水体类型变化趋势的分析评价。

结果与分析

在总体上，有 50%（43/86）的国际重要湿地的水体变化显著。其中水体表现为增加的为 25 个、减小的为 18 个 [图 3.16（a）]。就国际重要湿地内水体的稳定性（年内变化）而言，绝大多数国际重要湿地（83%）水体保持了相对稳定的状态。有不到 6%（5/86）的国际重要湿地内水体波动性增大；而 12%（10/86）的国际重要湿地水体波动性变小 [图 3.16（b）]。

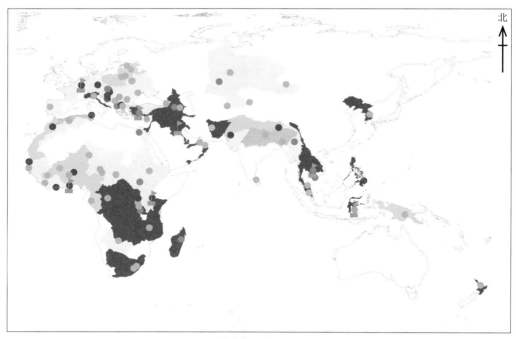

（a）年际变化趋势

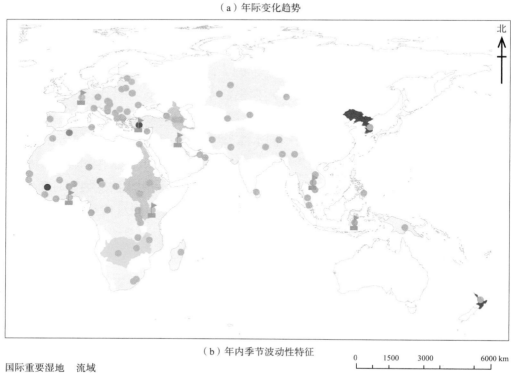

（b）年内季节波动性特征

国际重要湿地　流域　■极显著增加　■显著增加　■无显著增加　■显著减少　■极显著减少

图 3.16　2000～2018 年"一带一路"协议国家国际重要湿地及其流域的水体面积变化趋势图

国际重要湿地不同水体类型（永久性水体、季节性水体、临时性水体）表现出不同的变化特征。在 Boeng Chhmar and Associated River System and Floodplain 和 Lake Burdur 国际重要湿地，虽然临时性水体呈增加趋势，但水体总的面积呈现降低趋势，其水体变化主要来源于永久性水体的降低。

在 Rawa Aopa Watumohai National Park、Central Marshes、Vallée de la Haute-Sûre、Keta Lagoon Complex Ramsar Site、Lake Baringo 5 个国际重要湿地，水体呈增加趋势。水体增加源于永久性水体（2/5）和临时性水体（3/5）的增加（图 3.17）。

国际重要湿地名称	水体的整体变化	永久性水体	季节性水体	临时性水体
Rawa Aopa Watumohai National Park				
Boeng Chhmar and Associated River System and Floodplain				
Central Marshes				
Lake Burdur				
Vallée de la Haute-Sûre				
Keta Lagoon Complex Ramsar Site				
Lake Baringo				

增加　显著增加　极显著增加　降低　极显著降低　污水体

图 3.17　"一带一路"协议国家典型国际重要湿地不同类型水体
（永久性水体、季节性水体、临时性水体）的变化特征
显著变化：$0.01 \leqslant p \leqslant 0.05$；极显著变化：$p < 0.01$；变化不显著：$p > 0.05$

国际重要湿地所在流域的水体呈现了与国际重要湿地内水体变化不一致的特征。6 个国际重要湿地（Rawa Aopa Watumohai National Park、Boeng Chhmar and Associated River System and Floodplain、Central Marshes、Lake Burdur、Vallée de la Haute-Sûre、Lake Baringo）所在流域的水体在整体上呈现降低趋势，只有国际重要湿地 Keta Lagoon Complex Ramsar Site 所在流域的水体在整体上呈现显著的增加趋势（图 3.18）。

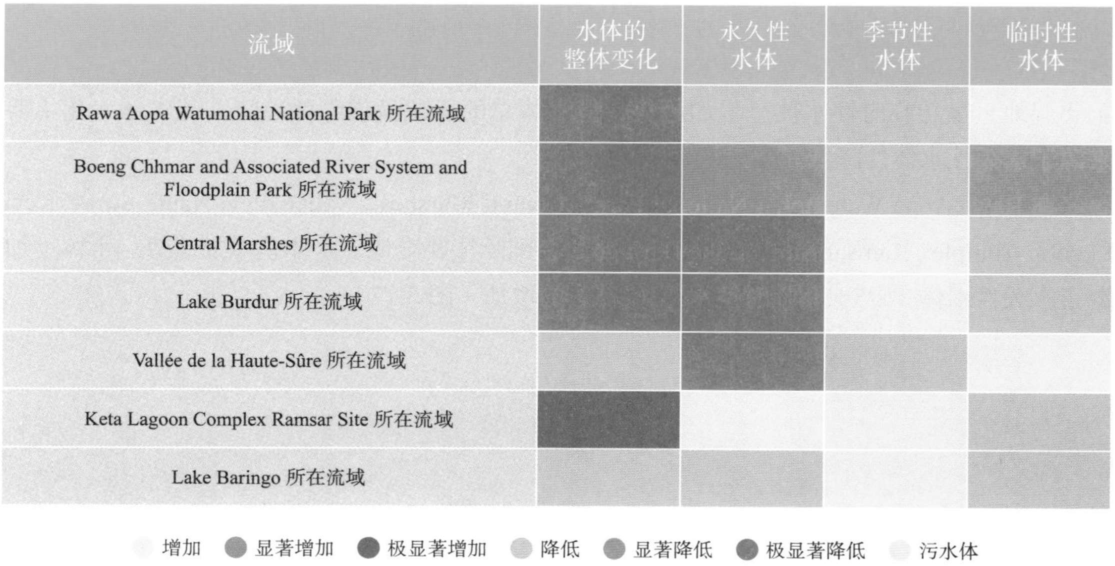

流域	水体的整体变化	永久性水体	季节性水体	临时性水体
Rawa Aopa Watumohai National Park 所在流域				
Boeng Chhmar and Associated River System and Floodplain Park 所在流域				
Central Marshes 所在流域				
Lake Burdur 所在流域				
Vallée de la Haute-Sûre 所在流域				
Keta Lagoon Complex Ramsar Site 所在流域				
Lake Baringo 所在流域				

○ 增加　● 显著增加　● 极显著增加　◐ 降低　● 显著降低　● 极显著降低　□ 污水体

图 3.18　"一带一路"协议国家典型国际重要湿地所在流域的水体在整体上的变化特征
以及各个类型水体（永久性水体、季节性水体、临时性水体）的变化特征
显著变化：$0.01 \leqslant p \leqslant 0.05$；极显著变化：$p < 0.01$；变化不显著：$p > 0.05$

　　国际重要湿地所在流域内各种类型的水体（永久性水体、季节性水体、临时性水体）变化特征具有差异性（图 3.18）。其中，绝大多数国际重要湿地所在流域的永久性水体（6/7）和临时性水体（5/7）均呈降低趋势。

　　7 个国际重要湿地所在流域水体的变化均与流域内永久性水体的变化有关。此外，有 2 个国际重要湿地（Rawa Aopa Watumohai National Park、Keta Lagoon Complex Ramsar Site）所在流域的水体变化来源于季节性水体的变化，有 2 个国际重要湿地（Boeng Chhmar and Associated River System and Floodplain 和 Lake Baringo）所在流域的水体变化来源于临时性水体的变化（图 3.19）。

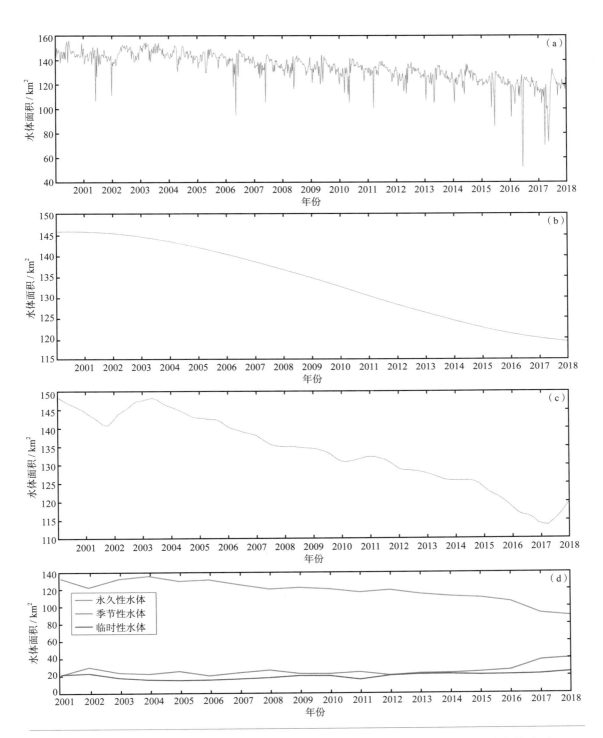

图 3.19　国际重要湿地 Lake Burdur 内部水体面积变化（a）、水体面积变化的小波变换（b）、
时间序列分解（c）和不同水体类型的变化曲线（d）

成果要点

- 基于长时序和高时间分辨率的全球水体数据集分析了"一带一路"协议国家国际重要湿地内部水体面积的动态变化。

- 2000～2018年，有50%的国际重要湿地的内部水体呈现了显著的变化趋势，其中多数表现为增长趋势；有83%的国际重要湿地内部水体的年内变化保持了相对稳定。

- 国际重要湿地内永久性和临时性水体的增加是导致水体总面积增加的直接原因；而水体总面积的减少则源于永久性水体的减少。

讨论与展望

本案例采用RAMSAR的国际重要湿地数据集和全球高时空长时序的水体数据集，采用一致的方法和指标，实现了对国际重要湿地保护区水体类型的识别和水体的动态变化分析和评价，为亚欧非区域与水有关的生态系统的变化监测提供了重要信息支持。

由于采用了长时序高时间分辨率数据对水体进行动态监测和评价，考虑到湿地保护区数量众多，选取了7处具有水体变化显著性以及不同国家的代表性的部分国际重要湿地开展分析评价，其中有4处国际重要湿地内水体的变化与其所在流域内水体的变化具有显著不同的变化趋势。一方面，这反映了这些国际重要湿地中水源保护方面具有重要的功能；另一方面，对这些特定国际重要湿地水体变化的原因进行进一步的资料分析，可以为这些保护区的保护提供依据。未来利用全球的国际重要湿地的资料并结合全球水体数据的长时序的遥感制图结果，可以将该监测扩展到全球国际重要湿地（Hu et al., 2017），同时开展更为全面深入的分析，研究水体变化对国际重要湿地生态系统服务功能带来的影响。

本章小结

　　快速准确地开展 SDG 6 指标监测是实现为所有人提供水和环境卫生并对其进行可持续管理这一宏伟蓝图的重要基础工作。本报告中选用的 5 个 SDG 6 示范案例，是从水环境（SDG 6.3.2）、水资源（SDG 6.4.1）和水生态（SDG 6.6.1）三个维度开展地球大数据支撑 SDG 6 监测评估的具体实践探索。

　　本报告提出了基于水体颜色指数和色度角的地表水体透明度反演模型，发展了基于多源遥感数据时空数据融合的作物水分生产力评估算法，开展了两种不同用水效率计算方法对比验证；生产了 2015 年夏季和 2018 年夏季"一带一路"协议国家大型地表水体透明度数据集，提供了 2008～2019 年澜–湄流域用水效率变化数据集，生成了基于长时序和高时间分辨率的亚欧非大陆 86 个国际重要湿地水体变化数据集；得到了 2015～2018 年"一带一路"协议国家大部分大型地表水体透明度在下降、提高农田的 WUE 是大幅提高中亚五国用水效率的关键、2000～2018 年"一带一路"协议国家有 50% 的国际重要湿地水体呈现了显著的变化趋势且其中多数表现为增长趋势等关键结论；为联合国用水效率计算方法改进、"一带一路"协议国家大型地表水体清澈程度改善、全球重要湿地保护、澜–湄流域用水效率提高等提供决策依据。

　　持续系统的监测评估和各指标之间的协同评估是联合国 SDGs 目标最终得以实现和落实的重要基础。未来可以在几个方面深入开展工作：①加强全球涉水生态的高分辨率卫星遥感制图，包括湿地、水体的类型和空间分布。②加强全球中小型地表水体水环境参数的高分辨率卫星遥感制图，包括水体透明度、叶绿素 a 等。③加强用水效率、作物生产力等具体指标的监测评估示范应用和尺度转换，生产全球–区域–国别–地区等多尺度的 SDG 6 数据集。

第四章

SDG 11 可持续城市和社区

背景介绍

可持续城市和社区对于实现所有 17 个 SDGs 具有至关重要的意义。按照目前的增长速度，到 2030 年，世界上 60% 的人口将生活在城市中，到 2050 年，这一比例将接近 70%，其中 30 亿城市居民将居住在非正式定居点或贫民窟中，有 10 亿城市居民将生活在低海拔沿海地区，有遭受洪水和与气候变化有关的自然灾害的风险。根据联合国的预测，到 21 世纪中期，全球的城市化主要集中在发展中国家。快速的城市化带来了巨大的和多方面的挑战，包括住房短缺导致贫民窟居民人数不断增加、交通拥堵、空气污染和污水增加、淡水供应不足、废物处理问题、基本服务和基础设施不足等。在全球城镇化背景下无计划的城市扩张使城市特别容易受到气候变化和自然灾害的影响。

为了解决这些挑战，联合国提出了 SDG 11 "建设包容、安全、有抵御灾害能力和可持续的城市和人类住区"，包括 7 个技术类具体目标和 3 个政策类具体目标，共 15 个指标。其中 13 个指标在监测与评估中面临数据缺失问题。此外，SDG 11 至少与其他 11 个 SDGs 相互关联；全部 SDGs 的 230 余个指标中约有 1/3 的指标可以在城市层面进行衡量。为了实现可持续发展目标，2019 年 9 月联合国《2019 年全球可持续发展报告》提出从 6 个切入点出发，以 4 个杠杆连贯地通过每个切入点进行部署，从而实现联合国《变革我们的世界：2030 年可持续发展议程》所需的转型。其中，"城市与城郊发展"是最重要的切入点之一，为未来 10 年 SDG 11 的实现指明了转型方向。

在 4 个杠杆中的"科学技术"和 6 个切入点中的"城市与城郊发展"框架下，本章将聚焦城市包容和城市土地利用两个研究方向，围绕公共交通（SDG 11.2.1）、城镇化（SDG 11.3.1）、文化遗产保护（SDG 11.4.1）共 3 个指标，在亚欧非国家或者典型地区通过地球大数据技术与手段动态监测与评估亚欧非城市可持续发展进程，为联合国 SDG 11 指标的监测与评估提供科技支撑。

主要贡献

为应对城市面临的住房短缺、交通拥堵、城镇化加速、遗产地人类活动增加、空气污染加剧、基本城市公共服务缺乏与基础设施不足等诸多严峻挑战，充分发挥地球大数据的特点和技术优势，为中国及全球提供 SDG 11 监测及评估经验。报告主要围绕三个指标开展 SDG 11 指标监测与评估，为全球贡献中国在 SDG 11 指标监测中的数据产品、方法模型、决策支持三个方面的贡献（表 4.1）。

表 4.1　案例名称及其主要贡献

指标	案例	贡献	
SDG 11.2.1 可便利使用公共交通的人口比例，按年龄、性别和残疾人分列	亚欧非 65 个国家路网变化及道路通达性评估	数据产品：	亚欧非 65 个国家全覆盖道路网络数据（2015 年、2017 年、2019 年）
		决策支持：	相关国家道路通达性分析
	中巴铁路沿线农村可及性分析	数据产品：	提供中巴铁路沿线 2014/2019 年农村道路两侧人口监测数据产品
SDG 11.3.1 土地使用率与人口增长率之间的比率	高分辨率全球不透水面制图服务于全球城镇化评估	数据产品：	2015 年和 2018 年两期全球 10 m 分辨率高精度城市不透水面遥感产品
		方法模型：	提出利用多源多时相升降轨 SAR 和光学数据结合其纹理特征和物候特征的全球不透水面快速提取方法；提供地球大数据云服务平台下的 SDG 11.3.1 指标在线计算工具
		决策支持：	为全球城市可持续发展提供数据支撑和决策支持
	亚欧非城市用地效率及可持续性分析	数据产品：	1990 年、1995 年、2000 年、2005 年、2010 年和 2015 年共 6 期亚欧非人口数超过 30 万城市建成区数据集
		决策支持：	为亚欧非不同区域可持续城市及人类住区的建设提供决策支持
	全球大城市土地利用变化评估	数据产品：	大城市生态环境遥感产品
		决策支持：	大城市生态环境可持续发展建议
SDG 11.4.1 保存、保护和养护所有文化和自然遗产的人均支出总额（公共和私人），按遗产类型（文化、自然、混合、世界遗产中心指定）、政府级别（国家、区域和地方 / 市）、支出类型（业务支出 / 投资）和私人供资类型（实物捐赠、私人非营利部门、赞助）分列	亚欧非文化遗产时空分布特征与保护对策研究	数据产品：	归一化的城市建设用地、夜间灯光、人口格网数据
		方法模型：	提出新的城市化强度指标
		决策支持：	相关成果数据及评估报告给 UNESCO 及"一带一路"协议国家相关机构
	亚欧非世界自然遗产地人为干扰监测与综合压力分析	数据产品：	亚欧非森林类自然遗产地森林扰动和人为压力数据
		方法模型：	建立可定量评估自然遗产地人为压力状态的人为压力指数
		决策支持：	亚欧非典型案例地的可持续发展趋势分析

案例分析

亚欧非65个国家路网变化及道路通达性评估

对应目标

SDG 11.2： 到2030年，向所有人提供安全、负担得起的、易于利用、可持续的交通运输系统，改善道路安全，特别是扩大公共交通，要特别关注处境脆弱者、妇女、儿童、残疾人和老年人的需要

对应指标

SDG 11.2.1： 可便利使用公共交通的人口比例，按年龄、性别和残疾人分列

实施尺度

亚欧非65个国家

 案例背景

联合国提出"城市与城郊发展"的切入点支持可持续发展，其中包括可持续的普遍可利用的交通系统（Messerli et al., 2019）。完善的交通路网作为基础设施的重要组成部分，有利于亚欧非区域间高效合作与可持续发展（Ascensão et al., 2018）。现有的全球范围的道路数据集主要包括美国国家航空航天局社会经济数据和应用中心全球道路开源数据集（Global Roads Open Access Data Set, gROADS）、世界银行的全球道路清查项目（Global Roads Inventory Project, GRIP）道路数据和开放街道数据（Open Street Map, OSM）的道路数据。gROADS的道路时间范围为1980～2010年，GRIP的道路数据为单时相数据，无法满足亚欧非区域道路数据实时更新的需求。由于众源数据的OSM道路数据在一些国家存在缺失值，造成亚欧非国家的路网分析不完整。卫星数据具有大范围、全覆盖、重访周期快等特点，可以为大范围路网提取提供有效的数据支持。基于深度学习的路网提取优于传统的形态学和分类等方法。目前应用深度学习在道路提取的研究（Wu et al., 2019; Zhang et al., 2018; Zhou et al., 2018）主要局限于小范围或者是数据集尺度，大尺度的道路提取则相对较少。本案例在考虑亚欧非国家的不同景观格局道路的基础上，利用D-LinkNet深度网络进行迁移学习，首次应用于Sentinel数据的大尺度道路提取，并与OSM道路数据聚合生成亚

欧非全覆盖的道路数据集。为促进亚欧非国家可持续发展战略的实施，更新道路路网数据库，并对道路通达性和可利用性的发展与变化进行评估，本案例：① 利用地球大数据和深度学习技术填补 OSM 历史数据中缺失的国家道路网络，形成亚欧非国家 2015 年、2017 年和 2019 年全覆盖的路网数据集；② 通过计算道路通达性、人均道路长度等指标评估亚欧非国家之间的陆路交通的互联互通和可利用性。

所用地球大数据

◎ 2015 年、2017 年和 2019 年空间分辨率为 10 m 的亚欧非国家 Sentinel-2 影像和 Sentinel-1 影像；

◎ 2015 年、2017 年和 2019 年亚欧非 65 个国家的 OSM 道路数据；

◎ 2015 年、2017 年和 2019 年世界银行人口统计数据。

方法介绍

1. 基于深度网络的交通路网提取

在联合国可持续发展指标中，本案例主要对 SDG 11.2 的 Tier II 指标进行交通道路数据的补充。本案例的交通道路数据主要指聚合的公路数据，并不包含铁路、船运和空运航线。按照 OSM 数据中公路等级的划分，本案例所提取的公路包括高速公路、国道、一级道路、二级道路、三级道路、一般道路和住宅区道路。通过分析全球 Sentinel 遥感影像集，实现基于深度学习的大范围遥感影像的路网信息提取。对 OSM 数据中 2015 年老挝、亚美尼亚、不丹、柬埔寨、缅甸、也门和 2017 年亚美尼亚、老挝缺少的道路信息进行补充，最后形成亚欧非 65 个国家 2015 年、2017 年和 2019 年全覆盖路网数据集。

本案例通过迁移学习将自然图像语义分割的深度网络 D-LinkNet（Zhou et al., 2018）应用于大范围遥感数据集的路网提取。考虑到道路的狭窄性、连通性、复杂性和大跨度，D-LinkNet 不仅有效地扩大了网络的接收域，同时保留图像的空间细节信息，可实现多尺度的特征融合，从而有效地提升了道路识别精度。针对每个国家或地区的地理特征，结合同期的 OSM 与高分辨率 Sentinel-2 遥感图像进行训练，再将该训练网络应用于大范围路网提取。此外，对深度学习提取的路网进行后处理以提高连通性，通过光谱特征对未连通和有遮挡的两段道路进行连通处理。最后，对提取的栅格路网进行矢量化。综合采用像素准确率（PA）、平均像素准确率（MPA）、平均交并比（MIoU）以及频权交并比（FWIoU）全面准确地评估道路分割结果。

2. 路网道路通达性分析

通达性指给定交通条件下，一个地方能从另一个地方到达的难易程度（杨家文和周一星，1999）。路网通达性指国家和地区间陆路交通的可达性，反映了交通系统的连接程度。通达性程度越高，表明国家和地区间的可达性越强。本案例以距离为基础，以通过国家间的最短路径比率来表征两两国家间的通达性。通过迪杰斯特拉算法（Dijkstra's Algorithm）（Johnson, 973）计算国家之间的最短路径。本案例的道路通达性（C）指最短路径（P）占总路径的比率。

$$C(v) = \sum_{s \neq t \neq v} \frac{P(s, t, v)}{P(s, t)}$$

其中，s，t，v 分别指三个不同的国家，$P(s, t)$ 表示 s 和 t 两个国家之间的最短路径，$P(s, t, v)$ 表示 s 和 t 两个国家之间经过国家 v 的最短路径，通达性的取值范围为 0 ~ 1。

3. 路网人均道路长度分析

道路密度可以反映陆路道路交通情况。本案例选取道路密度和人均道路长度作为 SDG 11.2 的评价指标。道路密度是国家道路总长度与土地面积之比。

$$D_i = \frac{L_i}{A_i} \qquad i \in \{1, 2, 3, \cdots, 65\}$$

式中，D_i 为道路密度，L_i 为道路长度；A_i 为土地面积。

人均道路长度是国家道路网络总长度与人口总数之比。人均拥有道路长度反映了人均道路占有率和道路交通拥挤程度。

$$P_i = \frac{L_i}{\mathrm{Pop}_i} \qquad i \in \{1, 2, 3, \cdots, 65\}$$

式中，P_i 为人均道路长度，L_i 为道路长度；Pop_i 为国家总人口数。

本案例基于深度学习提取的大范围 10 m 分辨率路网矢量化结果，与 OSM 主要道路相结合，可有效对亚欧非国家的交通路网情况做评估。基于本案例提取的亚欧非全覆盖路网数据集，以亚欧非国家为单位，统计每个国家的道路路网总长度、面积及人口，最后通过公式计算道路密度和人均道路长度。

结果与分析

1. 亚欧非 65 个国家全覆盖路网

亚欧非 65 个国家全覆盖路网数据集（2019 年）如图 4.1 所示，基于深度学习的路网提取精度如表 4.2 所示。通过 PA、MPA、MIoU、FWIoU 的综合分析，提取的路网 PA 高于97%，FWIoU 高于 95%。结果证实了基于深度学习进行 10 m 分辨率大范围路网提取的准确性与可行性，10 m 分辨率的道路等级可覆盖高速公路、国道、一级道路、二级道路、三级道路、一般道路和住宅区道路。提取的道路路网增加了 OSM 道路数据的完整性，在亚欧非 65 个国家，2015 年道路数据覆盖率提高了 3%，2017 年道路数据覆盖率提高了 1%。同时，在 OSM 道路数据完整性较低的发展中国家，利用深度学习的方法可有效进行路网提取及监测。全覆盖路网的结果和世界银行的 GRIP 数据集相一致。结果证实了基于深度学习进行 10 m 分辨率大范围路网提取的准确性与可行性，提取的道路路网可作为 OSM 缺失路网数据的有效补充。本案例研究：①首次利用深度网络进行大范围路网提取，利用迁移学习将 D-LinkNet 深度网络应用于 10 m 分辨率 Sentinel-2 影像中进行大范围道路提取。②通过填补 OSM 缺失数据，形成亚欧非 65 个国家 2015 年、2017 年和 2019 年全覆盖路网数据集。

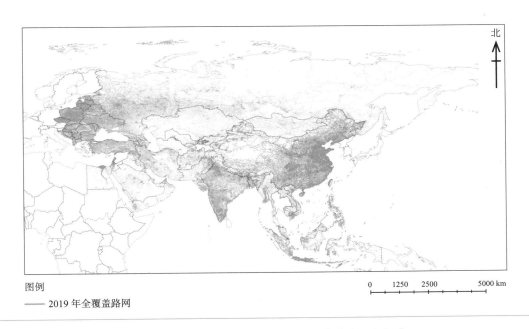

图例
—— 2019 年全覆盖路网

0   1250   2500   5000 km

图 4.1　亚欧非 65 个国家 2019 年全覆盖路网数据集

表 4.2 基于深度学习的路网提取精度评定结果

道路提取结果	PA	MPA	MIoU	FWIoU
Armenia_2015	0.9750	0.6920	0.6131	0.9594
Bhutan_2015	0.9870	0.7305	0.6262	0.9797
Cambodia_2015	0.9949	0.7084	0.6507	0.9911
Myanmar_2015	0.9965	0.7258	0.6466	0.9943
Yemen_2015	0.9935	0.6953	0.6365	0.9890
Laos_2015	0.9943	0.7101	0.6588	0.9900
Armenia_2017	0.9705	0.6705	0.6027	0.9514
Laos_2017	0.9943	0.7049	0.6552	0.9899

2. 亚欧非 65 个国家通达性分析

通过基于最短路径的道路通达性评估，本案例计算了亚欧非 65 个国家的道路通达性。图 4.2 显示了亚欧非 65 个国家通达性程度，伊朗、土耳其、保加利亚和中国的道路通达性位于前列。通达性主要与国家间是否相邻，国家间的距离，国家间的陆路设施、生态环境、地形要素相关。例如，捷克和斯洛伐克，虽然这两个国家的地理位置相近，但由于斯洛伐克更靠近地理中心的位置，因而通达性程度较捷克高。由于马尔代夫、菲律宾和斯里兰卡是岛国，暂时无法衡量其陆路交通的通达性。

3. 亚欧非 65 个国家人均道路密度分析

基于 2015 年、2017 年和 2019 年全覆盖路网数据集，本案例重点分析时序道路密度和人均道路长度指标。图 4.3 和图 4.4 分别展示了 2019 年道路密度和人均道路长度的结果，可

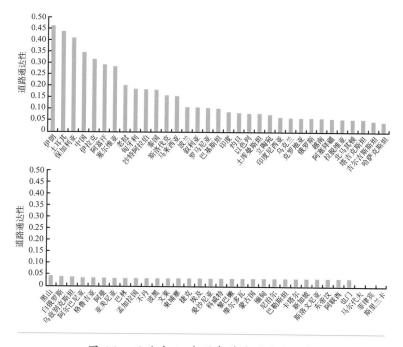

图 4.2 亚欧非 65 个国家道路通达性程度

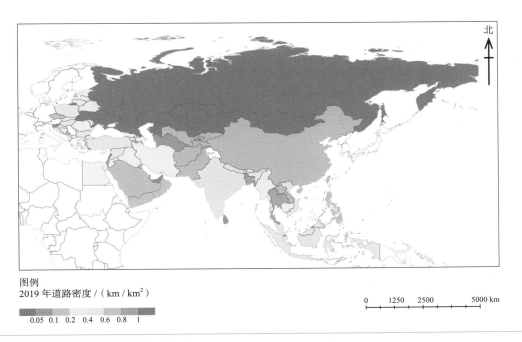

图例
2019 年道路密度 /（km / km²）

0.05 0.1 0.2 0.4 0.6 0.8 1

0 1250 2500 5000 km

图 4.3 亚欧非 65 个国家 2019 年道路密度

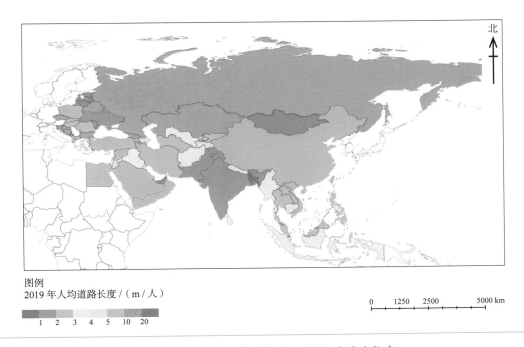

图例
2019 年人均道路长度 /（m / 人）

1 2 3 4 5 10 20

0 1250 2500 5000 km

图 4.4 亚欧非 65 个国家 2019 年人均道路长度

见亚欧非 65 个国家的道路密度和人均道路长度的区域分布差异。除俄罗斯外，欧洲的道路密度比亚洲高。欧洲的人均道路长度较亚洲高，可达人均 20 m。中国由于其人口基数大，人均道路长度为 2～3 m。通过三个时段路网数据集比较（图 4.5），总体而言，本案例研究区内 65 个国家道路密度都有所增加，平均道路密度增加了 0.2 km/km²，反映这些国家的陆路交通设施的可持续发展。其中，新加坡、阿拉伯联合酋长国、巴林和马尔代夫的道路密度较其他国家高。孟加拉国 2015～2019 年的道路密度变化率最大（312%），由 0.2 km/km²

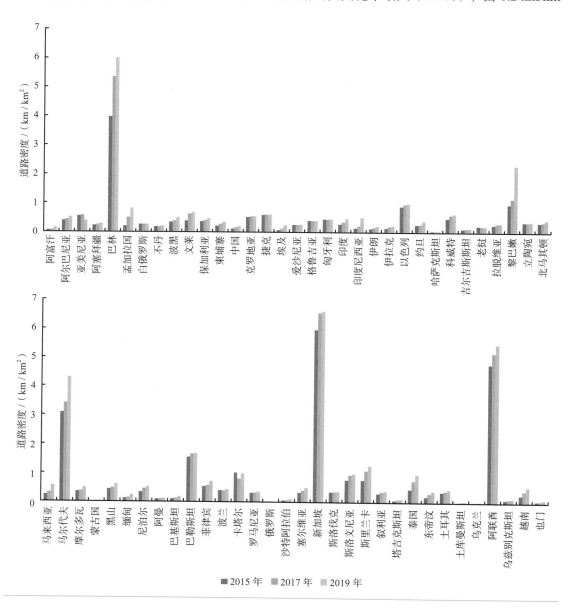

图 4.5　亚欧非 65 个国家 2015 年、2017 年和 2019 年道路密度

增加至 0.83 km/km²，而格鲁吉亚的道路密度在 2015～2019 年只增加了约 13%。上述四个国家（新加坡、阿拉伯联合酋长国、巴林和马尔代夫）的道路总长度与世界银行的 GRIP 数据集的结果基本一致，但由于上述国家面积较小，其道路密度比其他国家明显更高。与此同时，本案例研究区内 65 个国家 2019 年的人均道路长度较 2015 年也有所增加（图 4.6），平均人均道路长度增加了 2 m，反映了人们可利用的陆路交通设施增加。其中，阿拉伯联合酋长国、拉脱维亚、蒙古国和爱沙尼亚的人均道路长度位于前列。

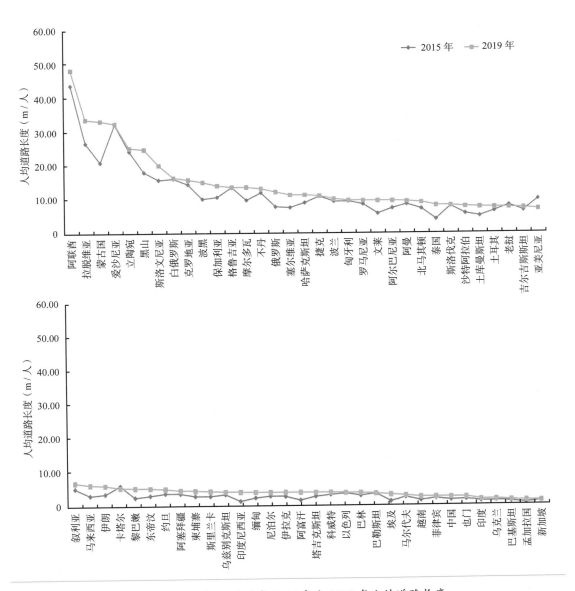

图 4.6　亚欧非 65 个国家 2015 年和 2019 年人均道路长度

成果要点

- 利用地球大数据（Sentinel-1 和 Sentinel-2 卫星数据）和深度学习技术填补 OSM 历史数据中缺失的国家道路网络，形成亚欧非 65 个国家 2015 年、2017 年和 2019 年全覆盖路网数据集，包括高速公路、国道、一级道路、二级道路、三级道路、一般道路和住宅区道路。

- 亚欧非 65 个国家在 2015 ~ 2019 年道路总长度增长约 1.6 倍，平均道路密度增长了 0.2 km/km²，平均人均道路长度增长了 2 m，反映出该区域陆路设施可用性增强与可持续发展。伊朗、土耳其、保加利亚和中国的道路通达性位于前列。

讨论与展望

　　本案例利用深度学习和 10 m 分辨率 Sentinel 遥感影像数据进行大范围路网提取，补充 OSM 数据缺失国家的道路数据，形成亚欧非 65 国家 2015 年、2017 年和 2019 年全覆盖的路网数据集；结合世界银行人口数据，开展 SDG 11.2 中"易于利用、可持续的交通运输系统"的指标度量，展示这些国家间陆路交通的可持续发展与可利用程度。未来可进一步将全覆盖数据提取方法推广至全球，进一步健全覆盖道路数据提取的深度学习网络 D-LinkNet 并推广至全球，特别是 OSM 道路数据不完整的发展中国家，并且将对所提取路网进行等级划分，以提供更精准的道路数据。同时，对应于 SDG 11.2.1 的度量指标，下一步考虑将地形因子添加到道路通达性评价中，应用交通运输系统中的铁路数据，并结合人口数据进行处境脆弱者、妇女、儿童、残疾人和老年人等不同类型的人口对交通运输系统的利用程度的度量。

　　基于地球大数据路网的监测需求，我们将实时更新与发布相关地区高精度路网产品。本案例的全覆盖路网数据集，一方面可给数据缺失的国家的路网监测提供数据支持；另一方面，国家之间的通达性、人均道路长度等指标，反映了相关国家间道路发展水平的差异，并进一步反映经济发展、人口与地理环境的关系。本案例的实施有利于推动各国基础交通设施的完善，实现国家间的互联互通，促进贸易、物流、旅游及经济发展。

中巴铁路沿线农村可及性分析

对应目标

SDG 9.1：发展优质、可靠、可持续和有抵御灾害能力的基础设施，包括区域和跨境基础设施，以支持经济发展和提升人类福祉，重点是人人可负担得起并公平利用上述基础设施

对应指标

SDG 9.1.1：居住在四季通行的道路 2 km 之内的农村人口所占比例

实施尺度

中巴铁路沿线（区域）

案例背景

近年来，各地区交通基础设施的建设受到了高度关注，交通基础设施是可持续发展的核心之一。在许多发展中国家，由于交通基础设施建设的落后，仍然有相当数量的农村居民与其他地区存在交通脱节的问题。为了减少贫困和促进农村发展，改善农村地区的交通条件已成为实现全球可持续发展目标的重要保障。

SDG 9.1.1 是指居住在四季通行的道路 2 km 之内的农村人口所占比例，用于分析农村交通基础设施的建设情况。目前各国 SDG 9.1.1 的监测主要依靠实地调查，这种方式导致相关指标更新速度较慢，缺乏时效性，成本较大，同时不具有一致性和可比性（Transport and ICT，2016）。

中巴铁路建设完成后将形成一个北起中国新疆喀什，南到巴基斯坦瓜达尔港，全长3000 km，连接中国、中亚、南亚三大经济区域的经济走廊（张超哲，2014）。在中巴铁路沿线区域，由中方承建的卡拉奇至拉合尔高速公路（苏库尔至木尔坦段）全长 392 km，作为连接巴基斯坦南北的经济大动脉，该道路的建设有效改善了巴基斯坦的道路交通状况（张耀铭，2019）。

本案例通过世界人口数据和道路网络数据，采用世界银行推荐方法来计算中巴铁路沿线区域 2014 年及 2019 年的 RAI，以此来分析 2014 年及 2019 年研究区域的农村交通基础设施的建设情况，为该地区实现 SDG 9.1 目标提供信息支持。

所用地球大数据

◎ 2014 年及 2019 年两年的全球人口格网产品（WorldPop）数据，空间分辨率 1000 m；

◎ 2014 年、2019 年的中巴铁路沿线区域道路数据，来自 OSM。OSM 道路数据的更新主要依赖于用户上传数据，具有更新速度较快的优点，但是部分地区存在着道路缺失和道路等级不明确的缺点。

方法介绍

研究区域：通过中巴铁路（线状要素），结合中国和巴基斯坦县级行政区矢量图，确定中巴铁路沿线 34 个县级行政区为本案例的研究区域。

采用世界银行推荐的方法（Transport and ICT, 2016），利用 2014 年及 2019 年的 WorldPop 人口数据确定研究区域内的农村范围（Tuholske et al., 2019），并将其作为掩膜提取研究区域内的农村总人口；基于 OSM 道路数据及道路数据的说明文件，将道路宽度不满足"通行农用运输车辆"要求的人行道、马道、自行车道等剔除，对余下的道路数据建立 2 km 缓冲区，统计居住在缓冲区范围内的农村人口；最后计算对应年份的 RAI。将中巴铁路建设期间由中方承建的道路所覆盖的农村人口单独统计出来，计算这部分农村居民占研究区内农村总人口的比例。

$$\text{RAI} = \frac{P_\text{t}}{P_\text{i}}$$

式中，P_t 表示区域内的总农村人口数；P_i 表示区域内居住在道路 2 km 范围内的农村人口数。

结果与分析

2014 年，中巴铁路沿线区域居住在道路 2 km 范围内的农村人口为 2131.56 万人（其中，中国 43.44 万人，巴基斯坦 2088.12 万人），农村地区道路总长度为 17 518.28 km，其 RAI 为 52.09%；2019 年研究区域居住在道路 2 km 范围内的农村人口达到了 3 820.77 万人（其中，中国 62.43 万人，巴基斯坦 3758.34 万人），农村地区道路总长度达到了 44 435.41 km（较 2014 年增长了 153.65%），其 RAI 达到了 82.80%。从以上数据来看，研究区域的农村交通基础设施条件改善明显（图 4.7）。

分区域来看，2019 年研究区域的中部和北部地区 RAI 较高，而中巴边境及南部沿海地区部分县级行政区 RAI 较低，但与 2014 年相比，各县级行政区的 RAI 都有着较大幅度的提升（图 4.8、图 4.9）。

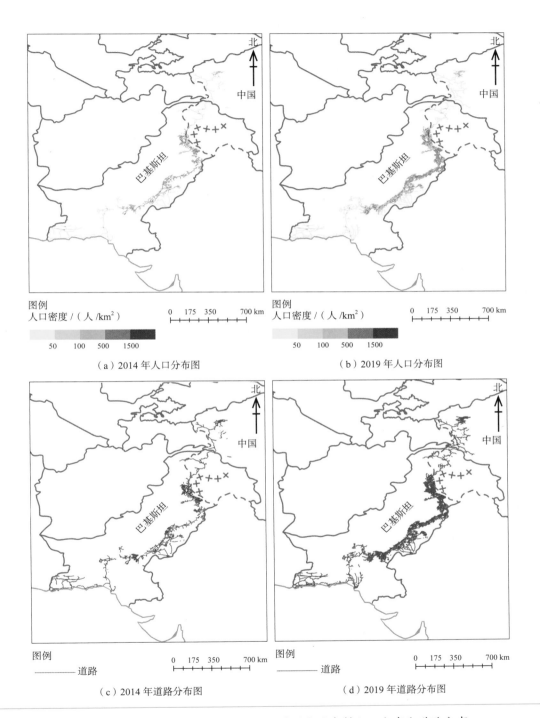

（a）2014 年人口分布图

（b）2019 年人口分布图

（c）2014 年道路分布图

（d）2019 年道路分布图

图 4.7　中巴铁路沿线距离道路 2 km 范围内的农村人口分布和道路分布

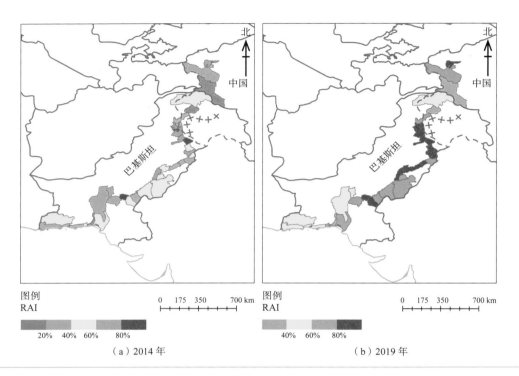

（a）2014 年　　　　　　　　　　　　　　　　（b）2019 年

图 4.8　　2014 年、2019 年中巴铁路沿线各县级行政区 RAI 示意

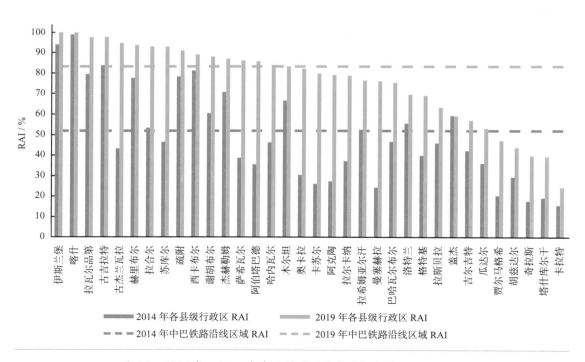

图 4.9　　2014 年、2019 年中巴铁路沿线各县级行政区 RAI 比较

由图 4-10（a）可知，中部地区和北部地区居住在道路 2 km 范围内的农村人口增长率普遍高于南部沿海地区，其原因一方面是这些区域人口增速较快，另一方面则在于这部分地区的交通基础设施建设速度快于南部沿海地区。

由中方承担建设的卡拉奇至拉合尔高速公路（苏库尔至木尔坦段，全长 392 km，于 2018 年 5 月完成建设）和喀喇昆仑公路升级改造二期（哈维连至塔科特段，全长 118 km，于 2019 年 11 月完成建设）成功覆盖了研究区域内 116.13 万农村人口，占 2019 年研究区域内农村总人口数的 2.52%，同时占该区域内 2014～2019 年新增的居住在道路 2 km 范围内农村人口的 6.87%。

总体来看，中巴铁路的建设有效改善了沿线地区的交通状况，对实现联合国可持续发展目标起着巨大的作用。但是，研究区域内的南部沿海地区及中巴边境地区的 RAI 依然较低，是未来交通基础设施建设的重点区域。

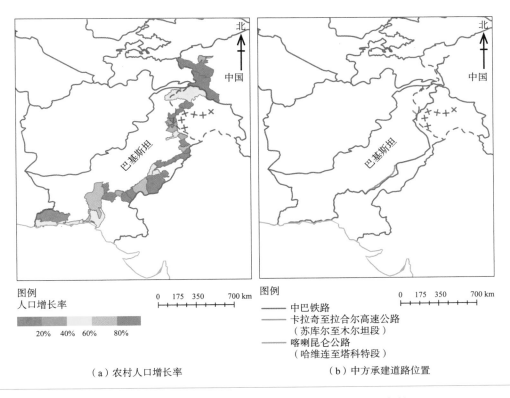

（a）农村人口增长率　　　　　　　　　（b）中方承建道路位置

图 4.10　2014～2019 年中巴铁路沿线道路 2 km 范围内农村人口
增长率和中方承建道路位置示意图

> ## 成果要点
>
> ◎ 中巴铁路沿线地区农村可及性指数（Rural Access Index，RAI）从 2014 年的 52.09% 增长至 2019 年的 82.80%，农村地区交通基础设施有了较大幅度的改善。
>
> ◎ 由中方承建的卡拉奇至拉合尔高速公路（苏库尔至木尔坦段）和喀喇昆仑公路升级改造二期（哈维连至塔科特段）覆盖了研究区域内 116.13 万农村人口，占 2019 年研究区域内农村总人口数的 2.52%。

讨论与展望

利用 WorldPop 人口数据和 OSM 道路数据对中巴铁路沿线区域进行了 SDG 9.1.1 的监测和分析，为该地区实现 SDG 9.1 目标提供了信息支撑。

基于 WorldPop 和 OSM 数据可以每年发布和更新"一带一路"协议国家及周边国家的农村可及性数据，可以帮助相关国家实现农村交通基础设施建设情况的监测，了解本国农村可及性较低的地区，并在未来的发展过程中对相应地区的交通条件进行改善。

存在的问题：世界银行推荐的 RAI 计算方法其准确度取决于基础空间数据的质量。现有的开放数据源如 OSM 在农村地区道路覆盖度较低，存在道路缺失的情况（Transport and ICT, 2016）；另外，部分道路存在分级不明确和缺乏道路质量信息的情况（Mariathasan et al., 2019）。这些都会导致 RAI 的计算产生偏差。未来需要进一步完善相关道路数据，并建立准确的、持续更新的、可维护的、包含道路质量状况的数据库，以保证计算的 RAI 更加准确。

高分辨率全球不透水面制图服务全球城镇化评估

对应目标

SDG 11.3：到2030年，在所有国家加强包容和可持续的城市建设，加强参与性、综合性、可持续的人类住区规划和管理能力

对应指标

SDG 11.3.1：土地使用率与人口增长率之间的比率

实施尺度

全球

案例背景

SDG 11.3.1 是土地使用率与人口增长率的比率，能够从人地关系平衡的角度评价城市的用地效率（UN-Habitat, 2018; Parnell, 2016）。据联合国初步统计，2000～2014 年，在全球范围内城市占地面积的增长速度是人口增长速度的 1.28 倍（UN, 2019），说明城市人均用地面积趋于增加，所面临的空间管控压力较大。及时准确地监测土地使用率与人口增长率之间的协调度，并采取对应的土地利用调控政策，从而确保土地城镇化与人口城镇化进程的步调一致，对于实现城市可持续发展目标至关重要。但是，该指标属于 Tier Ⅱ，即有明确的评价方法但无数据。因此，急需获取多时期高分辨率全球尺度精确的城市用地空间分布信息以解决该指标的数据缺失问题，同时基于此亦可有利于不同地区之间的横向比较，为城市可持续发展提供决策支持。

本案例研发基于众源地球大数据的全球 10 m 分辨率不透水面（Impervious Surface Area, ISA）精细提取处理方法，生成 2015 年和 2018 年全球 10 m 不透水面遥感产品，为 SDG 11.3.1 指标监测与评估提供数据支撑；结合高分辨率人口分布数据开展全球城镇化进程监测与评估，解决该指标人口数据与城市用地之间的耦合问题；基于地球大数据云服务平台，为 SDG 11.3.1 指标监测与评估提供在线计算平台。

所用地球大数据

◎ 2015 年至 2016 年 6 月 30 日、2018 年 1～12 月获取的升降轨 Sentinel-1 SAR 和 Sentinel-2A 光学影像；

◎ 30 m 分辨率航天飞机雷达地形测绘使命（Shuttle Radar Topography Mission, SRTM）和先进星载热发射和反射辐射仪（Advanced Spaceborne Thermal Emission and Reflection Radiometer, ASTER）DEM 数据；

◎ 2015～2018 年 500 m 分辨率可见光红外成像辐射仪（Visible Infrared Imaging Radiometer Suite, VIIRS）灯光数据；

◎ 2015 年和 2018 年 100 m 分辨率 WorldPop 人口数据。

方法介绍

1. 全球不透水面制图

本案例研发了利用多源多时相升降轨 Sentinel-1/2A 数据结合其纹理特征和物候特征的全球不透水面精细提取技术（Sun et al., 2019）。首先，利用 SAR 与光学物候和纹理特征信息，根据阈值分割进行城市不透水面提取，初步确定城市不透水面的信息；地形起伏较大的地区，依据地形坡度因子的阈值分割，将山体裸岩进行更细节化的提取和祛除，精细提取城市不透水面信息，同时由于 SAR 对沥青混凝土等材料的低散射特征，沥青和机场等地物引入 OSM 数据或单独通过光学物候特征提取来进行补充。

其次，确立提取方法的阈值选取原则，本案例收集和自主划分出全球各大洲城市生态功能分布数据，以经纬度 5°×5° 的格网作为全球不透水面提取单位，每单位按生态分布随机选取一定数量的参考区块（block），将其进行像元统计，根据双峰法确定特定生态类型的参考区块阈值区间，综合考量优选出对应分布区内的阈值，逐单位按阈值选取原则提取各生态层不透水面并输出结果。

2. 全球城镇化 SDG 11.3.1 指标监测与评估

本案例依据全球不透水面制图方法，分别生产了 2015 年、2018 年两期全球不透水面分布数据，针对联合国提出的可持续发展目标，将其应用到全球城镇化 SDG 11.3.1 指标监测与评估中。

首先，根据收集的 2015 年、2018 年两期全球人口密度分布数据以及国家城乡区域矢量数据，综合考虑人口密度与建成区范围的耦合关系以及各个国家区域城乡行政边界矢量数据，对人口密度设置特定阈值并进行栅格聚类分析，将城市范围与农村范围进行合理的分割；其次，依照 SDG 11.3.1 城镇化指标计算模型，分别将城市范围内的 2015 年、2018 年两期不透水面面积比值和人口数量比值表征为土地使用率（Land Consumption Rate, LCR）和人口增长率（Population Growth Rate, PGR）指标，依据指标计算公式，计算两者的比值（LCRPGR），根据计算结果来科学地评估全球城镇化的进程。

$$LCRPGR = \frac{LCR}{PGR} = \frac{\ln\left(Urb_{t+n}/Urb_t\right)}{\ln\left(Pop_{t+n}/Pop_t\right)}$$

式中，Urb_t 表示某城市在 t 年的建成区面积；Urb_{t+n} 表示某城市在 $t+n$ 年的建成区面积；Pop_t 表示某城市在 t 年的人口数量；Pop_{t+n} 表示某城市在 $t+n$ 年的人口数量；LCR 和 PGR 分别表示两个时期之间的土地使用率和人口增长率，ln 表示取自然对数。

结果与结论

1. 产品及其精度验证

针对 2015 年全球不透水面产品，在亚洲、非洲、南美洲和大洋洲共选择大约 35 万个随机点进行精度验证，其总体精度 OA（Overall Accuracy）>86.00%，用户精度 UA（User's Accuracy）>82.00%，制图精度 PA（Producer's Accuracy）>90.00%。

另外，对于 2015 年和 2018 年全球产品验证，在全球尺度按照大洲区域范围本案例还随机选择 300 m × 300 m 的区块区域，计算该区域的不透水面百分比，利用高分辨率遥感影像进行目视解译验证。其中，2015 年共选择 4000 个区块区域，2018 年共选择 4000 个区块区域。精度验证结果显示，2015 年产品的平均相关系数 R^2 为 0.84，2018 年产品的平均相关系数 R^2 为 0.79。

随机点和区块百分比两种验证方式的结果证明，我们的产品具有很高的精度，并且我们提出的基于 SAR 和光学影像融合在全球尺度提取城市不透水面技术的方法有效。图 4.11 为中国 2018 年 10 m 分辨率不透水面分布以及 2015 年和 2018 年两期产品变化局部细节图。总之，我们提出的方法和生产的高精度高分辨率全球城市不透水面遥感产品可以为联合国 2030 年可持续发展目标的实现提供空间数据和决策支持。

2. 全球城镇化监测与评估

本案例对各大洲 LCRPGR 指标进行了核算（图 4.12），整体大致分布在 0～1.5。其中，亚洲、大洋洲和南美洲主要位于 0.5～1，欧洲和北美洲则位于 1～1.5，非洲整体指标值偏低，不足 0.5。研究结果发现，全球的城镇化趋于稳步快速发展中，但大部分依旧是人口城镇化略快于土地城镇化，尤其是非洲受经济和地理环境因素的影响，人口城镇化远远大于土地城镇化，实现 2030 年目标面临很大挑战；南美洲以及大洋洲地区，土地消耗基本满足人口城镇化需求，大部分国家之间发展水平差距较小；而欧美等地区城镇化发展最为稳定，土地消耗满足了人口城镇化需求。

从六大洲 LCRPGR 指标来看，尽管全球的城镇化稳步发展，但是按照国家统计，近 50% 国家的 LCRPGR 值在 [0.5，1.5] 之外，城镇化可持续发展面临挑战。

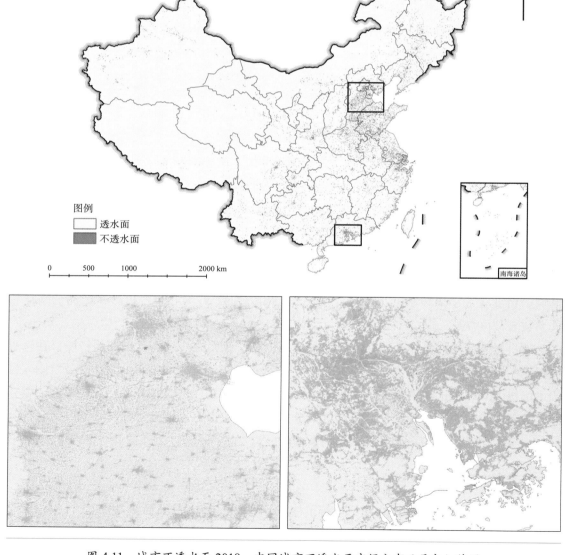

图 4.11　城市不透水面 2018：中国城市不透水面空间分布及局部细节图

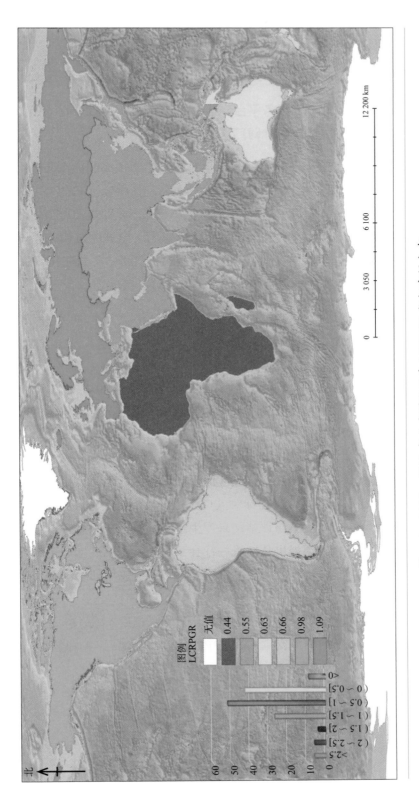

图 4.12　2015～2018 年全球洲际尺度 LCRPGR 指标空间分布

成果要点

○ 生产2015年和2018年两期全球10 m分辨率高精度不透水面遥感产品。

○ 依托地球大数据云服务平台，结合高分辨率WorldPop人口数据，研发SDG 11.3.1指标在线计算工具，供全球使用。

○ 研究结果显示，六大洲土地使用率与人口增长率的比率（ratio of land consumption rate to population growth rate, LCRPGR）指标整体分布在0～1.5，而非洲整体指标值小于0.5，即人口城镇化远远大于土地城镇化。从六大洲LCRPGR指标来看，全球的城镇化趋于稳步发展中，但是按照国家统计，近50%国家的LCRPGR值在[0.5, 1.5]之外，城镇化可持续发展面临挑战。

讨论与展望

本案例采用地球大数据方法和技术自主生成2015年和2018年全球10 m不透水面遥感产品，结合高分辨率人口分布数据开展全球城镇化进程监测与评估，依托地球大数据云平台开发SDG 11.3.1指标在线计算工具，为SDG 11.3.1指标全球监测与评估提供数据支撑和技术支持。

本案例利用城市不透水面反映建成区面积信息，两者之间的相关关系未来需要进一步研究；联合国提出的SDG 11.3.1指标对人口变化比较小或者人口负增长的城市计算结果存在奇异值，对全球城镇化监测与评估结果产生重要影响，未来需要修订或者引入新的指标对该指标进行扩展；联合国提出从经济－社会－环境三个维度推进全球可持续协调发展，但是该指标仅仅考虑了社会和环境两个维度，下一步可以增加经济增长率从三个维度来评价全球城镇化进程。

未来，我们将实时发布和每三年更新高分辨率高精度全球城市遥感产品。该产品可以帮助那些没有技术和财政资源支撑的发展中国家来监测他们的城市发展，并描述这些城市的LCR和PGR之间的关系。

亚欧非城市用地效率及可持续性分析

对应目标

SDG 11.3：到2030年，在所有国家加强包容和可持续的城市建设，加强参与性、综合性、可持续的人类住区规划和管理能力

对应指标

SDG 11.3.1：土地使用率与人口增长率之间的比率

实施尺度

亚洲、欧洲、非洲

案例背景

SDG 11 指标 11.3.1 是 LCR 与 PGR 的比率（LCRPGR），主要用于评价城市的用地效率（UN-Habitat, 2018; MParnell, 2016）。用地效率是区域经济、社会、交通以及政治等因素驱动的动态过程的结果，与城市发展的可持续性密切相关（Masini et al., 2018; Liu et al., 2020）。随着城镇化进程的加剧，城市需要不断地向外围扩张以容纳越来越多的城市人口，指标 SDG 11.3.1 的计算结果可以用于理解城市人口增长与城市土地使用之间的关系，为地方政府及城市规划人员如何构建既具有经济活力又能够保持城市环境的可持续性决策提供支持。

联合国 2016 年发布的可持续发展报告基于 194 个城市样本得到了全球及各地理分区 1990～2000 年和 2000～2015 年两个时段的 LCR 与 PGR 比率的平均值（即 LCRPGR）。结果表明，东亚和大洋洲的 LCRPGR 最高，其次是发达地区（UN, 2016）。在 2017 年的联合国可持续发展报告中，1990～2000 年和 2000～2015 年世界 LCRPGR 的平均值分别为 1.22 和 1.28（UN, 2017）。利用联合国所定义的指标 SDG 11.3.1 的计算模型，可以分析城市的扩张类型，如城市土地扩张型、城市人口增长型、城市土地收缩型和城市人口收缩型等（Melchiorri et al., 2019; Wang et al., 2020）。

依托地球观测大数据的优势，利用亚欧非 557 个城市的不透水面数据以及人口数据，本案例开展大数据支持下的 SDG 11.3.1 指标模型的构建及 LCRPGR 数值的计算，并对案例城市的用地效率进行分析，为协调区域的城市土地使用与城市人口的关系以及城市的可持续发展提供决策支持。

所用地球大数据

◎ 本案例所用数据主要包括亚欧非地区基础地理数据、城市建成区数据和城市人口数据；

◎ 城市建成区数据来源于中国科学院地球大数据共享服务平台的 1990 年、1995 年、2000 年、2005 年、2010 年、2015 年共 6 期的 30 m 高精度城市不透水面数据，根据联合国基于距离和规模大小对城市的定义（UN-Habitat, 2018），将不透水面数据转换为城市建成区数据；

◎ 城市人口数据则是基于联合国发布的人口数大于 30 万的欧亚非城市 1990 年、1995 年、2000 年、2005 年、2010 年和 2015 年的人口统计数据。

方法介绍

基于城市建成区面积的增加与城市人口数的增长密切相关这样一个事实，本案例借助 1990 ～ 2015 年共 6 期的亚欧非 557 个城市的城市建成区数据和人口数据，以变化时段末期的城市建成区规模为 Y 轴，以变化时段初期城市建成区规模与 PGR 的乘积为 X 轴，分别利用 1990 ～ 2015 年每五年的末期与初期的数据以及全部变化时间段的末期与初期的数据，得到末期城市建成区规模（U_2）与 PGR 和初期城市人口规模（U_1）的关系图（图 4.13）。其中图 4.13（a）～图 4.13（e）为 1990 ～ 2015 年每 5 年为一期的关系图，图 4.13（f）是 5 个时期所有数据末期与初期的关系。从图 4.13 中可以看出，所有关系图中 U_2 与 $U_1 \times$ PGR 的相关系数均高于 0.97，表明城市的 LCR 与 PGR 存在明显的正相关关系，即

$$\mathrm{Urb}_{t+n} = \lambda \left(\frac{\mathrm{Pop}_{t+n}}{\mathrm{Pop}_t} \right) \mathrm{Urb}_t + b$$

与建成区规模相比，截距 b 数值较小，可以将其忽略，可以表达为

$$\mathrm{Urb}_{t+n} = \lambda \left(\frac{\mathrm{Pop}_{t+n}}{\mathrm{Pop}_t} \right) \mathrm{Urb}_t$$

得到本案例用于指标 SDG 11.3.1 的计算模型，即

$$\mathrm{LCRPGR} = \lambda \frac{\mathrm{LCR}}{\mathrm{PGR}} = \frac{\left(\mathrm{Urb}_{t+n} / \mathrm{Urb}_t \right)}{\left(\mathrm{Pop}_{t+n} / \mathrm{Pop}_t \right)}$$

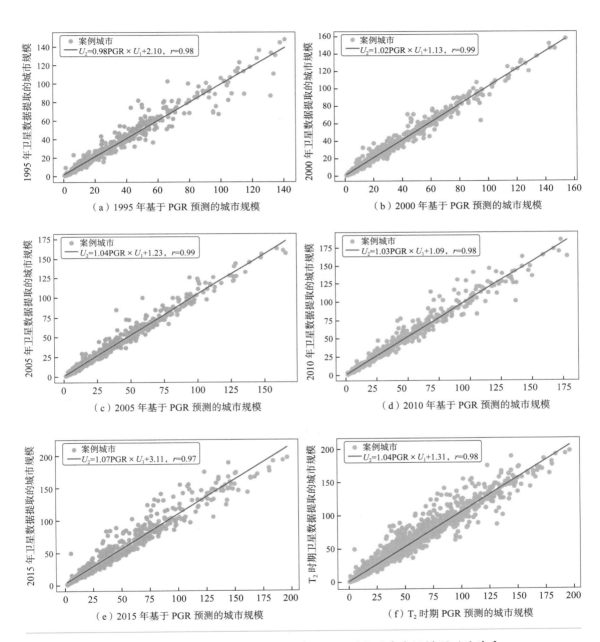

图 4.13　变化时段末期城市规模与基于人口增长的城市规模预测的关系

结果与分析

　　本案例所用的 557 个城市主要分布于中亚和南亚、东南亚、西亚、欧洲和日本四个地理分区（图 4.14）。利用本案例构建的模型计算了各城市的 LCRPGR，表 4.3 列出了部分城市的计算结果。

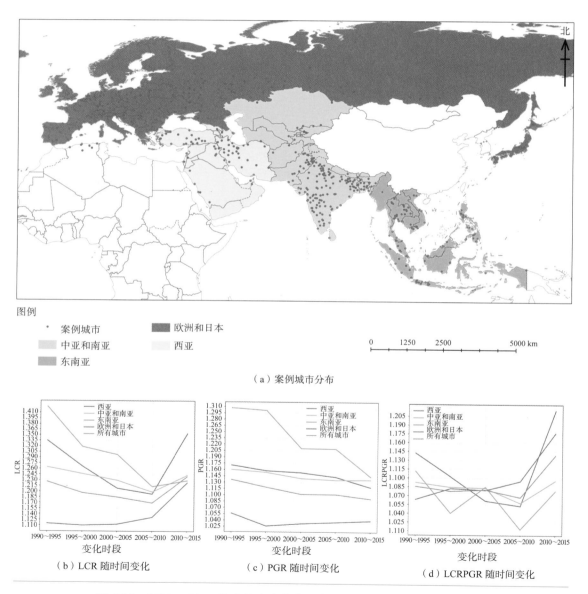

图例

* 案例城市
中亚和南亚
东南亚
欧洲和日本
西亚

0　1250　2500　5000 km

（a）案例城市分布

（b）LCR 随时间变化

（c）PGR 随时间变化

（d）LCRPGR 随时间变化

图 4.14　1990～2015 年案例城市分布及各区域在各变化时段的 LCR、
PGR 及 LCRPGR

表 4.3 联合国计算模型与案例构建模型的计算结果对比

城市 / 地区	城市人口数 / 千人		城市建成区面积 /km²		LCR	PGR	LCRPGR
	2010 年	2015 年	2010 年	2015 年			
尼斯 – 戛纳	945.1970	943.1510	82.7301	130.5540	1.5781	0.9978	1.5815
第比利斯	1079.4450	1078.1250	81.7051	93.8882	1.1491	0.9988	1.1505
埃森	580.3710	582.4170	215.7166	298.6263	1.3843	1.0035	1.3795
巴勒莫	855.0300	854.3850	38.1671	41.5197	1.0878	0.9992	1.0887
格但斯克	460.6440	462.7780	51.7168	83.3811	1.6123	1.0046	1.6048
奥廖尔	318.3030	318.4180	34.3515	38.1884	1.1117	1.0004	1.1113
萨马拉	1164.4480	1168.4990	104.0054	142.1118	1.3664	1.0035	1.3617
伏尔加格勒	1020.9120	1016.9450	102.1815	155.2058	1.5189	0.9961	1.5248
敖德萨	1009.0300	1010.3770	91.9052	102.1551	1.1115	1.0013	1.1100
辛菲罗波尔	341.3960	341.2110	47.0139	53.9045	1.1466	0.9995	1.1472

本案例计算了亚欧非各地理分区的城市 LCR、PGR 和 LCRPGR。1990～2010 年，亚欧非各地理分区的 LCR 整体趋于降低，2010～2015 年则呈现增加的趋势，如图 4.14（b）所示。1990～1995 年期间的 LCR 数值最高，其主要原因是 1990 年的城市建成区规模较小，而到 1995 年，城市建成区规模则明显增大，使得土地使用率呈现高值；1995～2010 年，城市建成区的增速放缓，且明显低于 1990～1995 年，使得 1990～2010 年 LCR 整体呈降低趋势；2010～2015 年，城市建成区的增速明显提高，使得 LCR 增大，表明在此期间城市土地供应量明显增加。与 LCR 相比，欧洲和日本的 PGR 整体呈现缓慢的增长状态，该区域从 2000 年开始，PGR 持续缓慢增加。其他地理分区的 PGR，1990～2015 年则一直趋于降低的趋势，表明人口增长的速度趋于放缓，如图 4.14（c）所示。在各地理分区中，欧洲和日本地区，无论是 LCR 还是 PGR 均明显低于其他三个地区，且变化幅度小，表明该区域的城市化水平相对较高。此外，LCR 及 PGR 数值最大的区域，除了 2010～2015 年 LCR 最大值为西亚地区外，其他时间段均为东南亚地区，表明该区域人口及土地的变化幅度最大。

由于表征土地利用效率的 LCRPGR 是 LCR 与 PGR 的比值，因此计算得到的 LCRPGR 规律性较 LCR、PGR 要弱，如图 4.14（d）所示。需要引起注意的是，与 2010 年之前的 LCRPGR 相比，2010～2015 年，各地理分区的 LCRPGR 明显升高，尤其是西亚、欧洲和日本两个地区。这是由于与 2010 年相比，其 2015 年的城市规模明显增加，LCR 增幅明显，而 PGR 则变化幅度较小。这说明城市土地供应量的增加幅度明显高于人口的增长速度，存在一定程度的土地使用浪费的现象，将给城市土地利用的可持续性带来负面影响。

参与各地理分区计算的城市数量及 5 个时段的 LCRPGR 如表 4.4 所示。由于空间上的差异以及城市分布的不均衡，各地理分区城市数量存在一定的差异。西亚的城市数量为 40 个，是 4 个地理分区中的最小值，其他地理分区的城市数量则是西亚的 2～6 倍。与联合国基于 200 个左右的城市样本计算全球各地理分区的 SDG 11.3.1 相比，本案例的计算结果更具有统计意义。

表 4.4　亚欧非各地理分区的城市数量及各变化时段的 LCRPGR

地理分区	城市数量	1990～1995年	1995～2000年	2000～2005年	2005～2010年	2010～2015年
西亚	40	1.14	1.10	1.06	1.05	1.22
中亚和南亚	173	1.09	1.08	1.08	1.06	1.10
东南亚	88	1.11	1.04	1.09	1.01	1.08
欧洲及日本	256	1.06	1.08	1.08	1.10	1.18
总数 / 平均值	557	1.09	1.08	1.08	1.07	1.14

注：由于 1990～1995 年时间段使用的是 1990 年和 1995 年的数据，1995～2000 年时间段使用的是 1995 年和 2000 年的数据……，导致各时间区间的起始年份和结束年份发生重叠

各地理分区 LCRPGR 的平均值及标准差如图 4.15 所示，表明在 4 个地理分区中，欧洲和日本地区城市间土地利用效率的差异性要明显低于其他地区，表征该地区整体的城市化水平要优于其他地区。

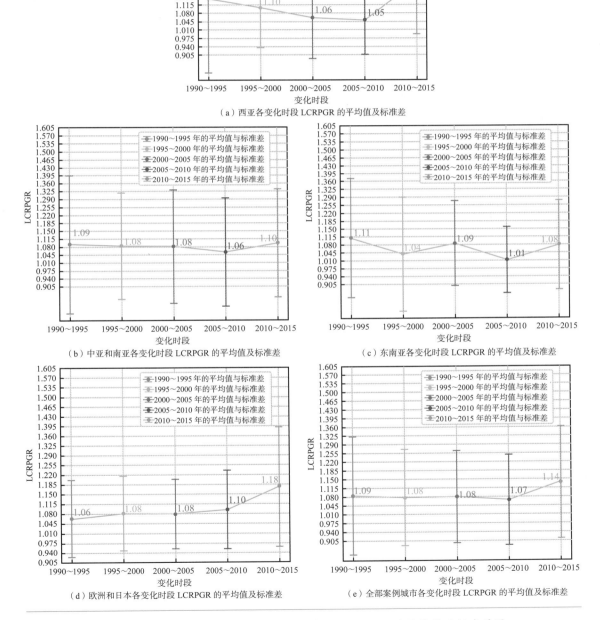

图 4.15 1990～2015 年亚欧非各地理分区 LCRPGR 的平均值及标准差图

成果要点

- 利用亚欧非 557 个城市 1990～2015 年每 5 年一期的城市人口和建成区数据，通过分析变化时段末期实际的城市建成区规模与基于人口增长和初期城市建成区规模预测的末期城市建成区规模之间的关系，构建了 SDG 11.3.1 指标的计算模型。

- 与 1990～2010 年相比，亚欧非各地理分区 2010～2015 年的 LCR 增长幅度明显高于 PGR，使得土地利用效率降低趋势明显，这将对城市土地利用的可持续性带来负面影响。

讨论与展望

本案例采用亚欧非 557 个城市 1990～2015 年每隔 5 年的城市不透水面数据以及联合国的城市人口数据，通过分析城市建成区规模与人口增长之间的关系，构建了指标 SDG 11.3.1 的计算模型。后续研究将案例方法应用于全球尺度以验证模型的有效性。

557 个城市的 SDG 11.3.1 指标计算结果表明，在西亚、中亚和南亚、东南亚、欧洲和日本这 4 个地理分区中，城市 LCR 在 1990～2010 年呈现降低的趋势，2010～2015 年则有所升高；PGR 则在 1990～2015 年整体处于降低的趋势。欧洲和日本地区人口缓慢增长，与其他区域相比，欧洲和日本的 LCR 及 PGR 最低，各城市间的差异性亦明显低于其他地区，这与该地区的城市化水平密切相关。在 LCR 与 PGR 比率方面，与 1990～2010 相比，亚欧非各地理分区 2010～2015 年的土地利用效率降低趋势明显，引起该现象的原因是城市 LCR 明显高于 PGR，这会给城市土地利用的可持续性带来负面影响。

全球大城市土地利用变化评估

对应目标

SDG 11.3：到2030年，在所有国家加强包容和可持续的城市建设，加强参与性、综合性、可持续的人类住区规划和管理能力

对应指标

SDG 11.3.1：土地使用率与人口增长率之间的比率

实施尺度

全球

案例背景

随着全球人口的快速增长，城市建设用地需求急剧增加（Fei and Zhao, 2019; Nguyen et al.，2018）。城市的扩张不仅占用了大量的耕地资源（Schneider, 2012），也形成了城市热岛效应增强、城市绿度减弱、城市洪涝灾害风险增强等环境问题（Stokes and Seto, 2019; Wang et al., 2018; Zhao et al., 2016; Zhou et al., 2016），为城市的可持续发展带来一定的阻碍。对于不同地区和国家而言，尤其是对于人口较多的大城市而言，城市用地增加与人口增长之间并不存在统一协调的关系。利用地球大数据分析不同区域城市用地与人口增长之间的相互关系，不仅可以了解不同城市的用地效率，而且可以为城市规划和可持续发展提供科学决策。

指标 SDG 11.3.1 定义为 LCR 与 PGR 之比，用于描述城市扩张与人口增长之间的关系。目前定义的 LCR 数值分布差异较大，需要在一定程度上进行改进。同时，目前存在的城市边界数据也存在较大的差别，需要进行更加准确的界定。本案例主要工作包括：①基于多源地球大数据构建城市边界的快速提取方法，为城市分析提供较为客观、相对准确的边界；②构建一种新的城市用地效率指数，揭示全球 275 个大城市（20 世纪 90 年代人口数大于100 万）城市用地扩张与人口增长关系的时空格局；③定量评估全球 275 个大城市（20 世纪 90 年代人口数大于 100 万）城市用地结构的时空变化。本案例研究成果在为落实联合国 SDGs 城市区域可持续发展目标提供空间数据与决策支持方面具有重要的意义。

所用地球大数据

◎ ESA CCI-LC 2018 年和 2010 年土地分类数据（分辨率 300 m）；

◎ 联合国发布的全球 1860 个城市（人口数超过 30 万）人口数据；

◎ Google Earth 数据；

◎ GADM 数据（https://gadm.org/data.html）；

◎ Human Built Up and Settlement Extent（HBASE, 2010）（分辨率 30 m）；

◎ Urban Extent Polygons（RUMPv1.01, 1995）。

方法介绍

主要研究方法包括两个方面。

1. 城市边界提取（利用 ArcGIS 空间分析功能）

（1）根据地物分类属性，从土地利用数据中提取城市用地数据。

（2）根据众数滤波方法，将城市用地占主要面积的斑块进行合并；将分散的城市面状边界斑块进行区域聚合，形成较大的城市边界斑块。

（3）将合并后的城市边界栅格数据转换为面状矢量数据。

（4）对矢量边界数据进行聚合，消除面积较小的斑块（小于 1 km²）。

（5）对矢量数据进行平滑处理，然后对照土地分类数据和 Google Earth 高分辨率影像数据构建缓冲区（经过比较分析，认为缓冲区宽度为 4 倍栅格数据分辨率为宜）。

（6）比较上述步骤产生的结果，对于某些大的边界内有空洞的情况，再次进行斑块消除。

（7）根据 275 个城市位置点，选择每个城市范围边界。

2. 城市扩张的土地利用效率

与联合国定义的土地利用效率的计算方法不同，我们将两个时段城市土地扩张率（百分率）与人口增长（百分率）比值的对数定义为相对土地利用效率，即

$$\text{ULUE} = \ln \frac{\text{UPOP}_{2018}/\text{UPOP}_{2010}}{\text{UAL}_{2018}/\text{UAL}_{2010}}$$

式中，ULUE 为城市土地利用效率（单位城市面积人口承载能力）；UAL_{2018}、UAL_{2010} 分别为 2018 年和 2010 年城市土地利用面积；UPOP_{2018}、UPOP_{2010} 分别为 2018 年和 2010 年城市人口数量。ULUE 值大于 0 表示人口增长相对过快，值越大表示单位城市面积人口承载越多，用地效率越高；小于 0 表示城市建设用地扩张相对过快，值越小表示单位城市面积人

口承载越少，城市用地效率越低。

城市土地利用面积数据是基于 ESA CCI-LC 2018 年和 2010 年土地分类数据，利用构建的城市边界进行提取计算得到的。人口数据采用联合国发布的全球人口数超过 30 万的城市人口数据，由于该数据只提供 5 年时间间隔的数据，所以 2018 年数据利用 2020 年数据替代。对于城市群，将城市群边界范围内城市人口综合作为城市群的人口。

结果与分析

1. 城市边界提取精度比较

与 Urban Extent Polygons（v1.01, 1995）、Human Built Up and Settlement Extent（HBASE, 2010）、ESA CCI-LC 产品数据进行对比分析后发现，我们构建的城市边界快速提取方法可以快速、较为准确地划定不同时期的城市边界。尽管进行了更新，但 Urban Extent Polygons（v1.01, 1995）显示的城市边界还是较为分散，而且将过多的乡村区域划归为城市区域。Human Built Up and Settlement Extent（HBASE, 2010）数据不仅包含了城市，也还包含了农村聚落，所以很难从这一数据获取到真实的城市边界。从与其他数据比较的结果来看，尽管采用的土地利用分类数据空间分辨率较粗，但是本案例提出的城市边界提取方法可以产生较为准确的结果（图 4.16）。该方法的优势就是可以充分利用现有的多期次的土地利用数据，快速提取不同时期城市范围（不仅仅包括不透水层范围），为更进一步的城市内部空间环境变化监测提供弹性边界。

2. 全球大城市建设用地效率分析

通过分析 2010～2018 年城市建设用地变化，可以看出全球 263 个大城市（群）均呈现出城市建设用地扩张的趋势（图 4.17）。其中，亚洲国家城市建设用地扩张速率较快，尤其是中国和印度大部分城市。对于中国而言，南方城市建设用地面积增加速率要快于北方，而且出现了长江三角洲、珠江三角洲等大城市群。

在城市发展的过程中，由于战争（如叙利亚首都大马士革）或者工业衰退（如美国的底特律，中国的辽宁、抚顺）等，有 18 个城市出现人口不断外迁但是城市建设用地不断扩张的趋势，在很大程度上造成了城市用地效率低下、城市资源浪费严重的情况。所以这些城市在后续城市规划中需要考虑产业空间布局，提高城市土地利用效率。

本案例计算了全球 263 个城市（群）建设用地扩张和人口增加情况下的城市建设用地效率。结果表明，有 146 个城市（群）出现城市建设用地增加快于人口增加，城市用地效率下降，尤其是在亚洲国家更为明显；有 117 个城市（群）出现人口增长速率快于城市建

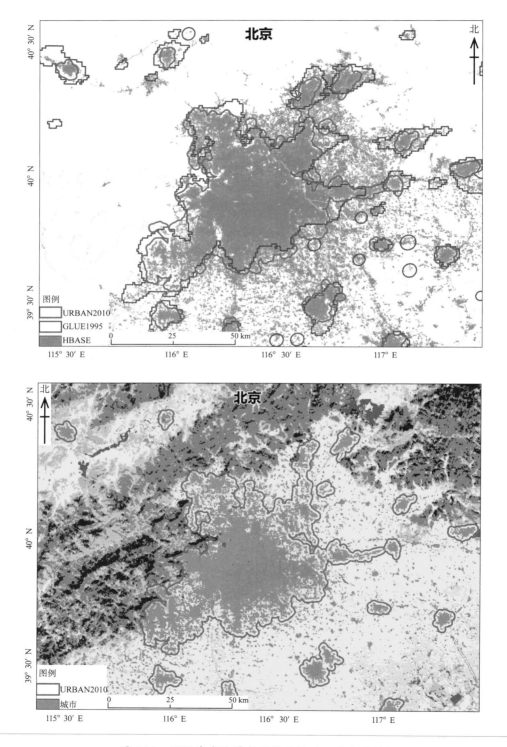

图 4.16 不同城市边界数据的比较（以北京为例）

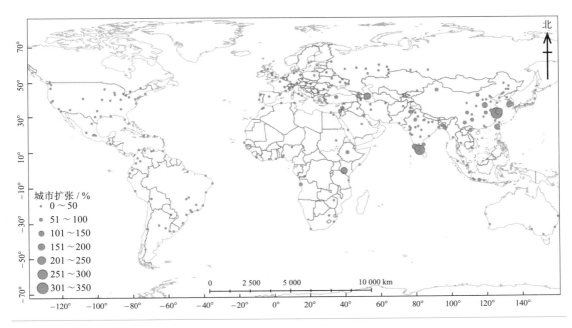

图 4.17　全球部分大城市建设用地扩张速率空间分布示意图

设用地扩张速率，表现出目前城市建设用地较为紧张，例如中国北京；城市土地利用效率的变化并未表现出明显的区域差异（图 4.18）。

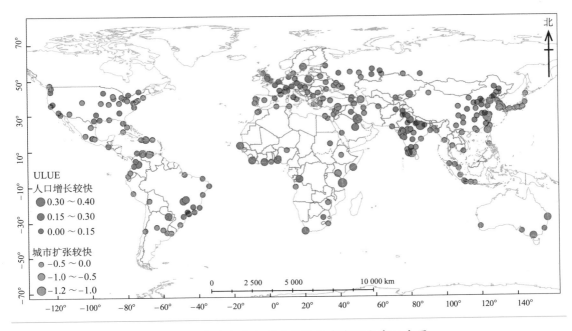

图 4.18　全球部分大城市用地效率空间分布示意图

3. 世界部分大城市用地结构变化

本案例从国家和城市尺度分析了 2010～2018 年 263 个大城市（群）城区土地利用结构变化。主要比较分析了城市用地、城市绿地及裸地（包括水体）三者之间的相对比例关系（图4.19）。结果发现，无论是在国家尺度，还是在城市尺度，城市用地结构都发生了

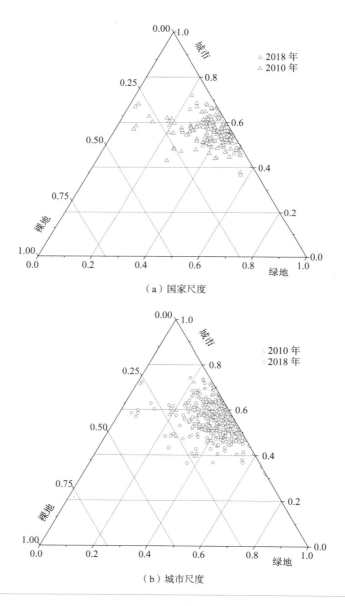

（a）国家尺度

（b）城市尺度

图 4.19　国家尺度（a）和城市尺度（b）用地结构变化

一些变化，但是这些变化并没有表现出明显的区域性，这可能与每个城市的发展规划、社会文化及城市所处的自然条件有关。北京、上海等特大城市，出现城市绿色空间相对比例略微上升但城市建设用地比例略微下降的趋势，表明现在城市建设考虑了生态宜居及环境可持续规划等方面的内容。

成果要点

- 根据现有土地利用覆被产品数据，构建了一种可以快速提取城市边界的空间分析方法。相对于已有的城市边界界定方法，该方法易用且相对准确。

- 基于全球 263 个大城市（群）（20 世纪 90 年代人口数大于 100 万）城市用地扩张与人口增长关系的分析，发现：有 18 个城市出现人口负增长（主要是由于战争和工业衰退）；146 个城市用地扩张速率快于人口增长速率，城市用地效率降低；117 个城市用地扩张速率缓于人口增长速率，城市用地紧张。

- 通过对全球 263 个大城市（群）（20 世纪 90 年代人口数大于 100 万）2010 ～ 2018 年用地结构变化的分析可以看出，城市土地扩张较快的国家主要集中在亚洲。城市建设用地与绿地面积比例总体变化不是太大，表明现代城市建设在一定程度上考虑了保持一定的城市绿色空间，使城市尽可能保持环境宜居性。

讨论与展望

　　本案例初步构建了快速提取城市边界的空间分析方法并且进行了初步尝试，得到的结果也比较令人满意。但是，由于城市结构较为复杂，城乡边界难以客观界定，我们还需要更多的研究实例进行进一步的修正。明确、客观的城市边界的确定，可以更加准确地分析城市内部空间环境变化及其驱动机制，为城市规划和环境保护提供更加合理的科学决策。

　　存在的问题主要包括：①本案例所使用的基础数据空间分辨率较粗，存在一定的误差，后续需要更加精细的数据；②城市环境变化的监测工作量较大，而且需要更多匹配数据，希望随着全球数据的不断丰富，可以实现不同区域城市生态环境变化的全面监测及城市可持续发展测度。

亚欧非文化遗产时空分布特征与保护对策研究

对应目标

SDG 11.4：进一步努力保护和捍卫世界文化和自然遗产

对应指标

SDG 11.4.1：保存、保护和养护所有文化和自然遗产的人均支出总额（公共和私人），按遗产类型（文化、自然、混合、世界遗产中心指定）、政府级别（国家、区域和地方/市）、支出类型（业务支出/投资）和私人供资类型（实物捐赠、私人非营利部门、赞助）分列

实施尺度

亚洲、欧洲、非洲

案例背景

　　联合国在 SDG 11.4 中提出"进一步努力保护和捍卫世界文化和自然遗产"，并给出 SDG 11.4.1 "保存、保护和养护所有文化和自然遗产的人均支出总额（公共和私人）"的指标计算方法。但是，一国的人均支出总额大小，至少与该国所有的文化和自然遗产数量、该国对每个文化和自然遗产投入的经费量以及该国人口数量等因素有关，因此这个指标存在科学上以及数据上的缺陷与不足，难以具体执行。

　　事实上，各地的世界遗产保护需求程度是不一样的，各地具有的保护能力（知识、技术、资金等）也是不同的。所以，需要首先宏观地进行世界遗产保护的潜力需求研究，从整体上对世界遗产保护需求程度做到科学认识，从而实现有区别、有针对性地开展世界遗产的保护指导与实施。

　　亚欧非的世界文化遗产及混合遗产数量占全球的 84.4%，具有重要的研究价值。本案例基于世界文化遗产的时－空分布特征，文化遗产的材质、文化遗产点及其环境潜在的自然与人为灾害风险分析，以及不同国家与区域保护遗产具有的经济潜力（GDP）等的综合分析，给出亚欧非文化遗产保护需求度的半定量刻画，并提出未来全球文化遗产从申报到保护的对策和措施，为 UNESCO 以及相关国家（地区）从宏观层面认知"进一步努力保护和捍卫世界文化和自然遗产"提供科学参考。

所用地球大数据

◎ 世界遗产中心（World Heritage Centre）2019 年"世界遗产数据集"；

◎ 亚欧非文化遗产文本及网页资料，包括申遗文本等内容；

◎ 2019 年全新世火山数据，来自美国史密森学会"全球火山活动项目"；

◎ 2017 年全球滑坡易发性数据集，空间分辨率为 1 km，来自 NASA 的"全球降水量测量 （Global Precipitation Measurement, GPM）项目"；

◎ 2015 年全球地震动峰值加速度数据，空间分辨率为 10 km，来自联合国 2015 年减灾评估报告数据共享平台；

◎ 2000 年、2015 年全球人类住区产品（Global Human Settlement Layer, GHSL），空间分辨率为 250 m；

◎ 2000 年、2015 年 WorldPop 人口数据，空间分辨率为 100 m；

◎ 2000 年、2013 年全球夜间灯光影像数据（DMSP/OLS），空间分辨率为 1000 m；

◎ 亚洲、欧洲和非洲 GDP 统计数据；

◎ 部分世界文化遗产地高分影像；

◎ ArcGIS 全球遥感图像（World Imagery）底图。

方法介绍

（1）大数据清洗。从世界遗产中心网站下载得到世界遗产数据集，并利用网络爬虫等手段获取互联网上文化遗产的相关数据及资料。对有关高频词汇进行清洗筛选后，在原有数据集上补充重要属性，形成亚欧非文化遗产数据集。

（2）文化遗产统计分析。对文化遗产的材质、所属农业生产类型、历史时期、所符合的文化遗产评价标准以及所在区域的经济情况等内容进行统计分析；在 ArcGIS 软件支持下对文化遗产数据进行空间分析。

（3）文化遗产面临风险评价。从自然影响和人为影响两个方面进行评价。对于自然影响，建立世界文化遗产地与风险源之间的距离模型（Distance Model）以进行危险性定量评价。对于人为影响，构建反映人类活动强度的城镇化强度指数（Urbanization Intensity Index, UII）进行危险性定量评价。

城镇化强度指数公式如下：

$$UII = \sqrt[3]{BU_{nor} \times NTL_{nor} \times POP_{nor}}$$

式中，BU_{nor}、NTL_{nor}、POP_{nor} 分别表示归一化后的城市建成区、夜间灯光和人口数据。

（4）文化遗产保护需求度。保护需求度是一个综合的评判指标，指文化遗产遭遇的风险度与抵抗这个风险的保护度（能力）之差。遭遇的风险度包含文化遗产由于自身的糟朽（风化、剥蚀等）及其遭遇自然灾害风险、人为活动破坏风险等的不同影响程度；抵抗风险的保护度（能力）指当地保护者（政府、组织等）可提供保护的经济能力、科学技术能力以及大众保护意识等的总和。

$$CHPD = RCH–ACHRR$$

式中，CHPD（Cultural Heritage Protection Demand）表示文化遗产保护需求度；RCH（Risk of Cultural Heritage）表示文化遗产遭遇的风险度；ACHRR（Ability of Cultural Heritage Resistance Risk）表示文化遗产抵抗风险的能力。

结果与分析

1. 文化遗产地时 - 空分布特征

图 4.20 展示了亚洲、欧洲和非洲文化遗产及混合遗产历史年代分布。年代距今越久远，经受的自然侵蚀与人类活动破坏的时间越长，遗产数量越少。整体上遗产数量随年代久远程度呈下降趋势。遗产数量峰值年代反映人类文明发展的相对高峰时期，其中：11 ~ 19 世纪作为世界文化遗产与混合遗产数量的高峰区域，展现了人类从中世纪末期到经历文艺复

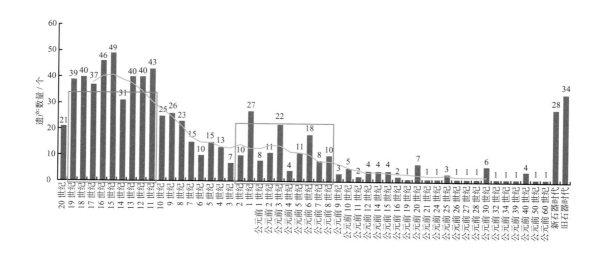

图 4.20　亚洲、欧洲和非洲文化遗产及混合遗产历史年代分布图

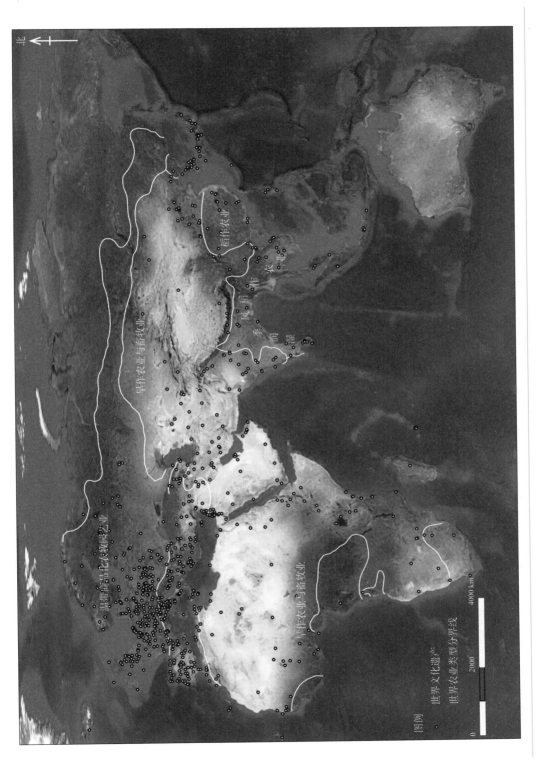

图 4.21　亚欧非世界文化遗产空间分布图

兴、工业革命等巨变，以及中国的宋、元、明、清重要发展时期；公元前 8 ～公元 2 世纪高峰，在亚欧非大陆，同时相对独立地出现在中国、印度、巴勒斯坦地区的儒家学说、佛教、基督教时至今日依然产生巨大影响，包含古罗马帝国、汉朝的时期，形成丝绸之路遗产的一个高峰；其他的在公元前 20 世纪、公元前 30 世纪的短暂高峰，也与相应的古文明对应着关系。

　　从亚欧非世界文化遗产空间分布图（图 4.21）中可以看出：世界文化遗产在三大洲分布不均，东亚、欧洲及非洲尼罗河沿岸相对密集。其中，西亚、欧洲、北非环地中海等区域文化遗产数目最多，多属于历史悠久的古希腊及古罗马文化，该农业区还有部分遗址属于阿拉伯文化及古埃及文化等。欧洲中世纪及之后的基督教文化遗产较多。东亚的古中国及南亚的古印度区域，悠久的人类文明孕育出许多文化遗产。

2. 文化遗产材质空间分布

　　作为历史文化的载体，文化遗产的材质不仅直接关系着文化遗产现有保存状态，更对后续保护手段与方法探索至关重要。亚欧非世界文化遗产材质分类结果统计如表 4.5 所示。

表 4.5　亚欧非不同材质类型世界文化遗产所占比例

材质类型	木质	土质	石质	土石	石木	土木	铁质	综合
遗产数量 / 个	21	51	441	185	31	8	9	20
比例 /%	2.7	6.7	57.6	24.2	4.0	1.0	1.2	2.6

　　从表 4.5 中可见，石质遗产占所有材质的 57.6%，加上土石类，占比超过了 80%，可见石质材料最易保存，而土质、木质类遗产在自然环境中易遭受侵蚀，保存难度较大。此类遗产后续保护手段与方法的应用就显得格外重要。

　　如图 4.22 所示，亚欧非三洲的石质类型遗产数量均占据第一位，土石类均占据第二位。可见此两种类型不论东西方地理环境及东西方建筑意识层面的差异，均能更好地保存。而欧洲地区的石质类世界文化遗产的数量与占比远高于亚洲和非洲，或与不同区域间自然资源的可获得性以及宗教建筑思想直接相关。

3. 文化遗产的文明继承特征

　　结合图 4.20 ～图 4.22，表 4.6 展示了包括典型的史前文明与四大古文明在总遗产中的占比情况以及其所反映的继承特征。从表 4.6 中可见，在四大文明中，中国古文明由于传承不断，遗产点较多。

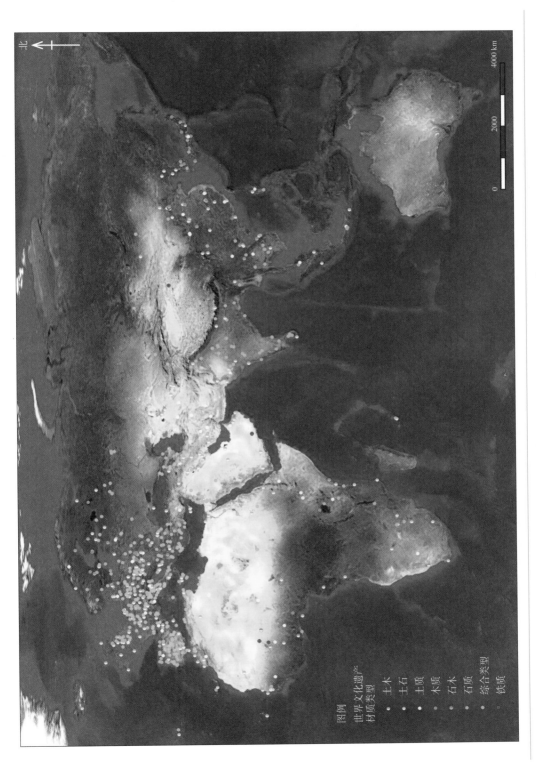

图例

世界文化遗产
材质类型
· 土木
· 土石
· 土质
· 木质
· 石木
· 石质
· 综合类型
· 铁质

图 4.22 亚欧非世界文化遗产材质空间分布

表 4.6　主要文明与世界文化遗产数统计

文明	史前文明	青铜文明	中国古文明	古印度文明	两河文明	古埃及文明
遗产数量 / 个	72	8	41	6	6	6
总遗产数中占比 /%	9.40	1.04	5.35	0.78	0.78	0.78

对统计中文明数量排前三位的世界文化遗产进行空间分布观察。三大古文明体系中，古罗马文明的文化遗产数量最多，沿地中海密集分布；阿拉伯文明的文化遗产虽数量最少，但其分布却最为广泛，在亚欧非大陆上跨越了最大的纬度与经度；而中国古文明其辐射范围最为集中，以东亚地区为主，这也是其文化影响力的主要区域。

4. 文化遗产面临风险评价

1）自然因素影响下的文化遗产风险评价

地质灾害主要灾种有地震、滑坡、火山。对亚欧非文化遗产过去受自然灾害的影响统计分析结果表明：在地质灾害风险中，影响最大的是地震及滑坡。将亚欧非文化遗产点数据与地质灾害（地震和滑坡）综合评价分级数据进行叠加，得到低风险区遗址点 223 个（29%）、中风险区遗址点 399 个（52%），高风险区遗址点 144 个（19%），分布如图 4.23 所示。

2）人为因素影响下的文化遗产风险评价

案例选择了亚欧非 79 处位于城市和城镇居民点附近的文化遗产地，根据每个遗产地 2000 年和 2015 年的 UII 值，通过计算其变化率，对亚欧非 79 个遗产地进行了分类。将文化遗产地分为四种类型：极低变化（变化率 < 0.14%）、低变化（0.14% ≤ 变化率 < 0.39%）、中变化（0.39% ≤ 变化率 < 1.37%）和高变化（变化率 ≥ 1.37%）。共有 7 个遗产地被确定为具有高等和中等 UII 值变化，其中国 5 个、尼泊尔 1 个、印度 1 个。具体等级分布见图 4.24。

5. 资金投入能力空间分布

世界遗产的保护需要经济作为支持。从图 4.25 中可见，人均 GDP 和单位面积 GDP 西欧最高，其次是中欧、南欧、北欧与东亚。而东欧、中亚、北非、西非等单位面积 GDP 较低，但有一定数量的世界遗产地分布。世界遗产保护的资金投入，在这些地区会形成较大的压力。而相应的，该区的科技、教育往往也是相对落后的。这点要引起更大的关注。

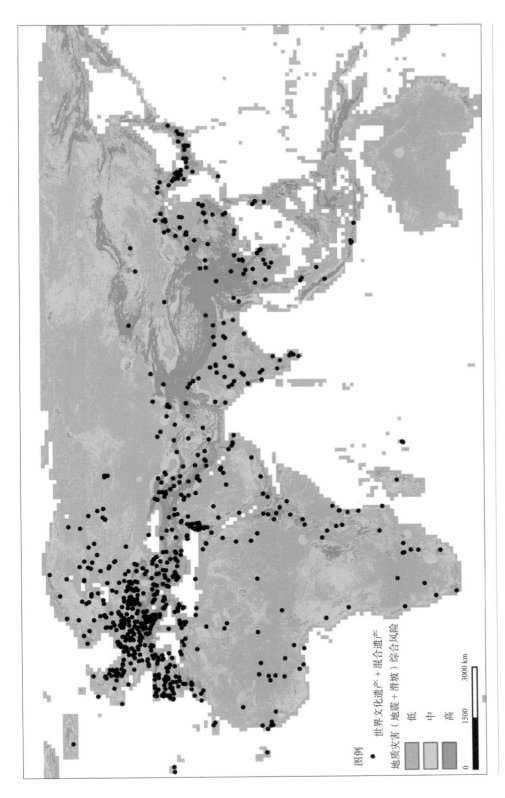

图 4.23 亚欧非世界文化遗产及混合遗产地质灾害风险综合评价图

图例

• 世界文化遗产 + 混合遗产

地质灾害（地震 + 滑坡）综合风险

低　中　高

0　　1500　　3000 km

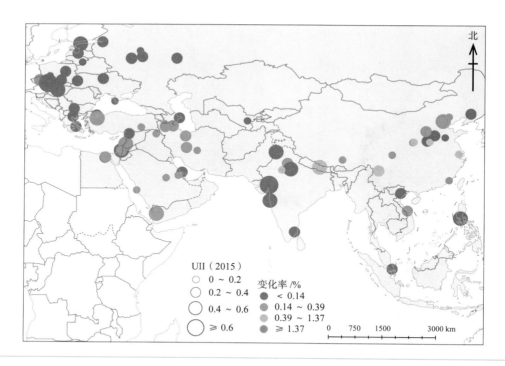

图 4.24　2000～2015 年亚欧非世界文化遗产地城镇化强度变化

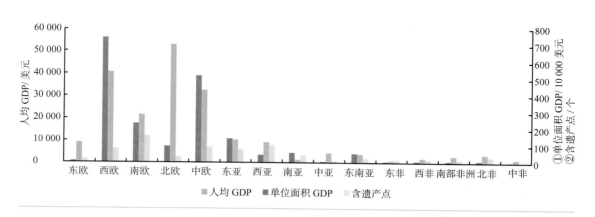

图 4.25　人均 GDP、单位面积 GDP 与遗产地个数分区统计图

成果要点

- 揭示了丝绸之路文化遗产的时空分布特征，对丝绸之路文化遗产的空间材质、所属文明进行了定量刻画。

- 从自然和人为两方面，展示了亚欧非文化遗产所处的风险等级，体现保护需求的空间差异；分析了亚洲、欧洲、非洲各区域资金投入能力，体现保护潜力的空间差异。

- 指出应摸清遗产潜力，加大发挥数字技术的优势，实现亚欧非文化遗产的科学保护；同时应加大非洲、中亚等地区的遗产申报，实现世界遗产保护的精准"扶贫"。

讨论与展望

亚欧非世界文化遗产是过去人类在亚洲、欧洲、非洲区域活动的证据，是我们今天，特别在后新冠疫情时代，开启商贸交往、科技交流、民心沟通需要学习参悟的生动案例与教材。未来世界文化遗产在大洲间、国家间如何做到有规划的申报和有目标针对性的保护，是需要深入研究的问题。

世界遗产存在申报、批准、保护的行动与保护的能力不平衡、不充分的问题。为此，提出如下对策。

（1）摸清亚欧非重要文化与自然遗产的潜力。UNESCO 做好顶层设计，有规划、有步骤地促进相关国家的申报，而不是保持自由无序的竞争状态，甚至造成申报遗产而带有政治化色彩的加入。对于保护，UNESCO 同样要提出潜在的风险评估以及应对策略。

（2）积极支持加大非洲、中亚等地区世界文化遗产的申报，平衡文化遗产的全球分布。世界遗产是全人类的共同财富，凡是符合杰出普遍价值（Outstanding Universal Value, OUV）且保存状况符合原真性、完整性的，就要动员其申报并获得世界共同的关心与保护，而不仅仅是该国家的事情。

（3）加大发挥数字技术的优势。加大数字技术在申报、保护与宣传中的作用，加大后疫情时代数字遗产研究。经过数十年的发展，数字化技术得到突飞猛进的发展，国际自然与文化遗产空间技术中心（International Centre for Space Technologies of Natural and Cultural Heritage under the Auspices of UNESCO, HIST）也在积极地进行 10 年的探索与实践。今天，数字化探测、分析、研究、储存及展示和利用基本形成框架，需要在 UNESCO 的统一规划下，促进数字遗产的发展。尤其是在后疫情时代，数字遗产必将大行其道。

（4）实现世界遗产保护的精准"扶贫"。给予不发达、落后地区或者对遗产管理经验欠缺的国家或地区的世界遗产申请、保护，在保护资金的投入、保护技术的支持以及管理人员的培训等方面，在 UNESCO 的协调下，与当事国家协商，共同努力，实现 SDG 11.4 目标。

亚欧非世界自然遗产地人为干扰监测与综合压力分析

对应目标

SDG 11.4：进一步努力保护和捍卫世界文化和自然遗产

对应指标

SDG 11.4.1：保存、保护和养护所有文化和自然遗产的人均支出总额（公共和私人），按遗产类型（文化、自然、混合、世界遗产中心指定）、政府级别（国家、区域和地方/市）、支出类型（业务支出/投资）和私人供资类型（实物捐赠、私人非营利部门、赞助）分列

实施尺度

亚洲、欧洲、非洲

案例背景

1972 年，UNESCO 正式通过了《保护世界文化和自然遗产公约》（*Convention Concerning the Protection of the World Cultural and Natural Heritage*），该公约旨在保护超乎国界具有突出普遍价值的地区；1976 年世界遗产委员会正式成立，并宣告督促各缔约国大力支持和发展世界遗产，共同为世界宝贵资源保护贡献各国力量，维护世界独特文化传统，保护世界生态平衡，打造美丽地球人类居住圈。联合国在其 2015 年通过的《变革我们的世界：2030 年可持续发展议程》中提出了 SDG 11.4 "进一步努力保护和捍卫世界文化和自然遗产"（UN, 2015）。目前的指标描述仅涵盖了人均支出、物资供应方面，却未能从人为生态压力的角度衡量遗产地的可持续状态。

在过去几十年，随着城市化进程的快速发展，人类活动对自然环境的影响越来越大。国内外学者对人为干扰（Human Disturbance, HD）的研究越来越多，主要集中在城市人为干扰研究，尺度上可达到全球尺度。目前，大部分的人为压力数据产品均以城市、人口密集区为主要地表特征进行生产，故人为压力指数（Human Disturbance Index, HDI）多以人口密度数据、夜间灯光数据等作为主要构建参数。

然而，对于以保护遗产地突出普遍价值特性为目的的自然遗产地而言，来自建筑用地

扩张、旅游开发、非法砍伐与放牧、非法采矿采气、偷猎等人类活动的人为压力无法通过人口密度、夜间灯光等参数进行准确的反演。亟须针对自然遗产的实际状况，制定评价自然遗产地人类活动的相关指数及评定方法。因此，本案例拟通过构建适用于自然遗产地特征的人为压力指数，进而分析自然遗产地的可持续发展状态与潜力。

鉴于此，本案例计算亚欧非 45 个森林主体类的世界自然遗产地 22 年的森林扰动数据集；构建符合自然遗产地特征的人为压力指数，进而建立遗产地综合评价因子，评估和分析亚欧非森林主体类自然遗产地可持续发展状态，服务 SDG 11.4 "进一步努力保护和捍卫世界文化和自然遗产"。

所用地球大数据

◎ 亚欧非 45 个森林主体类自然遗产地矢量边界数据；

◎ 1992～2015 年 30 m Landsat 数据；

◎ 基于 GEE 平台，计算生产的 1992～2015 年亚欧非 45 个森林主体类自然遗产地 30 m 森林损失数据集（Forest Cover Loss，FCL）；

◎ 1992～2015 年全球土地覆盖数据，ESA CCI 提供，空间分辨率 300 m；

◎ "亚欧非 45 个森林主体类自然遗产地 1992～2015 年 300 m 人为压力分布数据；

◎ 1993 年、2009 年、2016 年三期全球人为压力数据集。

案例背景

1. 确定适用于森林主体类自然遗产地的人为压力指数

本案例采用人为压力指数：

$$\text{HDI} = \sum_{i=1}^{m} \frac{S_i}{S} \times P_i$$

式中，m 为研究区内土地利用类型个数；S 为研究区总面积；S_i 为研究区内第 i 种土地利用类型的面积；P_i 为第 i 种土地利用类型的人为影响强度系数（即人为干扰指数）。以《世界遗产保护状况》（*State of Conservation of World Heritage Properties*）中统计的 1979～2013 年 130 个国家 469 个遗产地的 2642 份保护状况报告（State of Conservation Information System，SOC）的干扰因子数据统计为基础，参考大量国内外已发表有关城市、森林、湿地、世界遗产地等各方面人为干扰的文献。将文献中专家所给出的地表覆盖各类别的人为干扰指数与遗产地实际情况相结合，制定出符合评定以森林地表覆盖为主体特征的自然遗产地的人为影响强度系数。

2. 森林主体类自然遗产地可持续发展综合评价因子

案例构建自然遗产地综合评价因子 Z，用于评价自然遗产地人为干扰的综合强度。其主要构成参数分别为森林损失（FCL）、人为干扰（HD）数据和遥感生态指数（Remote Sensing Ecological Index, RSEI）。首先将所有参数标准化，然后将标准化的平均值用于后续计算。

$$x'=x-\mu/\delta$$

$$Z=1/4\left(FCL_i'+HD_i'+RSEI_i'\right)$$

式中，i 分别对应于遗产核心区域 H、一级缓冲区 B_1 和二级缓冲区 B_2；x 代表原始值；μ 代表各自的平均值；δ 代表各自的方差；FCL_i'，HD_i'，$RSEI_i'$ 分别是归一化值。其中，森林损失数据基于 1992～2015 年亚欧非森林主体类自然遗产地森林扰动数据集；RSEI 使用 1988～2017 年每个自然遗产地的生态质量变化数据。

结果与分析

本案例通过制定符合森林主体类自然遗产地特征的人为影响强度系数，结合 ESA CCI 1992～2015 年 300 m 全球土地覆盖数据产品，计算并生产了亚欧非 45 个森林主体类自然遗产地 1992～2015 年 300 m 人为压力分布数据集。其人为压力分布状态分别与 1993 年、2009 年两期全球人为压力数据产品（1 km）进行比对，整体变化趋势趋于一致（图 4.26）。

本案例通过构建并计算亚欧非 45 个森林主体类自然遗产地遗产区（核心区）、一级缓冲区（5 km）和二级缓冲区（10 km）的综合评价因子，对亚欧非五大经济带森林主体类自然遗产地可持续发展的综合压力强度进行了评估（图 4.27）。

自然遗产地的综合压力强度值越大，表示其受到的来自外界的人类干扰强度越大。研究发现，研究案例中 50% 的森林主体类自然遗产地的综合压力强度是正向的，这意味着 50% 的自然遗产地受到人类活动的干扰越来越大。

通过对亚欧非五大经济带森林主体类自然遗产地的对比分析发现：

（1）五大经济走廊中，2001～2017 年中国－中亚－西亚经济走廊中的自然遗产地森林损失面积逐渐减少，新亚欧大陆桥经济走廊中的自然遗产地森林损失面积在 2013 年后逐渐增加；海上丝绸之路和中国－中南半岛经济走廊森林损失面积一直呈增长趋势，总体森林损失程度较严重。74% 的自然遗产地在缓冲区的森林损失程度要高于遗产区，且一级缓冲区与二级缓冲区呈现同比例增长。

（2）亚欧非森林主体类自然遗产地中，73% 的自然遗产地人为干扰活动在 1993 ~ 2016 年逐渐增加；人为干扰活动较强的自然遗产地主要分布在海上丝绸之路和中国 – 中南半岛经济走廊，主要位于东南亚地区；其中 90% 的自然遗产地在缓冲区的人为干扰强度高于遗产区（核心区），且不同缓冲区之间的人为干扰相差较小。

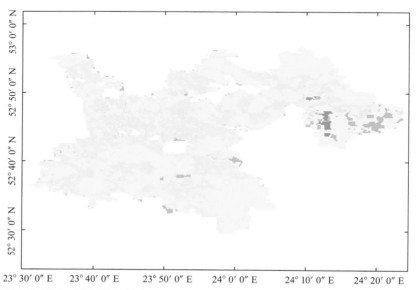

（a）白俄罗斯和波兰的比亚沃维耶阿森林（Białowieża Forest in Belarus and Poland ）自然遗产地 2000 年人为压力分布图

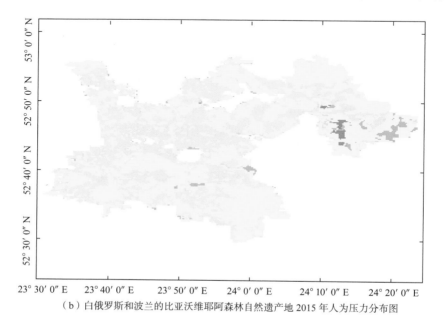

（b）白俄罗斯和波兰的比亚沃维耶阿森林自然遗产地 2015 年人为压力分布图

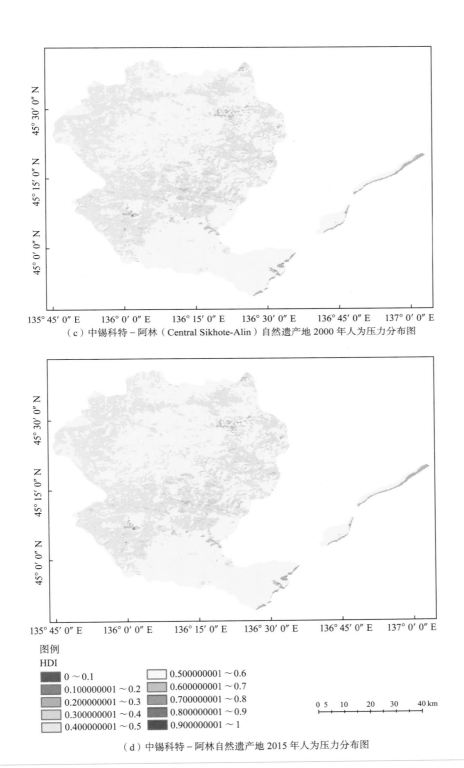

（c）中锡科特－阿林（Central Sikhote-Alin）自然遗产地 2000 年人为压力分布图

图例

HDI

■	0～0.1	□	0.500000001～0.6
■	0.100000001～0.2	■	0.600000001～0.7
■	0.200000001～0.3	■	0.700000001～0.8
■	0.300000001～0.4	■	0.800000001～0.9
■	0.400000001～0.5	■	0.900000001～1

0 5　10　　20　　30　　40 km

（d）中锡科特－阿林自然遗产地 2015 年人为压力分布图

图 4.26　部分森林主体类自然遗产案例地人为压力分布变化

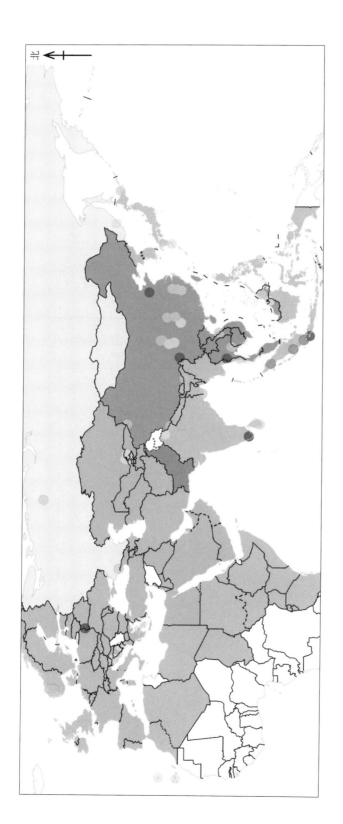

综合压力强度
- -2～-1
- -1～-0.5
- -0.5～0
- 0～0.5
- 0.5～1
- 1～2

中国-中亚-西亚经济走廊
中国-中南半岛经济走廊
中巴铁路沿线
中蒙俄经济走廊
新亚欧大陆桥经济走廊

图 4.27 部分森林主体类自然遗产地综合压力强度分布图

（3）印度尼西亚的苏门答腊热带雨林（Tropical Rainforest Heritage of Sumatra）自然遗产地综合影响强度为 1.85，是亚欧非地区受到影响最大的自然遗产地，远高于其他自然遗产地。结合 UNSECO 的报告进行验证，Tropical Rainforest Heritage of Sumatra 自然遗产地是亚欧非地区唯一进入濒危世界遗产名录的遗产地，其突出普遍价值（OUV）正受到严重的威胁。

成果要点

- 提出适用于评价自然遗产地人为干扰的人为压力指数。

- 亚欧非 45 个森林主体类自然遗产地 1992～2015 年 300 m 人为压力分布图。

- 亚欧非五大经济带森林主体类自然遗产地可持续发展综合评价分析。如人为干扰活动较强的自然遗产地主要分布在海上丝绸之路和中南半岛经济走廊，主要位于东南亚地区；根据沿线综合影响强度分布分析，人为干扰的综合影响强度值 $Z>0$ 的自然遗产地中有约 20 个自然遗产地需引起重视与保护。

讨论与展望

参考世界自然保护联盟（International Union for Conservation of Nature, IUCN）发布的《世界遗产展望 2》（*World Heritage Outlook 2*, WHO2）。在 WHO2 中，苏门答腊热带雨林（Tropical Rainforest Heritage of Sumatra）自然遗产地被列为"极其担忧"；比亚沃维耶阿森林（Białowieża Forest）、西高止山脉（Western Ghats）被列为"非常担忧"；综合影响强度较小的桑达班国家公园（Sundarbans National Park）、新疆天山（Xinjiang Tianshan）、武夷山（Mount Wuyi）等自然遗产地被列为"轻度担忧"。若以综合影响强度 $Z>0$ 的自然遗产地对标 WHO2 中的"轻度担忧"的标准，则亚欧非地区约 44.4% 的森林主体类自然遗产地的综合影响强度大于 0，即处于"轻度担忧"等级以上，此时与 IUCN 的 WHO2 匹配度达到 90%。因用于计算人为压力数据的土地覆盖数据分辨率为 300 m，为进一步精确计算各自然遗产地的综合压力强度，后期需利用 Landsat 等数据提高土地覆盖的分辨率。

此外，根据综合影响强度分布，亚欧非综合影响强度值 $Z>0$ 的自然遗产地中有约 20 个自然遗产地需引起重视与保护；同时，案例中每个遗产地 HDI 分布现状可为各自然遗产地管理部门后续的遗产地保护与决策提供参考。

本章小结

　　本次报告以 SDG 11 的 3 个技术类目标（SDG 11.2、SDG 11.3、SDG 11.4）为核心，面向亚欧非地区，发展了地球大数据支撑的指标评价模型和方法，实现了 SDG 11 多指标的动态、空间精细化、定量的监测与评估，为开展区域可持续发展指标动态监测和综合评价提供了有力的支撑。

　　在数据产品方面，自主生产了亚欧非 2015/2017/2019 年三期 10 m 分辨率城市路网产品；2015 年和 2018 年两期全球 10 m 分辨率不透水面产品；1997～2019 年 30 m 分辨率森林类世界自然遗产森林扰动数据集与人为干扰指数数据；2000 年和 2015 年各两期亚欧非世界遗产时空演变数据集和空间分布遥感专题图；2000 年和 2015 年两期归一化的城市建设用地、夜间灯光、人口格网数据；生产 1990～2018 年 30 m 分辨率亚欧非 1000 个（含中国）城市建成区数据集。

　　在方法模型方面，发展基于深度学习和多源遥感数据的路网提取方法；对 SDG 11 指标进行修改与扩展，进一步完善 SDG 11 指标体系。例如，针对世界文化遗产，提出新的城镇化强度指标；针对世界自然遗产，建立可定量评估自然遗产地人为压力状态的人为压力指标；优化了联合国中用于计算 SDG 11.3.1 的模型，解决人口分布与土地扩张数据之间耦合问题；基于地球大数据云服务平台研发 SDG 11.3.1 指标和亚欧非森林类世界自然遗产地人为压力指数在线计算工具。

　　在决策支持方面，为我国"一带一路"互联互通倡议提供决策支持；展示不同类型城市发展轨迹和历史经验，为城市发展和治理提供决策；为亚欧非世界遗产地时空分布格局、差异特征及其原因分析和保护对策提出建议；瞄准 4 个杠杆中的科学技术和 6 个切入点中的城市及周边发展，围绕公共交通（SDG 11.2.1）、城镇化（SDG 11.3.1）、文化遗产保护（SDG 11.4.1）共三个指标，在亚欧非或者典型地区通过地球大数据技术和手段，动态监测与评估亚欧非城市可持续发展进程，为城市可持续发展提供数据支撑和技术支持。

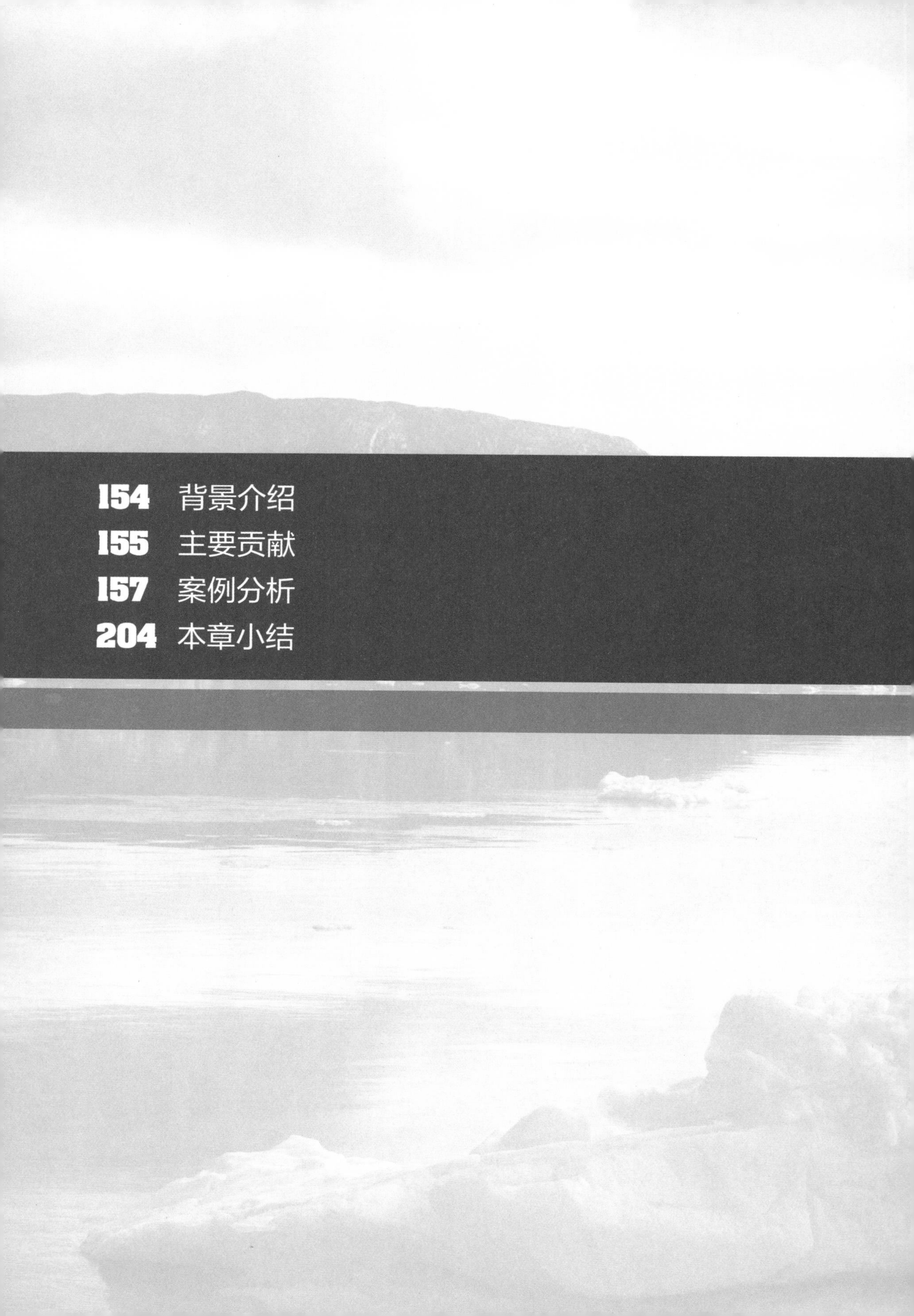

第五章

SDG 13 气候行动

背景介绍

　　为应对气候变化的影响，联合国可持续发展目标中，SDG 13 "采取紧急行动应对气候变化及其影响"（简称气候行动）的主要任务包括减少气候变化引起的灾害、降低气候变化的影响和提高应对能力。SDG 13 气候行动的实施并不是一个孤立的目标，对整个可持续发展目标的实现都具有重要影响。

　　本报告主要关注气候行动中 SDG 13.1 和 SDG 13.2 两个具体目标。SDG 13.1 "加强各国抵御和适应气候相关的灾害和自然灾害的能力"实施的基础是《仙台减灾框架》，其主要监管机构联合国防灾减灾署（United Nations Office for Disaster Risk Reduction, UNDRR）发布的报告中指出，气候变化已是灾害损失的主要影响因素。SDG 13.2 "将应对气候变化的举措纳入国家政策、战略和规划"实施的基础是《巴黎协定》。现有指标评估中往往都是统计数字，关于灾害种类、影响范围等情况，缺少详细的分析和空间数据，以及应对气候变化更多的指导和方案。两个具体目标涉及的指标均为 Tier Ⅱ。这些指标没有充分考虑到对地观测方法监测实施进展，急需对指标内涵进行扩充，拓展气候变化灾害、气候变化影响的空间分布信息，才能制定更明确的应对措施。

　　《中国应对气候变化的政策与行动 2019 年度报告》中指出，中国实施积极的应对气候变化国家战略，在调整产业结构、节能减排、国土绿化、增加碳汇等方面采取一系列措施。2018 年中国单位国民生产总值二氧化碳排放比 2005 年累计下降 45.8%，相当于减排 52.6 亿 t 二氧化碳。气候变化是人类需要长期面对的共同问题，其影响未来还将持续。中国以及世界其他地方，已经或即将受到气候变化的哪些影响，如何在气候变化背景下降低灾害损失、减少影响并实现可持续发展，都缺少有力的答案。本报告重点围绕 SDG 13.1、SDG 13.2 两个具体目标，通过地球大数据平台，为 SDGs 指标提供反映气候变化的方法模型、空间信息明确的数据产品、气候变化应对决策支持三个方面的贡献。

主要贡献

SDG 13 包含 8 个案例，对应 2 个具体目标和 1 个指标，主要涉及气候变化相关灾害、气候变化影响和应对两个主要方面。气候变化相关灾害方面，在以往统计数据基础上，增加了不同灾种（洪水、滑坡、火灾、沙尘暴）的高分辨率空间分布数据集；在气候变化应对方面，为高寒区冻土工程、中亚地区干旱、北极通航可行性、非洲沙漠蝗迁飞机制、全球森林碳循环等方面提供分析和应对策略。本报告将为人们更全面地理解气候变化的影响、减缓和应对气候变化带来的一系列问题提供新的方案（表 5.1）。

表 5.1　案例名称及其主要贡献

指标	案例	贡献
SDG 13.1.1 每 10 万人当中因灾害死亡、失踪和直接受影响的人数	亚/非/欧/大洋洲 2015～2019 年自然灾害影响及典型区对地观测评估方法对比	数据产品：形成遥感数据为主的灾害空间观测数据集 方法模型：对比传统的统计结果，利用对地观测手段客观评估国家尺度受灾情况和 SDG 指标
SDG 13.1 加强各国抵御和适应气候相关的灾害和自然灾害的能力	全球火烧迹地分布及变化	数据产品：目前最高空间分辨率的全球火烧迹地产品 方法模型：基于地球大数据和人工智能技术的自动化生产方法
	中亚沙尘源区近 40 年沙尘气溶胶排放年际变化及影响因素	数据产品：中亚沙尘暴强度分布数据集、沙尘颗粒物干沉降数据集 方法模型：基于大数据深度学习的沙尘暴强度提取 决策支持：为中亚国家减灾管理机构沙尘预警提供支持
SDG 13.2 将应对气候变化的举措纳入国家政策、战略和规划	全球森林碳收支与气候变化	数据产品：长时间序列森林碳收支数据集 决策支持：更为准确地评估出森林在调节全球碳平衡以及维护全球气候等方面中的碳汇作用
	高亚洲地区冻融灾害风险性评估	数据产品：2001～2019 年高时空分辨率的高亚洲地区冻融灾害评估数据集 方法模型：基于冻土指数权重分析和归一化方法 决策支持：为拟建冻土工程的设计和线路规划提供指导意见

续表

指标	案例	贡献
SDG 13.2 将应对气候变化的举措纳入国家政策、战略和规划	2019 年末非洲沙漠蝗灾成因分析及其未来可能风险	**数据产品：** 提供基于风云卫星的非洲沙漠蝗繁育区的高精度土壤水分产品 **方法模型：** 采用基于多输入变量（Fengyun-3C VSM、MODIS NDVI、位置和高程信息）和非线性拟合的人工神经网络模型，获取区域尺度的高精度土壤水分 **决策支持：** 为 2020 年初非洲沙漠蝗的发生、影响和未来可能的发展趋势的分析判断提供数据支持
	北极东北航道通航能力可持续发展评估	**数据产品：** 北极航道最优通航路径产品 **方法模型：** 北极航道最优通行航线算法 **决策支持：** 为北极航道通航路径规划及航道开发等规划提供决策参考
	亚洲中部地区气象干旱事件监测	**数据产品：** 综合考虑降水和蒸发作用的标准化干旱指数 SPEI 长序列数据产品 **方法模型：** 提出基于经度 - 维度 - 时间的三维聚类干旱事件识别算法评估模型 **决策支持：** 实现典型干旱事件动态监测及影响追踪，为政府制定预防和减灾措施提供决策支持

案例分析

亚/非/欧/大洋洲2015~2019年自然灾害影响评估

对应目标

SDG 13.1：加强各国抵御和适应气候相关的灾害和自然灾害的能力

对应指标

SDG 13.1.1：每10万人当中因灾害死亡、失踪和直接受影响的人数

实施尺度：

亚洲、非洲、欧洲、大洋洲国家

案例背景

　　基于紧急灾难数据库（Emergency Events Database, EM-DAT）完成了 SDG 基准年 2015 年至 2019 年 SDG 13.1.1 指标的灾害信息空间化工作。提出了基于趋势分析的 SDG 13.1.1 指标变化情况估算新方法，对灾害数据库中数据较为全面的 72 个国家，从时间维、空间维、重要节点、重点区域等监测了 SDGs 议程开展后全球受灾害影响人口的变化情况。

　　在亚洲 / 非洲 / 欧洲 / 大洋洲灾害典型区（东亚、东南亚），生产 2015 ~ 2019 年国家尺度自然灾害（洪涝、滑坡、泥石流、火灾等）产品，并与统计数据对比研究 2015 ~ 2019 年灾害发展趋势。分析对地观测数据、统计上报数据的优缺点。

所用地球大数据

◎ 2015 ~ 2019 年 EM-DAT 统计数据；

◎ 2015 ~ 2019 年覆盖尼泊尔卫星观测数据（Landsat 为主）；

◎ 2015 ~ 2019 年覆盖澳大利亚火灾观测数据（MODIS、FY）；

◎ 2015 ~ 2019 年覆盖巴基斯坦卫星观测数据（Sentinel-1、Landsat）；

◎ 其他辅助数据（全球 SRTM DEM、全球土地覆盖分类结果 GlobeLand30）。

方法介绍

在 SDG 13 中，关于具体目标 SDG 13.1 "加强各国抵御和适应气候相关的灾害和自然灾害的能力"，其衡量指标如下：每 10 万人当中因灾害死亡、失踪和直接受影响的人数。

$$SDG_{13.1.1} = \frac{A_2 + A_3 + B_1}{人口总数} \times 100\,000$$

式中，A_2 为因灾死亡人数；A_3 为因灾失踪人数；B_1 为因灾直接影响人数。

目前的 SDG 13.1.1 的计算方法，在开展指标计算时仅仅考虑当前年份的灾害数据，并未考虑到自然灾害的突发性因素带来的个别年份数据异常（CRED, 2018; CRED, 2019）。因此，针对这一问题，项目团队提出对 SDG 13.1.1 指标进行 Theil-Sen Median 趋势分析（Birkes and Dodge, 1993）。将 SDG 13.1.1 指标分为 2000～2015 年和 2000～2019 年两个时间段进行检验，并将得出的数值取差值从而判断 SDG 13.1.1 指标的趋势，进而得出不同时间段防灾减灾的效果。具体方法如下所示。

1）SDG 13.1.1 时序重构

对各年份的 SDG 13.1.1 值采用累积的方式进行替代重构，具体公式如下所示。

$$RSDG\,13.1.1_i = \sum_{i=a}^{i} RSDG\,13.1.1_i$$

2）两个时段的 Theil-Sen Median 趋势分析

Theil-Sen Median 趋势分析公式如下所示。

$$S = \text{mean}\left(\frac{x_j - x_i}{j - i}\right) \forall j > i$$

分别对 2000～2015 年 RSDG 13.1.1 序列、2000～2019 年 RSDG 13.1.1 序列进行趋势分析，其结果分别记为 $S13.1.1_{2015}$ 和 $S13.1.1_{2019}$。

3）计算 2015～2019 年趋势变化程度

$$\Delta S13.1.1 = S13.1.1_{2015} - S13.1.1_{2019}$$

如果 $\Delta S13.1.1$ 大于 0，表明 2000～2019 年 SDG 13.1.1 指标（每 10 万人受灾影响人数）在变好；如果 $\Delta S13.1.1$ 小于 0，表明 2000～2019 年 SDG 13.1.1 指标（每 10 万人受灾影响人数）在变差。

结果与分析

1. 亚 / 非 / 欧 / 大洋洲国家 2015 ～ 2019 年自然灾害总体情况

2015 ～ 2019 年,部分国家自然灾害类型多样(DBAR, 2017),主要包括干旱、地震、高温、洪涝、滑坡、台风 / 热带风暴、火山活动和森林火灾八大类。依据 EM-DAT 2015 ～ 2019 年自然灾害统计数据,对亚 / 非 / 欧 / 大洋洲国家八类自然灾害发生情况及损失情况进行了详细分析,结果如下:发生频次最高的为洪涝,自 2015 年以来累计报道 390 次;其次为台风,累计报道 251 次。造成死亡人口最多的灾害类型为地震,自 2015 年以来,累计死亡人口达到 14 922 人;其次为洪涝、高温灾害,死亡人口分别达到 11 475 人、8719 人。灾害影响方面,干旱和洪涝是影响人口最多的自然灾害,分别累计影响人口 4.23 亿人、1.29 亿人。造成财产损失最多的自然灾害为台风 / 热带风暴,2015 ～ 2019 年共造成的财产损失达到 803.4 亿美元;其次是洪涝和地震,分别灾损 572.9 亿美元和 397.2 亿美元(图 5.1)。

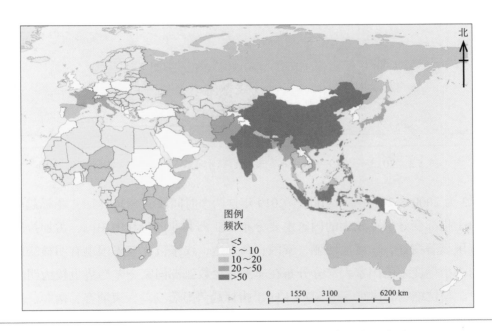

图 5.1　2015 ～ 2019 年亚 / 非 / 欧 / 大洋洲灾害频次示意图

2. 亚 / 非 / 欧 / 大洋洲国家 2015 年与 2019 年 SDG 13.1.1 变化情况

SDG 13.1.1 为每 10 万人当中因灾害死亡、失踪和直接受影响的人数。本案例以此为计算标准,从自然灾害的种类,发生频次,因灾死亡、失踪及受影响人数等对 2015 ～ 2019 年亚 / 非 / 欧 / 大洋洲国家受灾情况进行了详细的统计分析,进而计算出相应国家的 SDG 13.1.1 指标。

通过图 5.2 可以看出，2015～2019 年 SDG 13.1.1 指标变差的国家以亚洲和非洲国家为主，大洋洲斐济和巴布亚新几内亚两个岛国受 2019 年地震灾害频发影响，SDG 13.1.1 指标变差也较为明显。2015～2019 年 SDG 13.1.1 指标变好较多的国家也全部为亚洲和非洲国家，说明这些国家在灾害防御和减少损失方面付出了很大的努力，2019 年灾害情况较 2015 年来说有所好转。

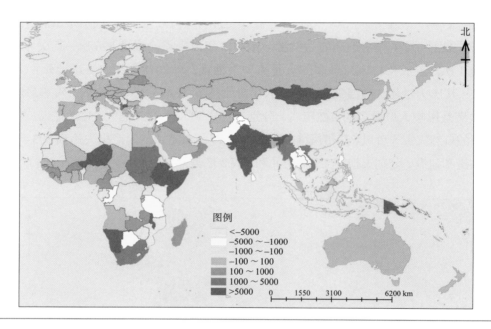

图 5.2　2015～2019 年亚/非/欧/大洋洲国家 SDG 13.1.1 指标变化图

　　图 5.3 为 2000～2015 年和 2000～2019 年这两个时间段的 SDG 13.1.1 指标趋势分析。SDG 13.1.1 指标变好幅度较大的国家主要分布在亚洲和非洲，其中中国、孟加拉国、塔吉克斯坦等国显著变好，印度尼西亚、泰国、乌干达、埃塞俄比亚等国也有明显变好趋势；SDG 13.1.1 指标变差的国家大部分分布在非洲，少数亚洲国家变差趋势也较为明显，其中纳米比亚、马拉维、菲律宾等国 SDG 13.1.1 指标趋势显著变差，柬埔寨、南非、尼泊尔、塞内加尔等国 SDG 13.1.1 指标趋势也有显著变差。绝大多数欧洲国家 SDG 13.1.1 指标变化趋势不显著。

3. 典型国家 2015 年与 2019 年灾害遥感评估结果

1）尼泊尔 2015～2019 年滑坡灾害监测

2015～2019 年滑坡多集中发生于尼泊尔中东部山区。2015 年由于其发生 8.1 级特大地震，山地区域发生了大量滑坡。由于地质条件的改变，2016 年和 2017 年也发生了较多的滑坡。

同时，2017 年在尼泊尔和印度边界处发生了较多滑坡。2018 年和 2019 年滑坡较少。EM-DAT 只记载了 2015 年两起引起死亡的滑坡和 2017 年一起引起死亡的滑坡（图 5.4）。

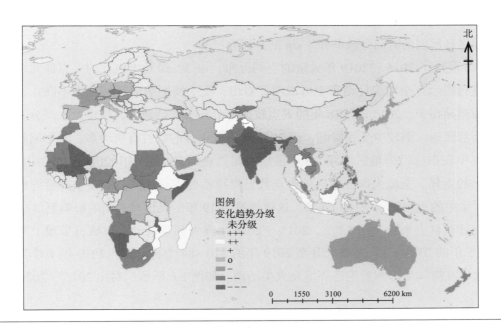

图 5.3 2015～2019 年 73 个国家 SDG 13.1.1 指标变化趋势图

注：＋＋＋表明 SDG 指标显著变好，＋＋表明 SDG 指标明显变好，＋表明 SDG 指标变好，O 表明 SDG 指标变好不明显；－表明 SDG 指标变差；－－表明 SDG 指标明显变差；－－－表明 SDG 指标变差显著

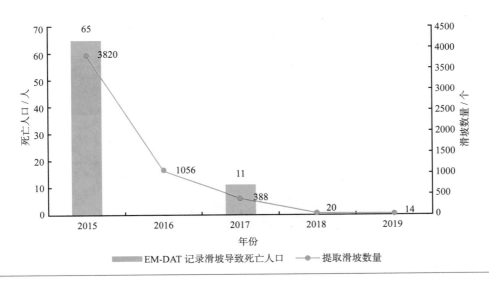

图 5.4 2015～2019 年尼泊尔滑坡提取结果与统计结果对比

2）2015～2019年澳大利亚林火情况监测

近期澳大利亚发生了持续、猛烈的大范围火情。在诸多卫星遥感数据中，我们借助国产风云卫星 FY-3D/MERSI-Ⅱ 的全球火点监测产品（Global Fire Reference, GFR）对澳大利亚地区 2015～2020 年春（9～11月）夏（12～2月）两季的火情发展情况进行了分析。该数据提供日尺度的时间分辨率和 1 km 的空间分辨率。

图 5.5 显示了 2015～2019 年火情的空间分布，以 2° 像元内包含的火点像元统计数目为结果进行展示。全境统计结果上可以明显看出，受火情影响的区域范围不断扩大。空间分布上的差异在于，2015～2018 年的火点较多地分布于北部地区，城市及人口分布相对密集的东部沿海地区则较少受到影响；而 2019 年不仅火点的数目有所增多，其影响的范围也更多地集中在东部沿海地区。图 5.5 中最后一幅图更清晰地展现出 2019 年与 2015 年在火点分布上的差异。全境大部分地区的火点数目保持不变或有减少，而在东部沿海地区则出现了相对集中的火点数目增加的现象，这也使得 2019 年的火情对人类的影响更加显著。

从统计数目上来看（图 5.6），2015～2019 年澳大利亚活动火点数目呈现上升的趋势（从 2015 年的 239 462 个火点上升至 2019 年的 310 484 个火点）。2019 年 9 月起持续数月的大火也在持续地影响着生态环境及人类活动。如图 5.6 所示，对比 2015～2020 年第一

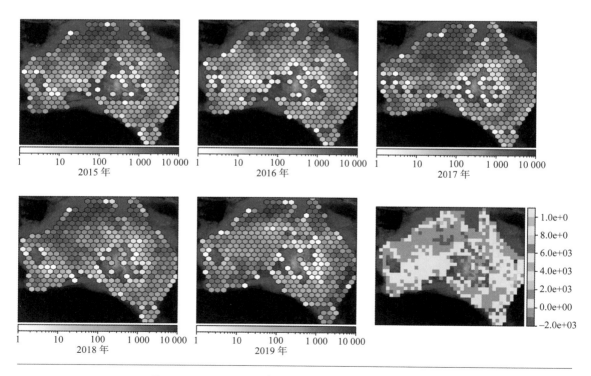

图 5.5 2015～2019 年澳大利亚火点逐年空间分布图

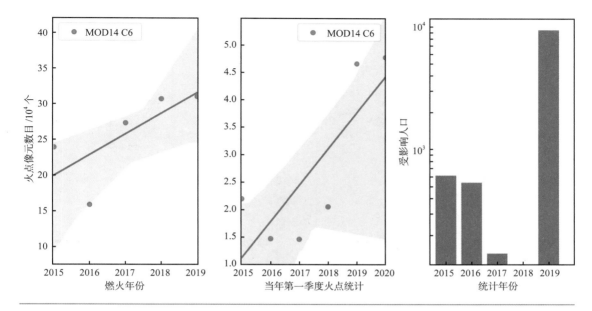

图 5.6   2015 ～ 2019 年澳大利亚火点数目统计变化

季度的火点数目可以发现，2020 年第一季度仍然受 2019 年大火的持续影响，火点数目（47 866 个）甚至达到 2015 年第一季度的 2.17 倍。参考 EM-DAT 中的统计结果，2015 ～ 2019 年发生的较大规模的火灾有 7 起。其中 2015 年 11 ～ 12 月的火情持续时间短但火势凶猛，11 月 25 ～ 28 日和 12 月 19 ～ 26 日的两次火情共计造成 3000 万美元的财产损失。2019 年 9 月至 2020 年 2 月的火情则长久持续地影响着人类活动，目前据统计已造成约 5 亿美元的损失，生态环境的损失则仍需要后续详细评估。

  3）2015 ～ 2019 年巴基斯坦洪涝灾害情况监测

  针对巴基斯坦全国，构建洪水提取模型，提取巴基斯坦境内 2015 年、2019 年的洪水淹没区。使用 Sentinel-1 SAR GRD（Ground Range Detected）数据、SRTM DEM 数据提取洪水，使用巴基斯坦全国土地覆盖分类图排除洪水提取干扰项，再以 Landsat-8 数据辅助验证，图 5.7 为 2015 年、2019 年巴基斯坦洪水提取结果。

  从 2015 年和 2019 年的洪水空间分布图上可以看出，巴基斯坦的洪水主要发生在东部的旁遮普省和信德省，西北部的开伯尔－普什图省也遭受到洪水不同程度的破坏。2015 年 7 月以来，巴基斯坦发生大范围洪涝灾害，受灾区域面积为 54 289.13 km²，约占国土面积的 6.16%。已造成至少 207 人死亡，157 人受伤，逾 137 万人受到影响，累计经济损失约 3.3 亿美元。相比 2015 年，2019 年洪水面积不断扩大，进一步蔓延到旁遮普省的东部边缘。洪水淹没面积 102 351.50 km²，占到国土总面积的 11.62%。截至 2019 年 8 月底的官方统计数据显示，在此次洪水事件中，约 225 人死亡，166 人受伤，经济损失尚未完全统计。

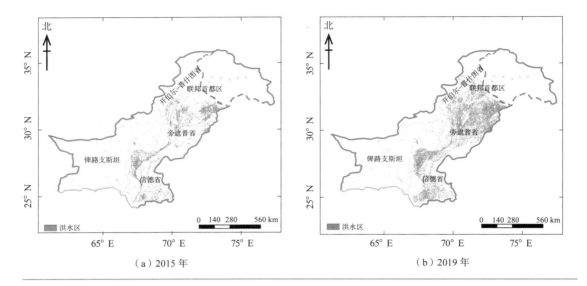

（a）2015 年　　　　　　　　　　　　　　　　（b）2019 年

图 5.7　巴基斯坦洪水空间分布图

　　根据实际的人员伤亡数据，可以明确得出 2019 年的洪水泛滥更为严重。然而 EM-DAT 中并未详细记录 2019 年巴基斯坦的受灾面积等信息，在这样的条件下，遥感技术的大尺度、准实时的对地观测特点，使得区域性的洪水变化准确监测成为可能。

成果要点

- 2015～2019 年，亚洲和非洲是受到自然灾害影响最严重的地区，其中非洲死亡人口最多（5435 人），亚洲受影响人口（6 亿人次）和财产损失（1946.4 亿美元）最高。

- 对比 2015～2019 年亚/非/欧/大洋洲国家 SDG 13.1.1 指标的变化情况，亚洲和非洲地区指标有所好转，个别国家受自然灾害频发的影响，指标略有升高。

- 对比对地国家尺度自然灾害（洪涝、滑坡、泥石流、火灾等）产品与统计数据库产品，两个产品在整体灾害趋势估计上较为一致；对地观测产品能够提供更为准确及时的灾害面积评估。

讨论与展望

根据 2015～2019 年数据分析，亚洲地区需要进一步加强自然灾害的防御能力。整体来看，2015～2019 年发达国家受灾害影响程度较低，而发展中国家及欠发达国家则需承受灾后巨大的人口伤亡和经济损失。因此，对于灾害发生频次高、伤亡人数多的国家，应大力发展本国的经济，配合联合国减灾政策，提高本国防灾减灾的能力，这样可以有效消减自然灾害对经济与社会发展的影响。自然灾害影响着亚 / 非 / 欧 / 大洋洲的整体发展，各国之间需加强区域合作，积极应对灾害（Guo, 2017）。

对比 SDG 13.1.1 的逐年估算方法和时间段趋势分析方法，趋势分析法对个别年份异常灾害数据具有一定的规避效果，可以更为科学地对 SDG 13.1.1 的指标变化进行估计。

对比对地国家尺度自然灾害（洪涝、滑坡、泥石流、火灾等）产品与统计数据库产品，两个产品在整体灾害趋势估计上较为一致；对地观测产品能够提供更为准确及时的灾害面积评估。在整个亚太地区，仍然需要对灾害损失数据库和能力建设加强投资，以满足未来的数据要求。

全球火烧迹地分布及变化

对应目标
SDG 13.1：加强各国抵御和适应气候相关的灾害和自然灾害的能力

实施尺度：
全球

案例背景

　　SDG 13.1 对应的目标为"加强各国抵御和适应气候相关的灾害和自然灾害的能力"，森林和草原火灾是一种常见的灾害形式，火灾的发生与气温、降水和可燃物等因素直接相关。在全球气候变化背景下，火灾与气候变化有着密切的关系，气候变化引起的极端高温和干旱是导致特大火灾的重要驱动因素。近十年来，亚马孙河流域林火更加频繁多发，引发人们对这片"地球之肺"未来可持续性的担忧（Xu et al., 2020）。火烧迹地能够反映火灾的空间分布特征。卫星遥感技术为全球火烧迹地动态监测提供了有效的技术手段，现有的全球火烧迹地遥感产品以中低空间分辨率为主（Giglio et al., 2018），较低空间分辨率的火烧迹地产品往往会漏掉面积较小的火烧斑块，同时在火烧迹地位置确定和面积量算上也存在较大误差。为加强各国抵御和适应气候相关的火灾的能力，需要开展全球火灾的高精度监测并分析火灾空间分布和变化与气候变化的关系。本案例利用地球大数据和人工智能方法，研发 2015 年和 2019 年全球高分辨率（30 m 分辨率）火烧迹地产品，为全球火灾精准监测提供数据支撑。本案例从全球、各大洲等不同角度分析火烧迹地的空间分布规律、影响因素及变化特征，并选择 2019 年南美洲亚马孙河流域火灾和澳大利亚火灾等广受关注的重大火灾事件开展分析。

所用地球大数据

◎ 2014 年、2015 年、2018 年和 2019 年全球陆地卫星时间序列地表反射率数据，空间分辨率 30 m；

◎ 2014 年、2015 年、2018 年和 2019 年全球植被连续场（MODIS Vegetation Continuous Fields）数据，空间分辨率 250 m；

◎ 2015 年和 2018 年 MODIS 地表覆盖数据，空间分辨率 500 m；

◎ 中巴资源卫星 -4 MUX（Multispectral Camera, 多光谱相机）数据，空间分辨率 20 m；

◎ 高分 -1 WFV（Wide Field of View, 宽幅覆盖）数据，空间分辨率 16 m。

方法介绍

在全球高精度样本库基础上，基于 Landsat-8 等时序卫星地表反射率数据和火烧迹地敏感光谱参量，利用机器学习算法（随机森林模型）进行样本训练和学习，得到火烧迹地识别规则和疑似火烧迹地种子点。对疑似火烧迹地种子点进行多重过滤和优化，得到确定的火烧迹地种子点，在其周围进行区域生长，生成最终的火烧迹地产品。利用随机分层抽样和多源数据对全球火烧迹地产品进行精度验证和评估。验证结果表明全球火烧迹地产品的 OA 为 93.92%（Long et al., 2019; Zhang et al., 2020）。

结果与分析

2015 年和 2019 年全球火烧迹地空间分布如图 5.8 所示。在全球尺度上，火烧迹地的空间分布较为分散，相对集中的分布区域主要包括非洲中部和南部、澳大利亚北部、南美洲中南部等，这些区域大多位于赤道附近，气候炎热、可燃物充足，干季时间长，火灾易发。

2015 年和 2019 年全球及各大洲火烧迹地的面积统计数据如表 5.2 所示。非洲火烧迹地面积最大，2015 年和 2019 年其面积分别为 270.12 × 10⁴ km² 和 274.07 × 10⁴ km²。

从 2015 年和 2019 年火烧迹地变化来看，2015 年和 2019 年全球火烧迹地总面积分别为 367.45 × 10⁴ km² 和 365.66 × 10⁴ km²，总面积基本稳定，而各大洲火烧迹地变化情况差异显著。在火烧迹地的重点分布区域中，非洲 2015 ～ 2019 年火烧迹地变化不明显，南美洲 2019 年火烧迹地面积显著大于 2015 年，增幅达到 22.32%，大洋洲 2015 ～ 2019 年火烧迹地的空间分布格局发生了较显著的变化。以下重点针对南美洲和大洋洲开展 2015 ～ 2019 年火烧迹地变化分析。

2019 年南美洲火烧迹地增加主要发生在南美洲中部的亚马孙河流域（图 5.9），与 2019 年亚马孙森林大火相关。亚马孙森林是人类的宝贵财富，在调节气候、维持全球碳收支平衡等方面发挥着极其重要的作用。通过将 2018 年亚马孙河流域森林覆盖图和 2019 年火烧迹地分布图叠合，发现 2019 年亚马孙河流域森林火烧迹地面积为 5.58 × 10⁴ km²。

2015 ～ 2019 年大洋洲火烧迹地的空间分布格局发生了较显著的变化。从图 5.8 中可以看出，2015 年火烧迹地主要分布在澳大利亚北部，该地区位于热带，气候炎热、可燃物充足，常年火灾多发，以草地和灌丛火为主，人口稀少，当地生态系统已经适应了自然火灾与传统土著土地管理实践下的频繁火灾。而 2019 年澳大利亚东部沿海和东南沿海的火烧迹地明显增多，这些地区是澳大利亚主要的森林分布区以及城市和人口分布区，在历史上并

（a）2015 年

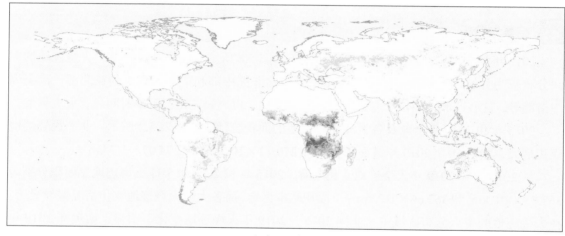

（b）2019 年

密度 / %

☐ 1 ~ 20 ☐ 20 ~ 40 ☐ 40 ~ 60 ☐ 60 ~ 80 ☐ 80 ~ 100

图 5.8 全球火烧迹地分布图

表 5.2 全球及各大洲火烧迹地面积 （单位：10^4 km^2）

年份	非洲	大洋洲	南美洲	亚洲	欧洲	北美洲	全球
2015	270.12	32.26	19.89	26.31	11.26	7.61	367.45
2019	274.07	30.00	24.33	25.99	6.69	4.58	365.66
相对变化率 /%	1.46	−7.01	22.32	−1.21	−40.59	−39.82	−0.49

非火灾多发区。澳大利亚气象局的观测记录表明，受气候变化等的影响，新南威尔士州等地区 2019 年的气温为有记录以来最高的，并且发生了严重的干旱。气候变化引起的极端高温和干旱是导致 2019 年该地区罕见森林火灾的重要驱动因素。罕见火灾对澳大利亚稀缺的森林资源、野生动物和人民生活造成了严重影响。

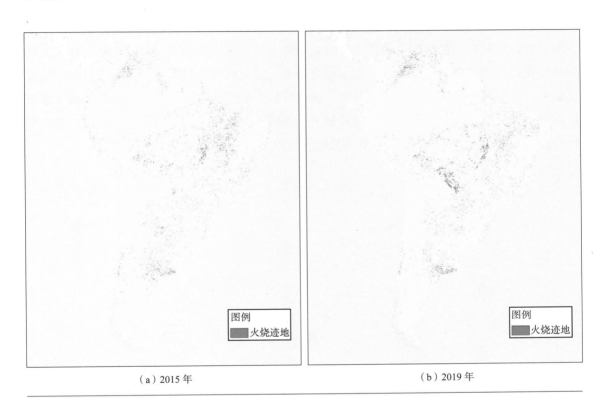

（a）2015 年　　　　　　　　　　　　（b）2019 年

图 5.9　南美洲火烧迹地分布图

成果要点

- 在全球尺度上，火烧迹地相对集中的分布区域主要包括非洲中部和南部、澳大利亚北部、南美洲中南部等。

- 2015 年和 2019 年全球火烧迹地面积相近，其中南美洲 2019 年火烧迹地变化显著，面积增加达到 22%。

- 气候变化引起的极端高温和干旱是导致 2019 年澳大利亚东部和东南沿海罕见森林火灾的重要原因。

讨论与展望

　　本案例利用地球大数据和人工智能方法快速、自动化地生产 2015 年和 2019 年全球火烧迹地产品。今后，将发布长时间序列高空间分辨率火烧迹地产品，在更长的时间尺度上研究全球气候变化与火灾的关系。气候变化引起的极端高温和干旱是导致火灾的重要驱动因素，未来应加强对气候变化引起的极端高温和干旱等的监测，针对极端高温和干旱等出现的地理区域和时间段采取有效的森林保护和防火措施来有效减缓气候变化和森林火灾之间的正反馈压力；极端气候事件（厄尔尼诺现象、拉尼娜现象等）对全球降水分布产生显著影响，进而影响全球火灾的空间分布，通过分析火烧迹地长时序动态变化与极端气候事件等的响应关系，厘清全球气候变化背景下气候因子对火灾发生发展的作用机制，为火灾预测预警及加强各国抵御和适应气候相关的火灾的能力等提供决策依据。

中亚沙尘源区近40年沙尘气溶胶排放年际变化及影响因素

对应目标

SDG 13.1：加强各国抵御和适应气候相关的灾害和自然灾害的能力

实施尺度：

中亚地区

案例背景

联合国 2015 年提出的《变革我们的世界：2030 年可持续发展议程》中涵盖了 17 项可持续发展目标和 169 项具体指标，其中 SDG 13.1 "加强各国抵御和适应气候相关的灾害和自然灾害的能力"是重要的 SDGs 目标之一。许多国家已开始针对各种冲击加强本国的抵御能力，如建立早期预警系统以预测自然灾害、将气候安全问题纳入国家发展政策、投资社会保护系统等。但是仍需要更多的工作来实施应对措施，以进一步加强各国的抵御能力，并将脆弱的人类系统转化为更可持续的系统。沙尘暴作为重要的灾害之一，其对人类经济和生产生活影响巨大。沙尘气溶胶是形成沙尘暴的重要沙尘源，其与环境、天气和气候的变化联系密切。沙尘气溶胶可通过吸收和散射大气长波辐射改变全球辐射收支平衡，沙尘事件发生时空气中可吸入颗粒浓度剧增，能见度降低，对人类的生命健康及交通安全构成极大的威胁（Wu et al., 2018）。

影响中亚沙尘气溶胶排放的动力机制主要是气旋活动。冬春季的沙尘排放与来自西北、北、东北方向的冷空气入侵有关（Orlovsky et al., 2005），而夏季的沙尘排放主要受由里海高压和兴都库什山脉低压之间的压强梯度形成的 Levar 风的驱动（Kaskaoutis et al., 2016, 2017）。尽管已有研究指出较多大气因子与中亚的沙尘变化机制相关，但是一些大气循环系统和中亚沙尘排放的相关性仍存在争议，且此相关性的动力机制仍未得到全面阐述。另外，中亚地区地面观测数据较少，对中亚沙尘事件的研究相对于北半球其他典型沙尘源区（如北非、中东、东亚等）较为匮乏。

中亚各国时常遭受沙尘暴的侵扰，尤其是咸海的退化以及灌溉系统的建立，直接导致了此区沙尘气溶胶排放源的增加（Micklin, 2007）。增强对中亚沙尘变化趋势及其影响因素的研究对中亚沙尘事件的治理以及区域经济的发展具有重要意义。因此，本案例依托地球观测大数据的优势，利用多源的长时间序列数据分析了中亚沙尘事件近 40 年的变化趋势及其与地表条件、温度、大气指数的联系。厘清沙尘排放的年际变化趋势以及与此变化密切相关的影响因子，有助于决策者对未来的沙尘暴灾害进行预判，并根据各影响因子的重要性水平有针对性地制定沙尘防控措施，从而为 SDG 13.1 的实现提供支持。

所用地球大数据

◎ 沙尘数据：MERRA-2 的 1980～2019 年逐月沙尘气溶胶排放数据，空间分辨率 0.625°×0.5°（经度 × 纬度）（Gelaro et al., 2017）。

◎ 气象数据：ECMWF 1980～2019 年逐月 1000 hPa、850 hPa 和地面 10 m 的风速和压强，空间分辨率 0.5°×0.5°（Stickler et al., 2014）；东英吉利大学气候研究实验室的 1980～2019 年逐月干旱指数（Self-Calibrated Palmer Drought Severity Index, ScPDSI），空间分辨率 0.5°×0.5°。

方法介绍

根据中亚地区 1980～2019 年沙尘排放平均值的空间分布，定义沙尘排放高于非沙尘源区（沙尘排放为背景值，可从沙尘排放空间分布图中清晰地看出背景值分布的地区，即非沙尘源区）沙尘排放的地区为沙尘源区，本案例选取极大值所在的源区为研究区（主要沙尘源区）。

基于长时间序列数据时序对比的方法从年际尺度分析中亚主要沙尘源区 1980～2019 年尤其是 2015～2019 年的沙尘气溶胶排放的变化规律，使用相关性分析方法研究大气压强梯度、干旱指数对近年来沙尘气溶胶排放的影响。

其中分析的压强梯度指数包括：

（1）里海平均海平面压强（CasMSLP）：里海的平均海平面压强异常。

（2）哈萨克斯坦平均海平面压强（NWKMSLP）：哈萨克斯坦西北部的平均海平面压强异常。

（3）里海—兴都库什山脉压强指数（CasHKI）：里海的平均海平面压强异常 – 兴都库什山脉的平均海平面压强异常。

（4）哈萨克斯坦西北部—兴都库什山脉压强指数（NWKHKI）：哈萨克斯坦西北部的平均海平面压强异常 – 兴都库什山脉的平均海平面压强异常。

南北温度异常的差异为：贝加尔湖（70°E～120°E、44°N～64°N）的地表温度异常 – 其南部（70°E～120°E、24°N～44°N）的地表温度异常。

结果与分析

　　结果显示，中亚沙尘源区主要集中在里海东北沿岸的 Sor Mertvyy Kultuk（SMK）盐沼、乌斯秋尔特高原（Ustyurt Plateau, UP）、阿拉尔库姆沙漠东南部（Southeast of Aralkum, SA）、南里海东部沿岸（Eastern Shore of the Southern Caspian, ESC）、中部卡拉库姆沙漠（Central Karakum desert, CK）以及卡拉库姆沙漠北支的跨 Unguz 卡拉库姆沙漠（Trans-Unguz Karakum desert, TK），如图 5.10 所示。SMK 和 UP 的沙尘排放集中在 2～6 月；SA 和 TK 的集中在 4～9 月；CK 是中亚最典型的一个沙尘源，其沙尘排放集中在 2～4 月；ESC 的集中在 8～10 月（图 5.11）。

　　从年际尺度来看，图 5.12 显示 6 个沙尘源区的沙尘排放有 2 个极大值区间，分别是 1982～1986 年和 1993～2003 年。但是对于 ESC 地区，其从 1996 年呈增加趋势（Shi et al., 2019）。近年来，各沙尘源区的沙尘排放在 2015 年较前一年增加，而后呈下降趋势，且 2019 年相对于 2018 年下降幅度较大。除 ESC 和 CK 两个沙尘源区外，其他源区 2015～2019 年沙尘排放的平均水平低于两个极大值区间的平均水平，表明中亚大部分地区的沙尘气溶胶污染问题呈向好发展态势。

　　对于影响此年际变化的大气因素，图 5.13（a）表明哈萨克斯坦西北部与兴都库什山脉之间的压强梯度指数（NWKHKI）与 SA、TK、ESC、SMK 地区的排放趋势有显著的相

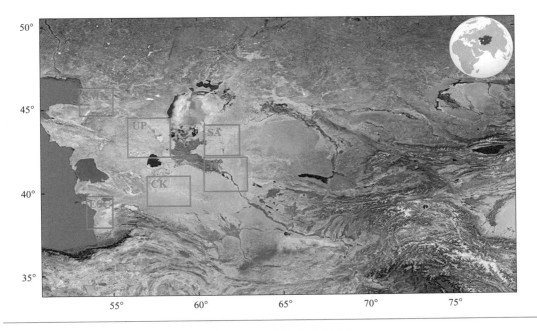

图 5.10　中亚主要沙尘源区

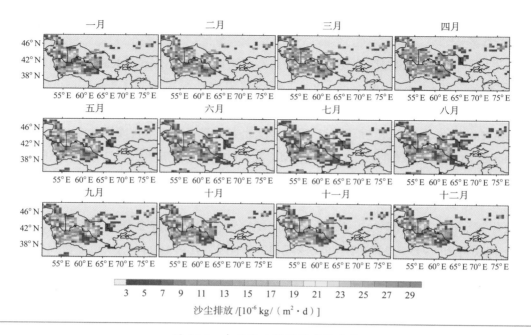

图 5.11　中亚沙尘排放的季节变化

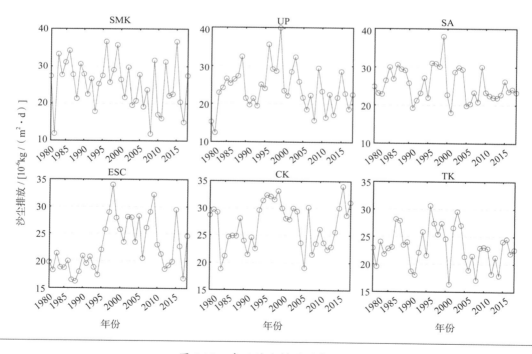

图 5.12　中亚沙尘排放的年际变化

关性。本案列分析了各源区近地表风速与此压强梯度指数的相关性，结果表明两者具有显著的相关性（通过 99.9% 显著性检验），此结论进一步证明了哈萨克斯坦西北部与兴都库什山脉之间高的压强差主要通过形成强的北风和东北风而促进沙尘排放，另外，干旱指数 scPDSI［图 5.13（b）］、44°N～46°N 和 24°N～44°N 之间的温度异常以及北大西洋涛动 / 北极涛动指数（NAO/AO）（相关性通过 99% 显著性检验）都对研究区沙尘排放的年际趋势有显著影响。由于不同沙尘源区对这些因子引起的变化的响应不同，各沙尘源区与这些影响因子的相互作用存在差异（Shi et al., 2019）。需要强调的是，气候条件只是影响沙尘气溶胶排放的部分因素，人类活动的影响也起着重要作用，但不在本案例研究范围之内。

中亚沙尘气溶胶排放极大值区间（1982～1986 年和 1993～2003 年）与持续强干旱出现的时期（1982～1986 年和 1994～2001 年）具有较高的一致性。近年来（2015～2019 年），ESC 和 CK 地区仍处于持续干旱时期，相应地，此区域的沙尘气溶胶排放也维持在较高水平。除此之外，CK 地区夏季受哈萨克斯坦西北部高压与兴都库什山脉低压之间的压强梯度指数（NWKHKI）的影响较大，此指数在 2015～2019 年呈增加趋势，两压强系统间压强梯度的增加导致的强的北风极大地促进了沙尘气溶胶的排放。干旱可降低土壤颗粒间黏滞力，使其更易于被风蚀，同时提供了丰富的细颗粒物（易于被抬升的沙尘气溶胶），从而降低起沙阈值风速。在此强干旱条件下，超过阈值的风速将大量沙尘颗粒剥离地表而形成沙尘暴。因此，ESC 和 CK 地区在干旱和强风的双重影响下仍面临着沙尘气溶胶污染的严重威胁，增加植被覆盖度等防沙治沙措施的执行仍需加大力度。

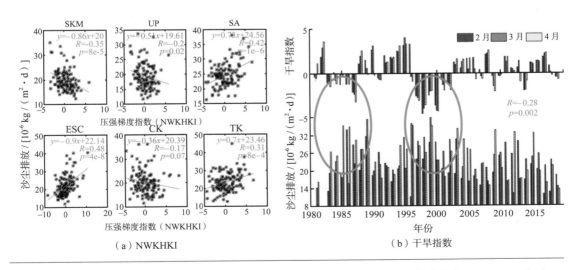

（a）NWKHKI （b）干旱指数

图 5.13　中亚沙尘排放和哈萨克斯坦西北部与兴都库什山脉之间的压强梯度指数 NWKHKI（a）及干旱指数（b）的相关性

成果要点

- 中亚沙尘源区的沙尘排放有两个极大值区间，分别是 1982～1986 年和 1993～2003 年。

- 里海东南沿岸和中部卡拉库姆沙漠两个沙尘源区 2015～2019 年受干旱和强风的影响（相关性通过 99% 显著性检验），沙尘气溶胶排放又恢复到上述两个极大值区间对应的水平。

⬤ 讨论与展望

目前分析的影响中亚沙尘排放的因素有限，且研究结果不能用于突发沙尘暴灾害的实时应对。因此，下一步工作将探索新方法从众多影响因素中找到对沙尘排放年代际变化贡献最大的因素，建立沙尘浓度与各影响要素协同变化的可视化系统，从而有利于沙尘事件的预测以及防控措施的制定。

20 世纪末 21 世纪初，中亚各沙尘源区都经历了强干旱，相应地，沙尘排放也在此期间处于峰值。这表明，与干旱相关的地表条件的恶化在中亚沙尘排放中仍起着重要作用。考虑到沙尘气溶胶被抬升到高空后在高层西风急流的作用下远距离传输，可对中亚顺风区（如中国等）的空气污染以及辐射收支平衡产生一定的影响，各沙尘源区所属国（土库曼斯坦、乌兹别克斯坦、哈萨克斯坦）尤其是近年来沙尘排放仍呈增加趋势的里海东南沿岸地区（土库曼斯坦巴尔坎州），政府及环保部门应加强荒漠治理工作，从源头上控制沙尘气溶胶排放。

全球森林碳收支与气候变化

对应目标

SDG 13.2：将应对气候变化的举措纳入国家政策、战略和规划

实施尺度：

全球

案例背景

目前，全球气候变暖已是一个不争的事实（IPCC，2014）。气候变暖对全球生态环境的影响越来越受到人们的关注。IUCN 在提交给《联合国气候变化框架公约》（UNFCCC）第15 届缔约方大会的建议报告中明确提出，要积极推动将基于自然的解决方案作为更广泛的减缓和适应气候变化整体计划和策略的重要组成部分（张小全等，2020）。生态系统碳收支，也就是净生态系统生产力（Net Ecosystem Productivity, NEP）为植被的净第一性生产力与土壤异样生物的呼吸消耗量之差（Woodwell et al., 1978）。在全球尺度上，直接揭示陆地生态系统与大气系统之间的二氧化碳交换，即碳平衡。作为陆地生态系统的主体，森林在调节全球碳平衡及维护全球气候等方面具有不可替代的作用（Zhao et al., 2019）。森林与气候之间存在着密切的关系。研究表明，平均每 7 年大气中二氧化碳通过光合作用与陆地生物圈交换一次，而其中 70% 是与森林进行的（Walter, 1985）。故由气候变化引起的森林分布、林地土壤呼吸、生产力和碳收支等诸方面的变化反过来可对地球气候产生重大的反馈作用。因此，气候变化背景下对全球森林生态系统碳收支进行研究具有重要意义。

当前森林碳收支的研究，在研究方法和手段上不断改进，在研究尺度上更加注重从生态系统尺度向区域和全球尺度扩展。本案例基于地球大数据和中国森林生态系统碳收支模型（Forest Ecosystem Carbon Budget Model for China, FORCCHN），定量评估了 1982 年以来气候变化对全球森林碳收支的影响，并对未来 10 年（2021～2030 年）全球森林碳收支演变趋势及对气候变化的响应进行了预估，旨在为全球 SDG 13.3 目标的实现提供科学依据。

所用地球大数据

◎ 气象数据：历史气象观测数据来源于普林斯顿大学水文研究小组发布的 1982～2011 年逐日资料，空间分辨率为 0.5°×0.5°。未来气候代表性浓度路径（Representative Concentration

Pathway, RCP）排放情景数据采用通用气候系统模式（Community Climate System Model, CCSM）版本 CCSM4 模拟的 2012～2030 年气候情景数据，空间分辨率为 1.25°×0.9°。

◎ 土壤数据：土壤数据来源包括两部分。一部分为 IGBP-DIS 发布的 Global Gridded Surfaces of Selected Soil Characteristics 数据集，所用到的土壤变量为土壤碳密度（单位为 kgC/m²）、土壤氮密度（单位为 kgN/m²）、土壤容重（单位为 kg/m³）、田间持水量（单位为 cm）、萎蔫系数（单位为 cm），空间分辨率约为 10 km×10 km，土壤深度为 0～100 cm；另一部分为 FAO 于 2012 年发布的世界土壤数据库 HWSD1.2（Harmonized World Soil Database 1.2），所用到的土壤变量为砂粒、粉粒及黏粒含量（单位为 %），空间分辨率约为 1 km×1 km，土壤深度为 0～100 cm。

◎ 遥感数据：全球 LAI 来自北京师范大学全球变化数据处理与分析中心发布的 GLASS（Global LAnd Surface Satellite）产品。

方法介绍

　　本案例采用基于个体生长过程的 FORCCHN 来模拟气候变化对全球森林碳收支的影响。该模型以植物生理学、森林生态学和土壤环境学的基本原理为基础，能合理解释森林生态系统中幼龄林碳收支的动态机理（Yan and Zhao, 2007）。目前，该模型已经被拓展应用到全球尺度上的森林碳循环的模拟中（Ma et al., 2015, 2017; Fang et al., 2019; Zhao et al., 2019; Zhao et al., 2020）。

　　1）模型的主要控制方程为：

$$\frac{\mathrm{d}x_i}{\mathrm{d}t} = \mathrm{GPP}_i - \mathrm{t\_resp} \times (\mathrm{RM}_i + \mathrm{RG}_i) - \mathrm{L}_i$$

　　2）两个时段的 Theil-Sen Median 趋势分析
Theil-Sen Median 趋势分析公式如下所示。

$$\frac{\mathrm{d}(\Sigma x_i)}{\mathrm{d}t} = \Sigma\mathrm{GPP}_i - \mathrm{t\_resp} \times (\Sigma\mathrm{RM}_i + \Sigma\mathrm{RG}_i) - \Sigma\mathrm{L}_i$$

式中，x_i、GPP_i、RM_i、RG_i、L_i 分别表示个体碳增量、总光合、维持呼吸、生长呼吸、凋落量，量纲都是 kgC/d；t_resp 表示气温对植物呼吸的影响系数，无单位，在 0～1 变化。

结果与分析

1. 1982～2020 年和未来 10 年（2021～2030 年）全球森林生态系统均表现为巨大的碳汇

本案例研究结果表明：1982～2020 年和未来 10 年（2021～2030 年），全球森林生态系统均表现为巨大的碳汇。其中，1982～2011 年，全球森林生态系统因光合作用固定的碳量（GPP）为 58.83 ± 5.61 PgC/a，因呼吸作用释放的碳量（生态系统呼吸）为 55.77 ± 5.18 PgC/a，整个森林生态系统表现为巨大的碳汇，平均每年净固碳量（碳收支）为 3.06 ± 0.67 PgC/a（Ma et al., 2015）。与 2010～2020 年相比，未来 RCP4.5 和 RCP8.5 气候变化情景下，2021～2030 年全球森林生态系统平均单位面积上的 GPP 分别增加 8.60% 和 5.31%，总生物量分别增加 3.21% 和 2.99%。未来 RCP4.5 和 RCP8.5 气候变化情景下，2021～2030 年全球森林生态系统平均每年单位面积上的净固碳量分别为 0.022 kgC/（m^2·a）和 0.017 kgC/（m^2·a），GPP 分别为 0.484 kgC/（m^2·a）和 0.473 kgC/（m^2·a），生态系统呼吸分别为 0.462 kgC/（m^2·a）和 0.456 kgC/（m^2·a），总生物量（地上和地下）分别为 4.239 kgC/（m^2·a）和 4.238 kgC/（m^2·a），土壤碳库分别为 17.117 kgC/（m^2·a）和 17.109 kgC/（m^2·a）（Zhao et al., 2020）。

2. 气候变化对全球森林生态系统碳收支的影响在区域上差异显著，未来 10 年北半球森林总体上固碳能力在增强，而南半球森林固碳能力明显减弱

全球森林固碳能力存在明显的区域特征。1982～2011 年，全球森林单位面积上的年碳收支最大值发生在非洲中南部及澳大利亚东部，净固碳量为 300～400 gC/（m^2·a），其次为北半球亚热带森林生态系统，净固碳量为 200～300 gC/（m^2·a）。同时，热带雨林（20° S～20° N）及北半球中高纬度的温带森林（30° N～50° N）也同样表现为碳汇。在 55° N 以北，部分森林表现为微弱的碳源。与 2010～2020 年相比，未来 RCP4.5 和 RCP8.5 气候变化情景下，2021～2030 年北半球森林固碳能力增加区域大于减少区域，其中亚洲东北部和中部、欧洲西部北部和北美洲西部等地森林碳收支会增加 40%～80%，而南半球大部分地区森林碳收支会减少 20%～40%，南美洲北部和非洲中部等地则减少幅度超过 40%（图 5.14、图 5.15）。

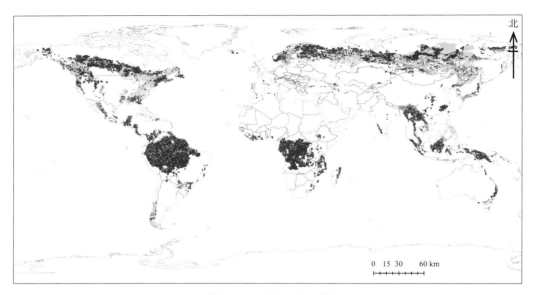

未来 RCP4.5 情景下全球森林单位面积上碳收支的变化 / %

- ● < −40.1
- ● −19.9 ～ 0.0
- ● 20.1 ～ 40.0
- ● 60.1 ～ 80.0
- ● −40.1 ～ −20.0
- ● 0.1 ～ 20.0
- ● 40.1 ～ 60.0
- ● >80.1

图 5.14　未来 RCP4.5 情景下 2021 ～ 2030 年全球森林单位面积上碳收支的变化

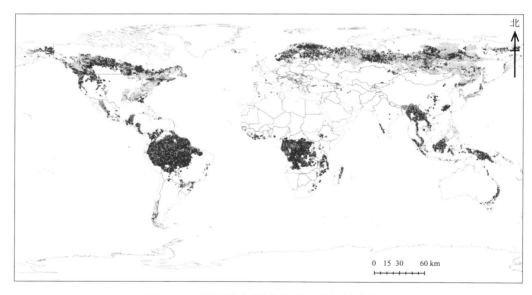

未来 RCP8.5 情景下全球森林单位面积上碳收支的变化 / %

- ● < −40.1
- ● −19.9 ～ 0.0
- ● 20.1 ～ 40.0
- ● 60.1 ～ 80.0
- ● −40.1 ～ −20.0
- ● 0.1 ～ 20.0
- ● 40.1 ～ 60.0
- ● >80.1

图 5.15　未来 RCP8.5 情景下 2021 ～ 2030 年全球森林单位面积上碳收支的变化

成果要点

- 完成了 1982 年以来全球森林碳收支的动态评估，对未来 10 年（2021～2030 年）全球森林碳收支演变趋势进行了预估。

- 1982～2020 年和未来 10 年（2021～2030 年）全球森林生态系统表现为巨大的碳汇；未来 10 年全球森林碳汇将主要分布在亚洲中部、欧洲北部、北美西部等北半球中、高纬度地区。

- 气候变化对全球森林生态系统碳收支的影响在区域上差异显著，未来 10 年北半球森林总体上固碳能力将增强，而南半球森林固碳能力将明显减弱。

讨论与展望

　　本案例基于国际共享数据集，利用基于个体生长过程的 FORCCHN 进行了全球尺度上森林碳收支的动态评估和预估。研究结果显示：1982～2020 年和未来 10 年（2021～2030 年）全球森林生态系统表现为巨大的碳汇，未来 10 年全球森林碳汇将主要分布在亚洲中部、欧洲西北部、北美西部等北半球中高纬度地区；与 2010～2020 年相比，未来 10 年北半球森林总体上固碳能力将增强，而南半球森林固碳能力明显减弱。案例研究结果可为准确地评估出森林在调节全球碳平衡以及维护全球气候等方面的碳汇作用，为 SDG 13.3 目标的实现提供重要信息支持，也为正确评价我国森林在生态环境建设中的作用及全球气候变化研究等提供科学依据。

　　全球气候变化对森林碳循环的影响是一个极为复杂和长期的生态学过程。鉴于森林碳循环过程的复杂性以及目前气候情景预测本身的不确定性，本案例在未来气候情景下森林碳收支预估等方面也存在一定的不确定性。气候情景的预测本身存在着不确定性，气候模式本身的缺陷对未来气候变化情景的研究有很大影响。要预测未来全球气候变化，必须依靠复杂的全球海气耦合模式和高分辨率的区域气候模式。但是，目前气候模式对云、海洋、极地冰盖等的描述还很不完善，模式还不能处理好云和海洋环流的效应以及区域降水变化等。相信随着科学技术水平的发展以及人们对温室效应原理的进一步认识，这些不确定性能得到有效解决。

高亚洲地区冻融灾害风险性评估

案例背景

气候变化诱发、加剧了各种灾害发生的频次和强度（Hock et al., 2019）。1998～2017年，灾害造成的直接经济损失近3万亿美元，与气候有关的地质灾害夺去了130万人的生命（UNDP, 2020）。气候变化正在深刻地影响地球冰冻圈及区域经济社会发展。高山和极地地区气温升高的速度相较其他区域更快，导致冰川快速退缩、多年冻土加速解冻。气候变化和人类活动导致的地下冰融化、多年冻土退化等冻融作用诱发的各种冻融灾害，影响了区域内的人身安全及冻土工程的安全性、稳定性和服役性能（Luo et al., 2018a）。高亚洲地区的青藏高原、帕米尔高原和天山地区，拥有丰富的自然和环境资源，地质环境脆弱，气候变化作用下的融化—冻结过程更广泛和频繁，由此所引发的冻融灾害持续增多。冻融灾害是由冻土热学力学稳定性变化引起的冻胀和融沉，以及由此引起的地质灾害，如冻胀丘、冰锥、热融滑塌、热融湖塘、热融沉陷、冻融泥流等（Zhang and Wu, 2011）。高亚洲地区修建了数十条重大线性工程，它们是交通、能源、经济走廊，是联通欧、亚洲的重要通道，其不少区域存在如冻胀丘、热融湖塘、差异变形等与冻土变化密切相关的自然和环境灾害（Wu et al., 2020）。想要达到防灾减灾的目的，当务之急是开展高亚洲地区冻融灾害的风险性评估。

冻融灾害的评估主要以气候要素、地理要素、环境要素、工程地质条件，以及冻土条件等作为评价要素，进行分层分级的风险性评估。2020年，依托地球观测大数据的优势，"地球大数据科学工程"首次开展了2001～2019年高亚洲地区冻融灾害的风险性评估，实现了亚洲国家（阿富汗、巴基斯坦、塔吉克斯坦、吉尔吉斯斯坦、哈萨克斯坦、乌兹别克斯坦、尼泊尔、不丹、印度、中国）高山地区的冻融灾害风险性的评估，并制备了相关图件和基础数据库。

所用地球大数据

◎ 2001～2019 年遥感栅格数据及相关产品，包括美国国家海洋和大气管理局（National Oceanic and Atmospheric Administration, NOAA）AVHRR（Advanced Very High Resolution Radiometer）植被指数，空间分辨率 0.05°；

◎ 地形产品数据 SRTM（Shuttle Radar Topography Mission），空间分辨率 90 m；

◎ 世界土壤数据库 HWSD（Harmonized World Soil Database），空间分辨率 1 km；

◎ 全球陆面数据同化系统 GLDAS（Global Land Data Assimilation System），空间分辨率 0.25°；

◎ 遥感矢量数据及相关产品，包括 JRC 全球表面水数据、亚洲山脉冰川分布图（Glacier Area Mapping for Discharge from the Asian Mountains, GAMDAM）、世界滑坡目录（Global Landslide Catalog）、OpenStreetMap（OSM）道路和铁路矢量数据。

方法介绍

聚焦于气候变化对冻融灾害的影响，利用地球大数据在线数据和计算资源，结合 HWSD 土壤数据库，建模并分别计算了冻结和融化状态下不同土体的土壤热物理性质（Dai et al., 2019）；进而构建冻土特征参数，如年平均地温、活动层厚度、冻结深度等冻土指数（Luo et al., 2018b）；结合地理、环境、植被覆盖度、大气强迫数据集，通过权重分析和归一化处理，进行分层分级评估。在线计算并评估了高亚洲地区冻融灾害的风险性，并进行风险性区划。冻融灾害风险性归一化到 0～1。将冻融灾害风险性分为五个等级：稳定区（0～0.2）、低风险区（0.2～0.4）、中风险区（0.4～0.6）、高风险区（0.6～0.8）、极高风险区（0.8～1.0）。

结果与分析

在线计算实现了 2001～2019 年的高亚洲地区冻融灾害风险性评估。总体上，高亚洲地区中高风险冻融灾害呈现出加剧的趋势。高亚洲地区中高风险区域从 2001 年占总面积的 17% 上升到 2019 年的 20%，稳定和低风险区持续下降，其中极高风险区和高风险区总共占到 5% 左右，稳定区和低风险区分别占到总面积的 50% 和 30% 左右（图 5.16）。中高风险区域中，中国的青藏高原和天山地区变化不大，占到总面积的 15% 强；南亚国家从 2001 年占总面积的 0.6% 上升到 2019 年的 2.3%，中亚国家从 1.3% 上升到 2.2%。

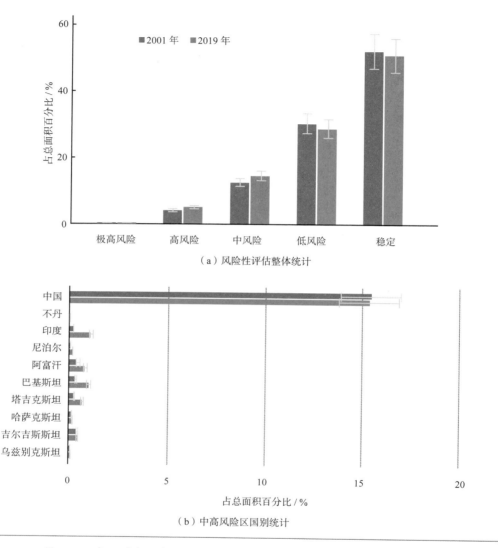

（a）风险性评估整体统计

（b）中高风险区国别统计

图 5.16　高亚洲地区冻融灾害风险性评估统计（2001 年和 2019 年）

　　冻融灾害中高风险区主要集中在天山、祁连山区、横断山北部、冈底斯山和念青唐古拉山南麓、喜马拉雅山南麓部分区域。高亚洲地区西部的喀喇昆仑山脉地区、喜马拉雅山西麓是中高风险性冻融灾害面积增加最多的区域。中高风险性冻融灾害呈现出了空间变换的趋势，主要表现出高亚洲地区冻融灾害从冈底斯山脉北麓向藏北高原转移。

评价要素中地理和环境要素是静态的,而气象要素中气温的变化引起冻土指数的变化,气温升高是区域冻融灾害风险升高的主要原因,随着气候变暖,高亚洲地区中高风险性冻融灾害呈现出加剧的趋势,而灾害也呈现出空间转移的趋势。需要去重视的是,多年冻土最为稳定的青藏高原中部地区冻融灾害风险性亦在增加(图5.17)。

(a)2001年

(b)2019年

图 5.17 高亚洲地区中高风险性冻融灾害空间分布特征

成果要点

- 高亚洲地区中高风险冻融灾害呈现出加剧的趋势，中高风险区域从 2001 年占总面积的 17% 上升到 2019 年的 20%。

- 高亚洲地区西部的喀喇昆仑山区、喜马拉雅山西麓是 2001～2019 年来中高风险性冻融灾害面积增加最多的区域。

- 中高风险性冻融灾害呈现出从冈底斯山脉北麓向藏北高原空间转移的趋势。

讨论与展望

为评价冻融灾害的风险性，将气候、地理、环境、工程地质、环境要素等作为冻融灾害评价的主要要素，开展高亚洲地区冻融灾害风险性评估。通过对世界灾害目录与模拟计算进行对比分析，发现已发生灾害的区域与模拟计算的中高风险的冻融灾害区域基本契合。

气候变暖背景下，高亚洲地区冻融灾害风险性加剧，区域内工程设施的建设和运营面临巨大挑战。已建工程的建设及运营期间，出现了包括路基冻胀、融沉、倾斜、纵（横）向裂缝、波浪，管道工程的不均匀变形，桩基础的沉降、冻拔等问题。这已严重影响到工程的安全运营及服役性能，同时也增加了工程维护的难度及成本。季节冻土面临的中高风险冻融灾害比多年冻土的面积更大。藏东南（川藏公路周边）比青藏中部（青藏公路周边）面临的冻融灾害风险更高，川藏铁路和高速的修建和运营将可能比青藏铁路面临更为严峻的冻融作用考验。由于帕米尔高原是近 20 年来中高风险性冻融灾害面积增加最多的区域，"丝绸之路经济带"线性工程的建设设计方案可以优先选择从新疆到欧亚各地。

冻融灾害中有关各个要素之间的权重如何分配是影响这一指标的最大不确定性因素，下一步将使用机器学习方法来改善权重赋值以优化冻融灾害评估。尽管模拟计算存在着不确定性，但冻融灾害风险性的动态评估将为冻土工程建设、运营期灾害评估与治理提供基础数据与技术支撑，切实为高亚洲地区国家服务，为未来重要工程和经济走廊内新建或拟建重大冻土工程的预警和路线规划提供科学依据。

附录

冻融灾害风险性评估在线计算工具网址：

https://lihui_luo.users.earthengine.app/view/after

2019年末非洲沙漠蝗灾成因分析及其未来可能风险

对应目标

SDG 13.2：将应对气候变化的举措纳入国家政策、战略和规划

实施尺度

东北非、西亚

案例背景

非洲沙漠蝗（*Schistocerca gregaria*）长期以来都是影响非洲、中东和西南亚地区的最严重和最主要的生物灾害之一。当沙漠蝗群达到一定的密度并由离散形态转变为聚集形态时，便会局部或者大面积爆发蝗灾，对当地的农牧业生产造成重大威胁（Middleton and Sternberg, 2013）。自 19 世纪 60 年代以来，FAO 等机构对沙漠蝗实施了包括化学药品、生物防治在内的多种应对策略，并构建了全球沙漠蝗信息服务处（Desert Locust Information Service, DLIS），通过实时监测和预警沙漠蝗的分布和数量，有效控制了沙漠蝗的大规模爆发（Zhang L et al., 2019; Van Huis et al., 2007）。

2020 年初在非洲之角和印巴边境发生的沙漠蝗灾是该地区在近几十年来遭受的规模最大、影响最严重的沙漠蝗灾。截至目前，其已对十余个国家的农田和自然植被造成了严重影响（Madeleine, 2020）。以往大量研究表明，沙漠蝗的孵化和迁飞与降水、气温、风速等多个气候因素密切相关（Veran et al., 2015; Tratalos et al., 2010; Vallebona et al., 2008）。利用卫星平台和气象观测数据，揭示此次沙漠蝗灾的形成、聚集和迁飞过程中的气候因素，对进一步提高沙漠蝗的预警精度和后续的灾害影响评估具有重要意义。

本案例以东北非和西亚为研究区域，基于长时间序列的地球观测数据，通过分析沙漠蝗繁殖和迁飞期间（2018～2019 年）的降水、气温、植被覆盖等对蝗虫孵化和迁徙影响较大的因素，对本次蝗灾发生的气候原因和沙漠蝗群未来可能的扩展范围做出了判断；并基于近 30 年（1990～2019 年）的热带气旋和低气压的发生规律，对该区域未来的蝗灾等极端气候灾害的发生风险进行了预估。本案例研究成果可为蝗灾影响区域乃至全球的粮食安全保障提供参考依据。

13　所用地球大数据

◎ 全球降水气候中心（Global Precipitation Climatology Centre, GPCC）发布的 1981～2019 年的降水数据，历史降水数据集（1981～2016 年）的空间分辨率 0.25°，2018～2019 年的月平均降水数据集空间分辨率 1°；

◎ ECMWF 发布的 2008～2019 年的气温（2 m）、土壤温度（一级）、土壤湿度（一级）、风速（10 m）、植被覆盖度（高）数据，空间分辨率 0.25°；

◎ USGS 发布的全球大陆范围内的高程数据集 GMTED2010，空间分辨率 30 m；

◎ 沙漠蝗聚集区和衰退区的空间分布数据来源于 FAO 发布的沙漠蝗指导手册（Symmons and Cressman, 2001）。

13　方法介绍

在综合研究沙漠蝗起飞迁徙的气候因子的基础上，通过分析长时间序列的降水、气温、土壤湿度等气候数据，对此次沙漠蝗灾的产生原因、影响范围以及未来的扩展趋势进行了分析。具体过程包括：

（1）地面观测数据获取和处理：由 GPCC 获取了 1981 年以来的降水数据，并计算研究区域多年的降水均值和 2018～2019 年相对历史均值的降水距平百分率，通过叠加 FAO 发布的沙漠蝗空间分布数据，绘制了沙漠蝗繁殖区、衰退区及其聚集区的多年降雨量的空间分布图；采用 ECMWF 发布的气候要素数据集和 USGS 发布的全球 DEM 数据，获取沙漠蝗聚集区周边 2008 年以来的气温、土壤湿度、植被覆盖度等因子的多年月平均值和高程的空间分布。

（2）沙漠蝗群形成的气候条件分析：通过分析气候变化导致的印度洋飓风若干次降水的分布与此次沙漠蝗的分布及迁徙，探讨此次蝗灾形成和扩展过程中气候因素的影响。

（3）沙漠蝗群未来迁飞的趋势分析：结合沙漠蝗的迁飞气候条件和特征，以及其历史衰退范围和聚集范围，对本次沙漠蝗灾能否继续东迁波及印度东边乃至中国境内做出分析。

（4）未来极端生物灾害的发生风险评估：基于近 30 年来由于气候异常导致的气旋频率变化，对该区域未来发生蝗灾等极端生物灾害的概率和风险进行初步推断。

13　结果与分析

由本次沙漠蝗群形成的气候因素来看，2018 年 5 月和 10 月的两次飓风给沙漠蝗的繁育区（阿拉伯半岛）带来了丰沛的降水，降水量及其距平百分率都显著高于常年 [图 5.18（a）-（d）]，并促进了植被的繁盛生长，由此为蝗虫快速繁育和代数更新提供了良好的气候条件，最终导致种群数量暴增和聚集，形成迁飞蝗群。在沙漠蝗的迁飞方面，2019 年阿拉伯半岛降水比常年异常偏少而植被生长受限，但受 12 月份强热带风暴的影响，半岛周边（埃塞俄比亚、肯尼亚、索马里三国和印巴边境）降水增多 [图 5.18（e）～（f）]，该区域的土壤湿度增加，植被较往年繁茂，这促使蝗群向印巴边境等半岛周边区域迁飞和繁殖，形成的大规模蝗群对当地的植被破坏严重，由此导致了 2020 年初的多国沙漠蝗灾爆发。

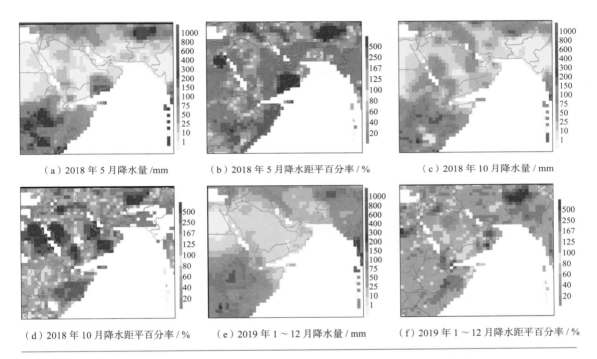

（a）2018 年 5 月降水量 /mm　　　（b）2018 年 5 月降水距平百分率 / %　　　（c）2018 年 10 月降水量 / mm

（d）2018 年 10 月降水距平百分率 / %　　（e）2019 年 1 ～ 12 月降水量 / mm　　（f）2019 年 1 ～ 12 月降水距平百分率 / %

图 5.18　2018 ～ 2019 年沙漠蝗群繁育区降水和降水距平百分率

　　沙漠蝗适宜繁殖和活动的范围主要位于干旱区年降雨小于 200 mm 的沙漠地带和西亚地区（图 5.19）。在一般的气候条件下，沙漠蝗呈现散居状态，主要分布在其冬春、夏季孵化区及衰退区范围内；遇到异常降水等适宜其繁殖的气候条件，会造成沙漠蝗数量快速增长、其生理特征改变，触发沙漠蝗群由散居型转变为聚集型，进而形成迁飞蝗群对衰退区以外的植被区进行啃食。聚集形态的蝗群影响范围更广、对植被的破坏也更严重，可以形成蝗灾在短时间内大面积爆发的态势，对当地的农、林、牧业等的影响较大。

　　沙漠蝗群未来的发展趋势，即其能否继续东迁进入印度东边和中国境内，成为各界关注的焦点。本案例结合沙漠蝗群迁飞的气候条件和特征，为上述问题提供了科学预判。依据沙漠蝗的生物学特性，蝗群的迁飞需要在气温（20 ～ 40℃）、下方向风速（<6 m/s）等气候条件适宜的情况下进行（Symmons and Cressman, 2001），迁飞高度一般不超过

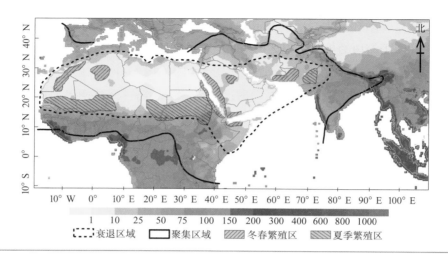

图 5.19　非洲沙漠蝗繁殖区、衰退区、聚集区及其多年降雨量的空间分布

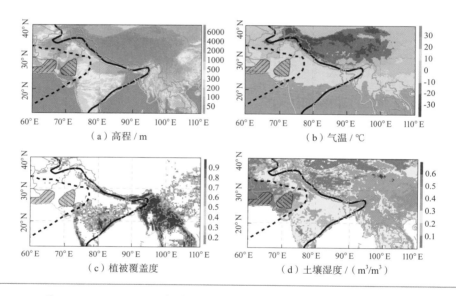

图 5.20　2008～2019 年沙漠蝗群聚集区周边气候因子的空间分布

1700 m，且易被大雨和繁盛植被阻落。沙漠蝗群聚集区以东的高程、气温、植被覆盖度和土壤湿度如图 5.20 所示。由图 5.20（a）、图 5.20（b）可知，受海拔和气温的限制，沙漠蝗群无法越过喜马拉雅等高山山脉向东迁移；蝗群聚集区边界以东（缅甸、泰国等）的多年平均植被覆盖度 [图 5.20（c）] 高达 0.9，蝗群若进入如此高密度的植被，种群个体会过于分散而被阻落，因此沙漠蝗群越过该区域的高覆盖植被进入中国境内的概率很低；另外，沙漠蝗的繁殖需要在适宜的土壤湿度范围内进行，其聚集区以东的土壤湿度（0.3 m³/m³）明显大于其冬春繁育区的土壤湿度，可见其历史聚集区以东的土壤湿度 [图 5.20（d）] 并

不适宜沙漠蝗的繁殖。综上，沙漠蝗迁徙到其聚集区之外区域的概率很小，此次沙漠蝗灾在未来迁至中国云南等地的可能性很小。

由 1990～2019 年阿拉伯半岛和印度以西的热带气旋和低气压的频次变化及其 5 点滑动平均的趋势线（图 5.21）可以看出，近 30 年来登陆阿拉伯半岛的热带气旋频次总体呈现波动中增加的趋势 [图 5.21（a）]，尤其 2018 年和 2019 年，热带气旋的发生频次分别达到了 5 次和 7 次，为阿拉伯半岛带来了多次、大量的降水，由此促成蝗灾的大规模爆发。同样，印度以西的热带气旋和低气压发生频次 [图 5.21（b）] 也呈现增加趋势。由此，在未来极端气候频发的背景下，该区域的生态环境和粮食安全将会受到蝗灾等自然灾害的更大威胁，亟须构建更加灵敏的灾害预警系统和研发更有效的防治措施。

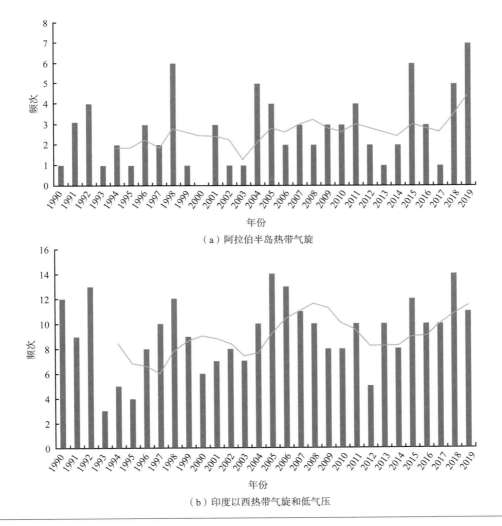

（a）阿拉伯半岛热带气旋

（b）印度以西热带气旋和低气压

图 5.21 1990～2019 年热带气旋和低气压的发生频次变化趋势

成果要点

● 2018～2019年阿拉伯半岛等区域的降水量大幅增加、植被繁盛，为沙漠蝗的多代孵化和种群形成提供了条件，并最终造成此次的非洲－西亚蝗灾。

● 根据沙漠蝗群迁飞的气候条件和特征，分析了其未来可能的影响范围，认为沙漠蝗进入中国的风险非常小。

讨论与展望

　　本案例利用长时间序列的地面观测数据集，结合沙漠蝗的生物学特性资料等，对2020年初爆发的沙漠蝗灾产生和迁移的气候因素进行分析，并根据沙漠蝗迁飞的气候条件及其历史衰退区和聚集区，对其未来的发展趋势做出预判。案例结论可为东非和西亚国家农业及防灾减灾部门的蝗灾治理和防控措施提供参考依据，对于保障相关国家的粮食安全具有重要意义。

　　长时间序列的历史数据对于蝗灾等极端灾情的分析具有重要作用，有利于准确评估该区域在将来发生蝗灾的风险。目前，本案例重点分析了若干气候因子在本次蝗灾形成中的作用，针对沙漠蝗能否进入中国境内的风险分析，主要基于历史平均的气候因子和当前的蝗群规模，若因印、巴控制不力导致蝗群规模持续大幅增长，以及中南半岛和中国西南边境附近出现极端干旱导致植被稀疏和土壤湿度下降，则不能完全排除蝗群入侵我国西南的可能性。未来，在此案例基础上，通过获取更加全面的历史资料、气候预测数据和调查数据，如与蝗群规模联系紧密的蝗卵密度、残蝗面积等其他因素，通过长时间序列分析的方法，对气候变化下沙漠蝗灾的发生风险、频率和影响进行进一步评估，以期为全球的粮食安全保障措施提供决策依据。

北极东北航道通航能力可持续发展评估

对应目标

SDG 13.2：将应对气候变化的举措纳入国家政策、战略和规划

实施尺度

北极地区

案例背景

　　随着全球气候持续变暖，北极海冰逐渐消融，为北极航道的开通提供了条件。在克服海冰障碍的情况下，通过北极航道运输在时间、成本、安全性等方面要优于传统航道。北极航道分为东北航道和西北航道，其中东北航道西起西北欧北部海域，东至符拉迪沃斯托克，途经巴伦支海、喀拉海、拉普捷夫海、新西伯利亚海和白令海峡，沿线国家有冰岛、瑞典、芬兰、俄罗斯等，全线通航期 2～3 个月（王丹和张浩，2014）。北极的航道资源将向全世界展现新的发展趋势，各国国际和国内发展战略部署也应随之改变（Cressey，2007；Melia et al., 2016）。东北航道是连接太平洋和大西洋最为便捷的海运路径，大大减少了亚太地区与欧洲国家港口间的货运里程数，可比传统航线缩短 1/3 的航程（Smith and Stephenson, 2013；李新情等，2016）。因此，研究气候变化情景下东北航道的通航能力，对海上运输与国家贸易具有重要意义。

　　由于北极航线贸易的起止点是关键港口，迄今为止针对东北航道各个关键港口的通航能力的研究较为缺乏，尤其是海冰消融情景下通航最优路径、通航时长、可通航里程等方面的研究。针对上述问题，本案例重点分析 2030～2050 年海冰消融情况下东北航道的通航能力的变化趋势，绘制不同船型与排放情景下六种气候模式的最优通行航线，量化各航线的通航时间演变，以及在海冰密集度限制条件下计算各航线的可通航里程。

所用地球大数据

◎ 北极东北航道沿线（俄北方海航道）8 个重要港口数据，港口包括阿尔汉格尔斯克、迪克森、哈坦加、摩尔曼斯克、佩韦克、萨别塔、圣彼得堡和季克西。

◎ 第五次国际耦合模式比较计划（Coupled Model Intercomparison Project 5, CMIP5）模式海冰密集度和厚度数据，包括 6 种气候模式（GFDL-CM3、HadGEM2-ES、MPI-ESM-MR、MIROC-ESM、CNRM-CM5、IPSL-CM5A）和两种排放情景（RCP4.5、RCP8.5）；数据

空间分辨率为 1°，时间范围为 2025 年 1 月 1 日～2055 年 12 月 31 日，时间分辨率为天。
◎ Polar Class 6（PC6）和 Open Water（OW）船级及对应冰类型数据。

方法介绍

选择 2030 年、2040 年、2050 年三个年份作为典型的时间节点，分别从最优航线、通航时长、可通航里程三项要素，对港口通过东北航道到达白令海峡的通航性能展开研究：使用北极通航可行性模型（Arctic Transport Accessibility Model, ATAM）对通航性进行量化，将海冰密集度与厚度数据代入计算，得到 PC6 和 OW 两种船级各时段不同模式在不同排放情景下两种船型对应的 IM（Ice Multiplier）值（即基于冰型和船级的冰乘数），从而得到海冰变化情况；用 Dijkstra 最短路径算法计算从白令海峡到北冰洋沿岸各港口之间最优航线距离；计算各港口到白令海峡航行时长的变化趋势以及可通航里程的变化。

结果与分析

2030～2050 年东北航道通航能力预测总体演变如表 5.3 所示：未来 30 年俄罗斯所有重要港口的运输时长整体上均呈明显下降趋势；从白令海峡到各港口的通航时长每 10 年平均下降约 15 h，航行天数平均减少约 0.6 天，可通航里程平均增加约 61 km。

表 5.3　东北航道通航性能指标变化

通航性能指标	2030 年	2040 年	2050 年	每 10 年变化
航行时间 /h	327.01	313.23	297.19	14.91 ↓
航行天数 /d	13.63	13.05	12.38	0.63 ↓
可通航里程 /km	961.84	991.59	1083.56	60.86 ↑

PC6、OW 两种船型 2030～2050 年在不同气候模式与排放情景预测的最优通航路径如图 5.22 所示。结果表明，随着时间的推迟，航道冰情由复杂变为单一，各港口到白令海峡的航线相应由繁杂到统一。在冰况变化过程中，出现了更多可能通行的模式，并在一段时期内出现了新的航线，不过由于之后冰况趋于统一，预测航线变得集中有序，商船能够走通的航线增多，呈现"泛蓝化"现象。最后，OW 船型和 PC6 船型在通航能力上的差别消失，各港口到白令海峡的航线趋向稳定。

在预测的通航时长方面，各港口到白令海峡的航行时长变化幅度与该港口到白令海峡这一航段的冰况变化密切相关。白令海峡到 8 个港口的航行时间随着年代变化整体呈下降

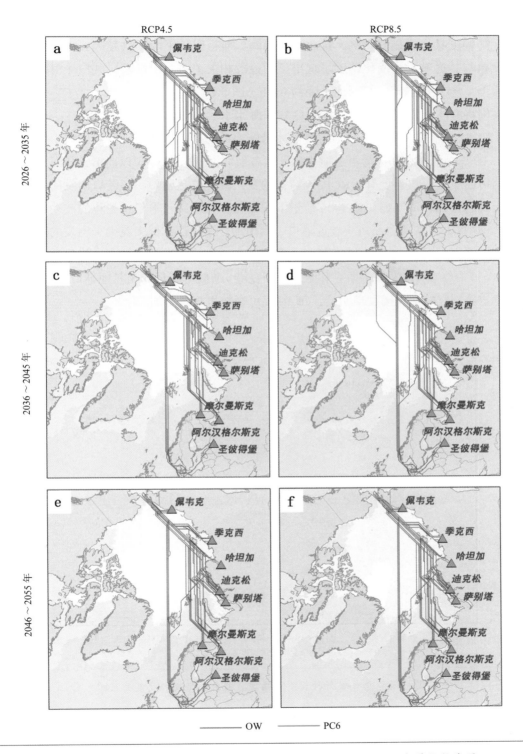

图 5.22　PC6（红线）、OW（蓝线）两种船型 2030 ~ 2050 年最优航线图

趋势。在 RCP8.5 情况下，商船航行时间的下降趋势变得比较明显。不同的排放浓度对航行时长的下降幅度具有明显的影响，排放浓度越高，航行时长下降幅度越大。港口到白令海峡的经度差与其通航时长变化幅度呈现出了明显的相关关系。出发港口到白令海峡的经度差每增加 1°，航线的航行时长对应下降约 0.4 h（图 5.23）。

本案例将海冰密集度 15% 以上的地区划作海冰冰区（Cavalieri et al., 1999），当海冰密集度 ≤ 15% 时，船只通过该区域不需要破冰措施协助通行。因此，将一段航线中海冰密集度 ≤ 15% 的航段里程总和称为可通航里程。对各航线而言，2050 年以前增长较慢，在此之后预测的可通航里程快速上升。RCP8.5 情景的变化程度要更剧烈，各港口出发的航线可通航里程上升趋势都较为明显。RCP4.5 情景下的变化则相对比较平稳，趋势的波动性较弱。在 RCP4.5 情景中，从离白令海峡较近港口（哈坦加、季克西和佩韦克港）出发的航线可通航里程相互差距不明显。接近 2050 年时，萨别塔和迪克森两港的通航能力将显著提升，西部港口（圣彼得堡、阿尔汉格尔斯克和摩尔曼斯克港）通航里程远超出其他港口且稳步上升。其中，摩尔曼斯克的增加幅度最明显，每 10 年可通航里程约增加 232 km。

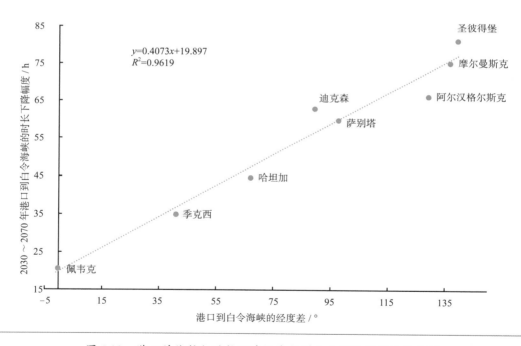

图 5.23　港口总体航行时长下降幅度与到白令海峡经度差关系图

成果要点

- 预计 2030～2050 年东北航道各条最优通航线路逐渐集中有序，各类型船只都能够按照最短路径航行；高浓度排放情境下，普通商船的通航能力显著提高。

- 自 2030～2050 年，北极东北航道每 10 年平均可通航时间增加约 15 h，航行天数减少 0.6 天，可通航里程增加 61 km。

讨论与展望

2030～2050 年北冰洋沿岸港口到白令海峡的预测航线路线变化结果表明：横向对比 RCP4.5 和 RCP8.5 情景下的可能通航路径，在相同时段下前者的通航路径比后者要复杂，而高浓度的排放增加了海冰消融，使得通航路径朝耗时最短的方向统一；纵向对比年代变化，和排放情景对比相似，随着时间推移预测通行航道逐渐趋向统一，且商船能够走通的航线增多，可通航路线逐渐由白令海峡向俄罗斯西北部港口开拓，最终接近于破冰船的通航预测结果。总体而言，21 世纪 30 年代和 40 年代商船在东北航道的可通航里程增长较为缓慢，但是到 2050 年代前后可通航里程增加幅度明显。东北航道对于中俄、中欧经济贸易作用将会持续加重。

本案例研究尚存在一些不足需要进一步完善：东北航道最优通航路径的预测受气候模式的影响较大，气候模式数据本身的准确程度也决定了研究结果的准确性，未来将探索新型的通航指标，基于最新的 CMIP6 气候模式尤其是国内气候模式分析未来东北航道可能对我国经济的影响。另外，由于通航路径不仅仅是自然科学方面的问题，而且涉及政府的政策，因此后续这方面还需要进一步加强分析。

亚洲中部地区气象干旱事件监测

对应目标
SDG 13.2：将应对气候变化的举措纳入国家政策、战略和规划

实施尺度：
中亚五国及中国西北地区

案例背景

　　亚洲中部地区是具有干旱半干旱气候且生态环境极其脆弱的典型区域。受气候变化影响，温度持续升高且降水变率增强，亚洲中部地区近 100 a（50 a）平均增温率为 0.18℃ /10 a（0.33℃ /10 a），增温速率远高于北半球和中国平均水平（杨莲梅等，2018）。亚洲中部地区生态系统脆弱且对气候变化非常敏感，极端气候事件增加，干旱风险将进一步加剧（IPCC, 2018; Patrick, 2017；秦大河等，2002），对该地区农牧业生产及自然环境造成不可忽视的影响。

　　本案例从气候变化引起的气象干旱事件着手，实现内陆极端干旱区典型气象干旱事件的动态监测和影响范围、程度及危害分析，阐述亚洲中部地区干旱风险应对策略的不足，为区域干旱灾害预防和减灾措施提供参考，助力联合国可持续发展目标的实现。

所用地球大数据

◎ 东英吉利大学气候研究中心（Climate Research Unit, CRU）数据集 1961 ～ 2018 年月尺度降水量及潜在蒸散发数据（https://iridl.ldeo.columbia.edu/SOURCES/.UEA/.CRU/），其空间分辨率为 0.5°；

◎ 1992 ～ 2018 年 ESA 为响应气候变化倡议（Climate Change Initiative, CCI）生成的土地覆盖 ESA CCI 数据产品，空间分辨率 3005 m。

方法介绍

　　基于 CRU 数据集中的降水（P）和潜在蒸散（Potential Evapotranspiration, PET）数据计算得到标准化降水蒸散指数（Standarized Precipitation Evapotranspiration Index, SPEI），借助泰尔－森（Sen）斜率和改进型曼－肯德尔（Mann-Kendall）显著性算法分析干旱变化

趋势。干旱是一种时空连续的自然灾害，本案例利用三维聚类干旱事件识别与特征定量化模型（Guo et al., 2018）识别气象干旱事件并分析干旱事件特征及其对不同覆被的影响。其基本步骤包括：① 基于 SPEI 干旱指数构建干旱三维空间（经度 – 纬度 – 时间）；② 逐月提取干旱聚类；③ 识别相邻月份干旱聚类的重叠区，并判断其是否为同一干旱事件；④ 标注所有干旱事件并计算其持续时间、严重度、烈度、质心、移动方向等干旱特征。干旱持续时间指干旱事件所历时的月数，是干旱结束时间与干旱开始时间的时间差；干旱严重度指干旱事件包含的所有格点值的总和，其物理含义是干旱导致的总缺失水量（km^2·mo）；干旱烈度是干旱严重度与干旱持续时间和干旱面积乘积的比率[干旱烈度 = 干旱严重度 /（干旱持续时间 × 干旱面积）]；干旱质心定义为以 SPEI 绝对值为权重的当前干旱事件不规则立方体的三维加权质心。

结果与分析

1. 亚洲中部地区干旱趋势时空分布特征

1961 ~ 2018 年亚洲中部地区呈现整体变湿趋势（图 5.24）。63% 的地区呈现变湿趋势，14.3% 的地区呈现显著变湿趋势，其主要分布在中国新疆地区和哈萨克斯坦西南等地区；35.5% 的地区呈现变干趋势，其中哈萨克斯坦的卡拉干达、库斯塔奈和阿克托比地区以及土库曼斯坦的巴尔坎州、阿哈尔州和马雷州呈现显著变干趋势（约占亚洲中部干旱区面积的 4.3%）。1961 ~ 1999 年中亚五国以变干趋势为主，中国西北干旱区则以变湿为主；

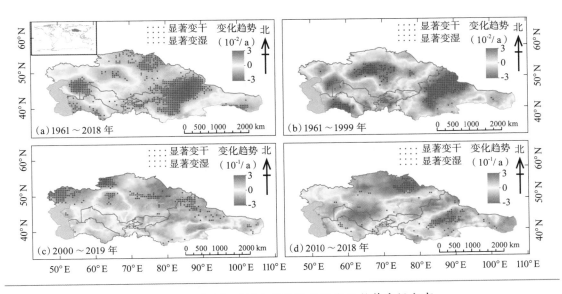

图 5.24　不同时期亚洲中部地区干湿变化趋势空间分布

2000～2009 年亚洲中部地区整体以变干为主；2010～2018 年中亚西部、东部以及新疆西部地区变干，其他地区由干转湿为主。在全球气候变化影响下，亚洲中部地区近 60 年间的干旱趋势变化在不同时间段和空间分布上仍存在一定不确定性。

2. 亚洲中部地区气象干旱事件识别及其影响

本案例基于三维聚类干旱事件识别与特征定量化模型识别了亚洲中部地区干旱事件并提取了干旱事件的持续时间、严重度、烈度等特征。研究发现（图 5.25），1961～2018 年共发生持续时间不低于 3 个月的干旱事件 111 次，大多数干旱事件持续时间为 3～5 个月，超过 70% 的干旱事件多出现东西走向的移动方向（图 5.26），中亚五国气象干旱事件发生频率及其严重度高于中国西北地区，中亚哈萨克斯坦是受气象干旱影响最为严重的国家。1961～1999 年、2000～2009 年、2010～2018 年三个时间段内，亚洲中部地区气象干旱事件平均频次逐渐增加，平均干旱影响面积、持续时间、严重度逐渐降低，但干旱烈度增强，短期高烈度的气象干旱对植被的影响要比长期低烈度的影响更为不利，使得气象干旱带来的风险进一步增大。

基于干旱影响范围和干旱发生年份对应的土地覆被数据，分析了 1990～2018 年干旱事件对不同土地覆被类型的平均影响面积（图 5.27）。整体来看，干旱对草地和稀疏植被影响较重，占干旱影响总面积的 59%～60%，其中稀疏植被分布地区受干旱影响的程度不

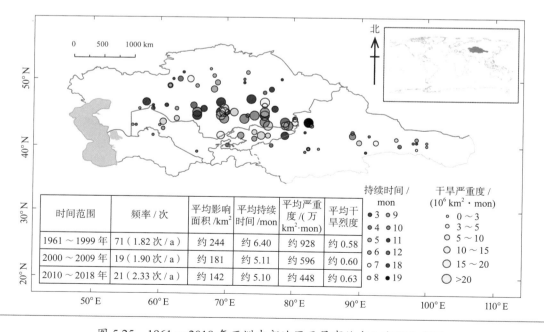

图 5.25　1961～2018 年亚洲中部地区干旱事件中心空间分布图

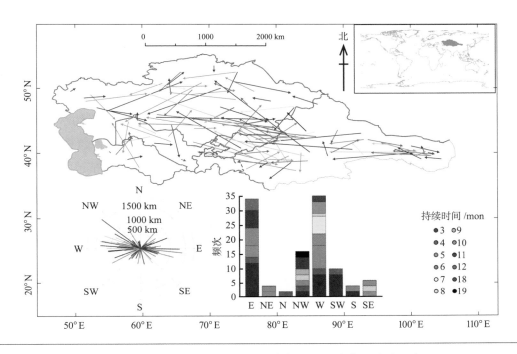

图 5.26 1961～2018 年亚洲中部地区干旱事件移动方向

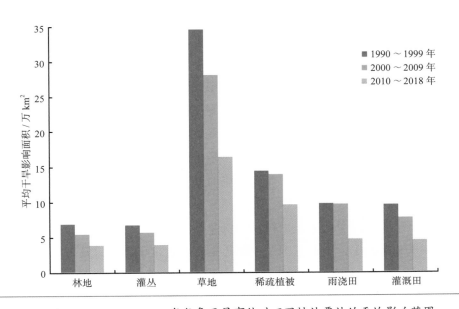

图 5.27 1990～2018 年气象干旱事件对不同植被覆被的平均影响范围

容忽视；耕地（雨浇田和灌溉田）、林地（林地和灌丛）次之，其干旱影响面积比重分别为 22%～25% 和 16%～18%。由于亚洲中部地区尤其是哈萨克斯坦北部分布有大范围的雨浇田，在受到气象干旱事件影响时，难以采取农业灌溉水资源管理措施来缓解旱情的影响。

近 30 年，亚洲中部地区气象干旱事件对不同土地覆被类型的影响面积持续降低。1990～1999 年干旱对耕地、林地、草地及稀疏植被的影响较重，2000～2009 年次之，林地影响面积下降约 2.5 万 km^2（约 18%），草地和稀疏植被的影响下降约 7 万 km^2（约 14%），耕地影响下降约 2 万 km^2（约 10%）。2010 年以来，对不同土地覆被类型的影响面积再次降低，林地影响面积下降约 3.4 万 km^2（约 30%），草地和稀疏植被的影响下降约 1.6 万 km^2（约 37%），耕地影响下降约 0.8 万 km^2（约 46%）。值得注意的是，气象干旱频次逐渐增多和烈度逐渐增强对不同地类带来的危害还有待进一步分析。不容忽视的是，在全球气候变化影响下，气象干旱对草地和稀疏植被的影响最为严重，耕地受干旱的影响可通过水资源合理配置等手段来缓解，而亚洲中部地区草地及稀疏植被分布较广，其地表植被生长仍主要受自然气候条件控制，因此，干旱对草地和稀疏植被的影响难以通过人为调控来缓解，需要引起管理部门的重视。

3. 亚洲中部地区应对干旱风险响应策略

中亚五国和中国西北部地区地处气候干旱区，在全球气候变化背景下，该地区干旱灾害的不确定性和随机性增强，其脆弱的生态环境背景使干旱带来的危害也愈发难以控制和恢复。

在长期应对干旱灾害的经历中，该地区各国逐渐形成结合管理、法律、技术、经济等多种手段的旱灾应对响应模式：从国家层面到地方各级设置防汛抗旱指挥部（中国）及国家紧急状态委员会指挥部（中亚五国）；制定《中华人民共和国抗旱条例》、《国家防汛抗旱应急预案》（中国）及国家紧急状态相关法案（中亚五国），结合水资源相关法律及地方法规，依法协调和统一抗旱责任和作用；采取水利工程联合调度、工农业节水措施、种植抗旱作物相结合等手段降低和减轻干旱灾害带来的损失；针对重大干旱事件，启动不同等级的响应预案，政府出资并组织实施灾后临时性救助。总体来说，中亚五国和中国仍以应急抗旱和危机管理模式为主。

目前，国际干旱管理的总趋势是由被动的应急抗旱和危机管理模式向主动的风险管理模式转变（喻朝庆，2009），中亚五国及中国还是以应急抗旱和危机管理模式为主，存在以下不足：① 缺乏有效的与抗旱有关的强有力的法律、法规，抗旱行为多依靠政府的行政命令和行政手段；② 抗旱策略重"抗"轻"防"，旱情出现后才采取应对工程及经济补救措施，经济补偿办法主要针对旱灾引起的实际损失，忽视干旱保险和补贴等经济手段；

③ 重视旱情引起的经济效益损失，忽视生态效益，仅考虑工农业、人居生活用水需求，未重视生态用水需求，难以满足社会经济可持续发展的要求；④ 对运用先进科学技术开展旱情监测、早期预警、灾害评估以及水资源优化配置等非工程措施重视不够，难以适应抗旱需求，缺乏集旱情早期风险预警、监测、分析和决策支持于一体的旱情监测预警综合平台。

成果要点

- 1961～2018 年，亚洲中部地区总体呈现变湿趋势：63% 的地区呈现变湿趋势，主要分布在中国新疆地区和哈萨克斯坦西南等地区；35.5% 的地区呈现变干趋势，主要分布在哈萨克斯坦中部地区。

- 1961～2018 年，亚洲中部地区气象干旱事件平均频次逐渐增加，平均干旱影响面积、持续时间、严重度逐渐降低；中亚五国气象干旱事件发生频率及严重度高于中国西北地区。气象干旱对草地和稀疏植被影响较重，农、林次之。

讨论与展望

本案例基于地球大数据新技术和模型，提出基于经度、纬度、时间三维要素的气象干旱事件动态监测的评估方法体系和模型，确定了气象干旱事件发生的频次、持续时间、影响程度，评估了气象干旱事件对耕地、林地、草地及稀疏植被的影响，可为管理部门应对干旱风险管理提供决策参考。

当前气象干旱指标繁多，案例中采用的 SPEI 是反映气象干旱的常用指标之一，未对 SPEI 在空间上的适应性和不确定性开展进一步分析，未来将深化及完善该方向的工作，并与其他气象干旱指标进行对比分析；其次，气象干旱仅仅是干旱的一种风险表现形式，它所呈现的是在全球气候变化条件下存在的气候风险事件，在人为干涉的条件下，尤其是农业旱情可以得到一定的缓解，不一定就发展为实际旱情，未来还需要综合考虑土壤、作物、灌溉等下垫面条件判别旱情；此外，亚洲中部地区气象干旱事件平均频次逐渐增加，虽然平均干旱影响面积、持续时间、严重度逐渐降低，但频次及干旱烈度增强，短时期高烈度的旱情比长时间低烈度旱情对植被的危害更大，会造成植被萎蔫、失水甚至死亡，尤其是对雨养田及草地的影响更大，对烈度增强造成的危害也有待于找到更好的分析手段进行进一步的分析。

本章小结

本章重点围绕 SDG 13 的两个具体目标开展案例分析。在 SDG 13.1 气候变化相关灾害方面，分析了相关地区受灾人数，以及典型自然灾害（洪水、滑坡、火灾、沙尘暴）的空间分布特征，为减灾提供了全新的数据集；在 SDG 13.2 气候变化应对方面，提出了气候变化引发非洲沙漠蝗迁飞的机理及其可能路线、针对冻土冻融现象的增加及其对工程施工可能的危害程度、北极航道通航的能力及可持续性、全球森林碳循环影响和变化、亚洲中部地区干旱事件的主动应对等策略。

结果显示，因气候引起的灾害，在亚非拉等广大发展中国家和地区影响最为严重，受灾人口和死亡人口最多；2019 年的森林火灾对南美洲热带雨林、非洲和澳大利亚造成严重影响；中亚地区的沙尘排放和沙尘气溶胶影响依然严峻。

气候变化下，人类还需要应对一些新的挑战。气候变化引起的降水异常，导致非洲沙漠蝗的大范围迁飞，对亚非地区农业造成显著影响；高亚洲地区冻土稳定性减弱，高风险地区不断增加，对该地区铁路、公路等工程建设形成巨大挑战；亚洲中部整体呈现变湿的趋势，但干旱频次增加，尤其对草地和稀疏植被造成的影响最大；气候变化带来的也并不全是坏消息，也有些新的机遇，比如在北极地区，北极海冰的逐年减少将使北极通航成为可能，并且在未来通航成本将逐渐下降；全球森林的固碳能力将会增强，尤其是北半球森林将会显著增强。

SDG 13 的案例，是在针对现有指标的基础上，依托地球大数据的特点，对指标进行了拓展和完善，使政府和机构更全面地理解气候变化所面临的问题，包括威胁和机遇，从而更好地应对气候变化，减少相关损失。

14 水下生物

第六章
SDG 14 水下生物

背景介绍

占地球表面积 71% 的海洋是全球三大生态系统之一，在调节全球水循环、调节气候、支持地球生命等方面具有重要作用。海洋生态系统的平衡对人类生存和可持续发展具有重要意义。随着人们对开发海洋的认识的突飞猛进的发展，开发、利用与管理海洋资源，发展海洋经济已成为 21 世纪世界经济发展和国际竞争的一个重要领域。SDG 14 "保护和可持续利用海洋和海洋资源以促进可持续发展"被写入联合国《变革我们的世界：2030 年可持续发展议程》，全球海洋可持续发展已成为国际社会共同关注的热点问题之一。

我国海洋开发领域不断扩大，由近海向远海、由浅海向深海不断推进。部分沿海国家已经逐步与我国达成了共识——积极响应联合国《变革我们的世界：2030 年可持续发展议程》，全面维护海洋和平、促进海洋经济可持续发展、各个国家经济和谐发展，已经成为海洋可持续发展的必然要求。数据是目前制约 SDG 14 指标监测的最大瓶颈。SDG 14 的 10 个具体指标中，有 5 个 Tier Ⅱ 类指标（即有明确方法但缺少相关数据的指标）。

考虑"全球环境公域"切入点及"科学技术"杠杆效应，本报告将聚焦地球大数据技术支撑的预防和大幅减少各类海洋污染（SDG 14.1）、可持续管理和保护海洋和沿海生态系统（SDG 14.2）、保护沿海和海洋区域（SDG 14.5）三个具体目标，充分利用地球大数据及其相关技术，为我们准确把握我国海洋可持续发展相关重大问题提供新的分析工具和数据依据（表 6.1）。

表 6.1　重点聚焦的 SDG 14 指标

具体目标	具体指标	分类状态
SDG 14.1 到 2025 年，预防和大幅减少各类海洋污染，特别是陆上活动造成的污染，包括海洋废弃物污染和营养盐污染	SDG 14.1.1 富营养化指数和漂浮的塑料污染物浓度	Tier Ⅱ
SDG 14.2 到 2020 年，通过加强抵御灾害能力等方式，可持续管理和保护海洋和沿海生态系统，以免产生重大负面影响，并采取行动帮助它们恢复原状，使海洋保持健康，物产丰富	SDG 14.2.1 国家级经济特区当中实施基于生态系统管理措施的比例	Tier Ⅱ
SDG 14.5 到 2020 年，根据国内和国际法，并基于现有的最佳科学资料，保护至少 10% 的沿海和海洋区域	SDG 14.5.1 保护区面积占海洋区域的比例	Tier Ⅰ

主要贡献

利用中国科学院"地球大数据科学工程"提供的数据集和模型方法，重点围绕海洋污染、海洋生态系统健康和沿海区域保护三个方向，在典型地区上开展 SDG 14 指标监测与评估，为全球海洋可持续发展提供中国在 SDG 14 指标监测中的数据产品、方法模型和决策支持三个方面的贡献（表 6.2）。

表 6.2　案例名称及其主要贡献

SDGs 指标	案例	贡献
SDG 14.1 到 2025 年，预防和大幅减少各类海洋污染，特别是陆上活动造成的污染，包括海洋废弃物污染和营养盐污染	南海及周边典型海域富营养化评价	数据产品：2019 年南海及周边海域的富营养化现场调查数据 方法模型：建立了一种基于无机氮、无机磷和溶解氧的富营养化评价新方法 决策支持：提供南海及周边重点海域富营养化评价结果及建议
	中南半岛近岸水产养殖塘时空格局及其对近海叶绿素 a 的影响评估	数据产品：2000 年、2010 年和 2015 年中南半岛典型水产养殖国近岸水产养殖塘时空分布及近海叶绿素 a 监测产品 方法模型：提出一种评价近岸水产养殖塘空间分布对近海叶绿素 a 影响的定量评价方法 决策支持：为改善东南亚水产养殖国近海水体富营养化、减少海洋营养盐污染的相关政策制定提供数据支撑和决策支持
	科伦坡港附近海域水环境变化	数据产品：科伦坡港口附近水环境参数（2013、2020 年，30 m） 方法模型：港口附近的叶绿素、悬浮泥沙等重要水环境参数定量反演 决策支持：客观反映港口工程前后水环境变化特征，为促进港口海洋环境恢复提供科学依据
SDG 14.2 到 2020 年，通过加强抵御灾害能力等方式，可持续管理和保护海洋和沿海生态系统，以免产生重大负面影响，并采取行动帮助它们恢复原状，使海洋保持健康，物产丰富	沿海国家海岸带红树林动态变化	数据产品：1990 年、2000 年、2010 年和 2015 年沿海国家海岸带红树林数据集 方法模型：基于机器学习的红树林精确提取方法和红树林动态变化分析方法 决策支持：为相关国家提供红树林保护、恢复和管理，以及海洋及其周边生态环境保护的决策支持
SDG 14.5 到 2020 年，根据国内和国际法，并基于现有的最佳科学资料，保护至少 10% 的沿海和海洋区域	海岸带港口城市发展及其岸线保护与利用	数据产品：1990 年、2000 年、2010 年和 2015 年海岸带港口城市建设用地扩张和岸线变化数据集 方法模型：港口城市建设用地扩张分析模型及岸线保护分析方法 决策支持：为进一步推动海岸带岸线保护和海岸带生态环境修复提供科学量化依据

案例分析

南海及周边典型海域富营养化评价

对应目标

SDG 14.1: 到2025年，预防和大幅减少各类海洋污染，特别是陆上活动造成的污染，包括海洋废弃物污染和营养盐污染

对应指标

SDG 14.1.1: 富营养化指数和漂浮的塑料污染物浓度

实施尺度

南海及周边海域

案例背景

1. 富营养化的形成原因及发展趋势

营养盐的过量排放导致了全球性的水体富营养化，其表现形式包括：有害赤潮的暴发、大型海藻暴发、有机物质降解导致的底层水缺氧等。富营养化还会改变食物网的结构，导致浮游动物数量下降并影响渔业产量。富营养化不仅仅是营养盐的增加所导致的，与营养盐之间的比例改变也有关系。海水中氮、磷、硅的比值称为 Redfield 比值，维持在 16：1：15 左右（Redfield, 1934），如果某种营养盐含量增加，就会改变 Redfield 比值，相对含量最低的营养盐成为限制因子。氮和磷的排放相对于硅过多时，硅藻的生长会受到抑制，而甲藻等有害藻类则会占优势。南海是一个半封闭海，被中国和东盟各国环绕，是全球经济和人口增长最快的地区之一，因此面临较为严重的营养盐污染压力。查明并分析南海周边重点海域的营养盐污染现状及变化趋势，为减少近海营养盐污染提供科学依据和决策支持，可直接服务于 SDG 14.1。

按照海域的不同使用功能和保护目标，中国把海水水质分成四大类，适用于从渔业到港口业，而东盟国家没有区分海域的功能，仅采用了一个水质标准，对应中国的 I 类水质，这两种标准基本类似，但是无机磷浓度东盟的规定是 0.045 mg/L，而中国只有 0.015 mg/L（表 6.3）。

表6.3　中国和东盟海水水质标准比较　　　　（单位：mg/L）

地区	无机氮	无机磷	溶解氧	参考文献
中国（Ⅰ类水质）	0.200	0.015	6	GB3097—1997
东盟	0.185	0.045	4	ASEAN 2004

2. 富营养化评价概况

富营养化评价最初通过单一种类的营养盐浓度状态来表征和评价，如早期的单因子评价法，之后采用几种营养盐的组合来表征和评价富营养化，如富营养化指数（Eutrophication Index, EI）法包括3个参数（化学耗氧量、总无机氮和无机磷）（邹景忠等，1983），营养状态质量指数（Nutrient Quality Status Index, NQI）利用了4个参数（化学耗氧量、总无机氮、无机磷和叶绿素 a）（陈于望，1987），营养指数（trophic index, TRIX）利用了叶绿素 a、溶解氧、总氮、总磷、无机氮和无机磷6个参数（Vollenweider et al., 1998）等。这些评价方法的共同点是以营养盐为评价指标或营养盐在富营养化评价中占较高的评价权重，被称为第一代富营养化评价模型与方法。

基于营养盐的富营养化评价方法在实际应用中存在一定的问题，即在某些情况下难以准确、全面地反映海域的富营养化状况。基于压力－状态－响应框架的第二代富营养化评价模型，比如 ASSETS 模型（Bricker et al. 2003）、OSPAR 模型都是既考虑水质状态也考虑生态响应的富营养化评价综合模型。生态响应又包含初级生态响应（叶绿素 a、浮游植物细胞总丰度和大型藻过度生长）和次级生态响应（底层溶解氧和有害藻华发生）指标，但是这些模型往往过于复杂，不易推广和应用。富营养化评价目前还没有一个标准和统一的方法，本案例拟建立一个简化的、能客观地反映出富营养化现状的富营养化评价方法，特别是针对东南亚国家近海日益受到关注的低氧现象。

14 水下生物　所用地球大数据

◎ 在中国－东盟海上合作基金项目"中国－东盟海洋公园生态服务网络平台建设（2016～2019 年）"和"全球变化背景下南中国海近海生态系统监测与保护管理示范（2018～2020 年）"的资助下，自然资源部第三海洋研究所和东盟各国的合作单位开展了联合调查航次并把现场采集的样品带回国内分析。采集时间为 2018 年 6 月到 2019 年 12 月，采集地点包括北部湾、泰国湾、柔佛海峡、马尼拉湾、龙目岛、孟加拉湾的 79 个站位，基本覆盖了南海的主要区域。其中北部湾的 6 个站位在不同月份采集 5 次，其他海域受到采样许可限制，仅采集 1 次。数据格式包括站位、经纬度、无机氮、无机磷、硅酸盐、温度、盐度、溶解氧等。

方法介绍

本案例针对南海及周边典型海域海洋富营养化现状进行评价。这些海域多位于热带和亚热带，通常只有干季和雨季，大部分国家为发展中国家，人口密度大。根据文献查阅和现场实测数据，对无机氮、无机磷和溶解氧的含量设置了评价标准，这些标准略高于中国的水质标准（表6.4）。

表6.4　富营养化评价选取的参数及阈值　　　　　　　（单位：mg/L）

参数	正常	轻微	中等	严重
无机氮	≤ 0.2	0.2～0.5	0.5～1.0	> 1.0
无机磷	≤ 0.015	0.015～0.045	0.045～0.100	>0.1
溶解氧	> 4	3～4	2～3	≤ 2

本案例建立的富营养化评价方法选取无机营养盐为主要参数，同时结合了次级生态响应中的溶解氧指标，这是考虑到低氧现象是南海及周边典型海域面临的主要问题之一。无机营养盐选取了无机氮和无机磷，相比于无机磷，无机氮的污染通常更为严重，因此无机氮的权重为40%，无机磷和溶解氧权重均为30%。对每个参数，都设计了线性的方程式来定量（表6.5）。

表6.5　富营养化指数的标准　　　　　　　（单位：mg/L）

无机氮	无机磷	DO
$I_{DIN} = 40$ $0 \le x \le 0.2$	$I_{DIP} = 30$ $0 \le x \le 0.015$	$I_{DO} = 30$ $x > 4$
$I_{DIN} = -66.67x + 53.33$ $0.2 < x < 0.5$	$I_{DIP} = -500x + 37.5$ $0.015 < x < 0.045$	$I_{DO} = 15x - 30$ $2 \le x \le 4$
$I_{DIN} = -40x + 40$ $0.5 \le x \le 1$	$I_{DIP} = -272.7x + 27.27$ $0.045 \le x \le 0.1$	$I_{DO} = 0$ $x < 2$
$I_{DIN} = 0$ $x > 1.0$	$I_{DIP} = 0$ $x > 0.1$	

本案例建立的富营养化指数（Eutrophication indicator, EI）由无机氮、无机磷和溶解氧对应的指数相加而成，按照富营养化的程度分成4个等级，对应不同的颜色（表6.6）。

为了验证本方法的可靠性，对天津港2004～2008年的水质平均数据进行了评价。结果显示，其2005年为严重富营养化，2007年和2008年为中等富营养化。第一代富营养化评价的3种方法，包括NQI、有机物污染指数（A）、富营养化指数（EI），同样显示

2005 年的富营养化现象最为严重，之后有所缓解，第二代综合评价方法只评价了 2007 年和 2008 年（表 6.7）。

表 6.6　不同程度富营养化的评分标准

项目	良好	轻微	中等	严重
富营养化指数（EI）	80～100	60～80	30～60	0～30
对应颜色	绿色	黄色	橙色	红色

表 6.7　对天津港富营养化评价的评价结果及和其他方法的比较

年份	EI（本案例）	NQI	A	EI	综合模型
2004	85	4.4	4.7	19.8	NA
2005	30	9	14.6	38.2	NA
2006	71	4.8	5.1	21.3	NA
2007	55	4.3	7.24	21.3	
2008	55	6.3	13	19.5	

注：NQI 见（陈于望，1987）；A 见（梁玉波，2012）；EI 见（邹景忠等，1983）；综合模型见（吴在兴，2013）。其中，红色、橙色、黄色和绿色分别代表富营养化的不同程度，NA：未评价。

结果与分析

2018 年 12 月～2019 年 12 月采集的南海及周边典型海域样品结果见表 6.8。其中，北部湾、柔佛海峡和孟加拉湾的无机氮超标，柔佛海峡、马尼拉湾和孟加拉湾的无机磷超标。

表 6.8　南海及周边典型海域营养盐实测平均值

海区	地点	时间	站位／个	无机氮／（mg/L）	无机磷／（mg/L）	氮磷比
北部湾	昌江	2019 年 1 月	6	0.249±0.053	0.015±0.002	37.4±8.8
泰国湾	思仓岛	2018 年 12 月	8	0.197±0.094	0.008±0.002	54.7±16.9
柔佛海峡	柔佛	2019 年 5 月	8	0.431±0.222	0.063±0.051	18.8±6.3
马尼拉湾	马尼拉	2019 年 12 月	14	0.110±0.140	0.072±0.064	3.6±3.1
巴厘海	龙目岛	2019 年 11 月	16	0.031±0.029	0.005±0.002	11.5±10.1
孟加拉湾	吉大港	2019 年 7 月	11	0.449±0.209	0.052±0.021	19.1±4.8

1. 无机氮

柔佛海峡无机氮浓度 2019 年 5 月平均值为 0.431 mg/L，基本接近 2017 年 5 月测定的平均值，显示该海域水质状况没有改善；孟加拉湾吉大港海域无机氮浓度为 0.449 mg/L，和 2018 年测定的 0.675 mg/L 接近，但是后者的采样点更靠近戈尔诺普利河（Karnaphuli River）河口（Hossen et al., 2019）。吉大港海域 2014 年无机氮的最大浓度是 0.060 mg/L（Mallick et al., 2016），显示该海域的富营养化有加剧的趋势。柔佛海峡是分隔新加坡和马来西亚的唯一通道，受人为活动影响较大，该海域无机氮排放没有实现 SDG 14.1 大幅缩减的目标。孟加拉国人口众多，近年来经济发展较快，反映在吉大港海域的污染增长上，急需政府采取措施控制污染排放。

泰国湾 2018 年 12 月无机氮浓度平均值为 0.197 mg/L，和 2012 年 11 月的平均值接近；马尼拉湾 2019 年 12 月无机氮平均值为 0.110 mg/L，和 2012 年 8 月 0.090 mg/L 相比没有明显的变化（Sotto et al., 2014）；龙目岛无机氮浓度只有 0.031 mg/L，是 6 个海域中最低的，可能和岛周围海域没有河流输入有关。

2. 无机磷

根据 2016 年以来在海南昌江附近海域的连续监测数据可以看出，该海域的无机磷变化不大，总体接近 0.015 mg/L，而北部湾北部海域在 2011 年春夏的平均含量均为 0.002 mg/L，低于浮游植物生长阈值（吴敏兰，2014），这显示北部湾无机磷浓度在逐渐增加，但是仍然符合 I 类水质标准。

柔佛海峡无机磷浓度 2019 年 5 月平均值为 0.063 mg/L，对比 2017 年 5 月测定的平均值略有增加，显示该海域水质状况没有改善；马尼拉湾 2019 年 12 月无机磷平均值为 0.072 mg/L，和 2012 年 8 月的 0.021 mg/L 相比有明显的增加（Sotto et al., 2014）；孟加拉湾吉大港海域 2019 年 7 月无机磷平均浓度为 0.052 mg/L，远远大于 2014 年的最大浓度 0.003 mg/L（Mallick et al., 2016），显示该海域的富营养化在加剧。

泰国思仓岛 2018 年 12 月无机磷浓度平均值为 0.008 mg/L，和 2012 年 11 月平均值相比大幅下降，显示泰国湾的水质有改善；龙目岛 2019 年 11 月无机磷浓度只有 0.005 mg/L，是 6 个海域中最低的，可能和岛周围海域没有河流输入有关。

3. 氮磷比

海水中的氮磷比平均为 16：1，当氮磷比小于 8 时，浮游植物生长受氮限制，而氮磷比大于 30 时则受磷限制。富营养化导致海水中的氮磷比失衡，必然有一部分氮（磷限制水体）或磷（氮限制水体）相对过剩。这部分相对过剩的营养盐只有在水体得到适量的磷（磷

限制水体）或氮（氮限制水体）
的补充，使氮磷比值接近 16
时，这部分氮或磷对富营养
化的贡献才能真正体现出来，
这种现象称为潜在性富营养
化（图 6.1）。

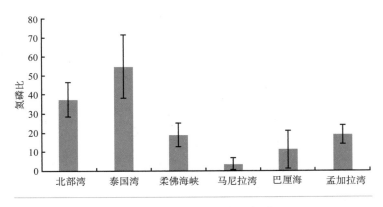

图 6.1 2019 年 6 个海域的氮磷比

2019 年北部湾和泰国湾
的氮磷比超过了 30，显示这
两个海域受到磷限制，而北
部湾在历史上就存在磷限制
的问题（吴敏兰，2014）；马尼拉湾的氮磷比小于 8，显示该海域受到氮限制；其他 3 个
海域氮磷比正常。

4. 富营养化评价结果

本案例利用新建的评价方法对南海 5 个海域进行了富营养化评价，结果显示北部湾、
泰国湾和巴厘海海域的水质状况良好，柔佛海峡和马尼拉湾均有一些站位存在程度不同的
富营养化（图 6.2）。

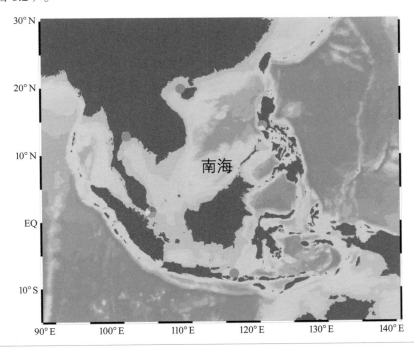

图 6.2 南海海域的富营养化评价结果（红色、橙色、黄色和绿色分别代表富营养化的不同程度）

其中，柔佛海峡1个站位呈现严重的富营养化，3个站位表现中等的富营养化，2个站位分别表现轻微和无富营养化［图6.3（a）］；马尼拉湾的3个站位呈现中等富营养化，7个站位表现轻微富营养化，4个站位水质良好，均位于马尼拉湾顶的中部［图6.3（b）］。

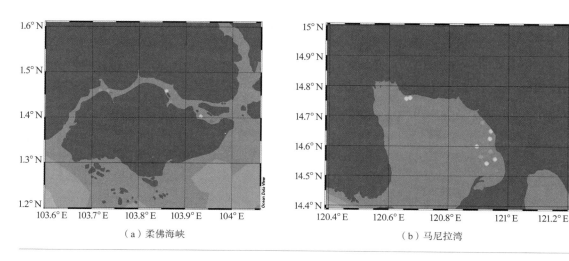

（a）柔佛海峡　　　　　　　　　　　　（b）马尼拉湾

图 6.3　柔佛海峡和马尼拉湾的富营养化评价结果

成果要点

◉ 综合利用无机营养盐和溶解氧含量，兼顾水体营养盐污染现状和次级生态效应，建立了适合南海近海海域的富营养化评价方法。

◉ 利用新建的富营养化评价方法对南海5个典型海域进行了评价，结果显示柔佛海峡和马尼拉湾存在程度不同的富营养化现象。

◉ 和历史数据相比，柔佛海峡、马尼拉湾和孟加拉湾的营养盐污染排放近年来没有缩减，后者甚至有增加的趋势。

讨论与展望

　　本案例是中国科研团队首次在南中国海及周边海域系统采集样品并得到第一手资料，数据测定和分析均在中国境内完成，这为数据的可比性提供了保障。由于在外方海域采集样品受到各种限制，因此采集的站位和次数较少。本案例建立的富营养化评价方法针对南海及周边典型海域相关监测数据较少的特点，综合利用了无机营养盐和溶解氧含量，兼顾了水体营养盐污染现状和次级生态效应。通过该评价方法，本案例证实了马尼拉湾和柔佛海峡存在程度不同的富营养化现象，这与以往的认识一致，同时也从侧面反映了这两个海域没有达到 SDG 14.1 预期的大幅减少污染物排放的目标，该研究结果可为当地政府决策提供依据。尽管该评价方法的评分标准还需要在今后的应用中不断完善，但目前已经能够实现不同海域之间的横向比较，可为客观评价南海及周边典型海域富营养化现状提供支持。海域富营养化和陆源污染排放息息相关，因此，今后应该加强陆海统筹，综合评价河流和海域的富营养化现状，并从源头开展富营养化的防控。

中南半岛近岸水产养殖塘时空格局及其对近海叶绿素a的影响评估

对应目标

SDG 14.1：到2025年，预防和大幅减少各类海洋污染，特别是陆上活动造成的污染，包括海洋废弃物污染和营养盐污染

对应指标

SDG 14.1.1：富营养化指数和漂浮的塑料污染物浓度

案例背景

中南半岛包括越南、柬埔寨、泰国和缅甸四个沿海国家，是重要的水产养殖热点区域，其中越南和泰国被列入全球十大水产养殖国。近岸水产养殖塘产生的大量富含营养盐（如氮和磷等）的养殖废水汇入近海，致使近海出现营养盐污染，如富营养化和赤潮等暴发（Cao et al., 2007; Sohel and Ullah, 2012; Cai et al., 2013; Soriano et al., 2019; Xing et al., 2019）。叶绿素 a 浓度是营养盐污染和富营养化的重要表征指标（Loisel et al., 2017）。因此，明确中南半岛近岸水产养殖塘和近海叶绿素 a 浓度的空间分布格局，定量分析和评价水产养殖塘空间分布格局对近海叶绿素 a 浓度的影响，即明确了陆上营养盐污染的空间格局和对近海水体富营养化的影响，可为中南半岛水产养殖塘的可持续发展和空间合理规划布局提供数据基础，为减少近海养殖业造成的营养盐污染提供决策支持，直接服务于 SDG 14.1 目标的实现。但目前，水产养殖塘对叶绿素 a 的影响研究大多是通过实验室方法在典型试验区开展的，不适用于大尺度的评价（Nhan et al., 2008; Anh et al., 2011），且 SDG 14.1 尚缺乏近岸养殖业对近海水环境的影响评价的相关研究。

所用地球大数据

◎ 遥感数据：GEE 平台上的美国地质调查局（USGS）陆地卫星 -5 地表反射率 1 级数据产品（Landsat-5 Surface Reflectance Tier 1）、USGS 陆地卫星 -8 实时数据原始影像 1 级数据产品（Landsat-8 Collection 1 Tier 1）和 Real-Time data Raw Scenes 等数据集，空间分辨率为 30 m。

◎ 叶绿素 a 浓度数据：空间分辨率为 500 m 的叶绿素 a 数据产品，来源于 GEE 的 NASA MODIS Aqua L3SMI 和 NASA MODIS Terra L3SMI。

◎ 水产养殖产量和产值数据：来源于 FAO (http://www.fao.org/fishery/statistics/global-aquaculture-production/en)、越南统计局 (https://www.gso.gov.vn/default_en.aspx?tabid=778) 和缅甸统计局 (https://www.csostat.gov.mm/PublicationAndRelease/StatisticalYearbook) 的渔业统计数据，搜集了中南半岛近岸各省的水产养殖产量和产值数据。

方法介绍

　　水产养殖塘空间分布格局对近海叶绿素 a 影响的评价方法：以海岸线为基准，向陆地方向延伸 40 km 作为近岸水产养殖塘研究区，向海洋方向延伸 100 km 作为近海叶绿素 a 研究区；对海岸线进行概化和等距离打断作为样线（50 段），向陆地方向做 40 km 缓冲区作为水产养殖塘样区，向海洋方向 0 ~ 100 km 内每隔 1 km 建立缓冲区生成 100 个叶绿素 a 样区；统计样区的养殖塘面积占比作为自变量，样区的叶绿素 a 浓度平均值作为应变量，分析不同缓冲区的叶绿素 a 浓度的定量关系，并评价其影响范围和程度。

　　该方法适合在区域和国家等大尺度区域开展应用，且具有可扩展性，可在相关研究中使用。

结果与分析

　　在 Google Earth 高分辨率影像上选取大量的水产养殖塘样点作为参考点对中南半岛水产养殖塘数据产品开展验证，水产养殖塘制图精度为 89.5%；同时，省域和国家尺度水产养殖面积与 FAO 提供的渔业产量和产值统计数据具有显著的正相关关系（$p < 0.001$）（图 6.4）。基于数据分析，基准年（2015 年）中南半岛近岸水产养殖塘总面积约为

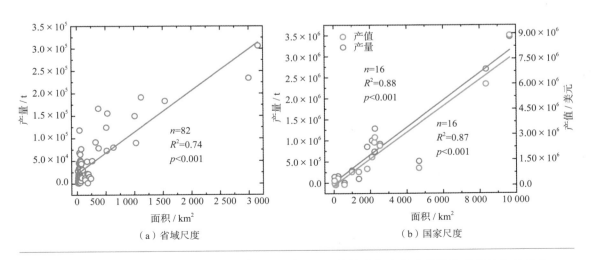

图 6.4　省域尺度和国家尺度的水产养殖面积与 FAO 提供的水产养殖产量和产值的相关关系

14 377.41 km²，其中越南占 67.20%，泰国占 17.59%，缅甸占 14.61%，柬埔寨占 0.60%（图6.5）。2000 ～ 2015 年水产养殖塘持续扩张，其中，2000 ～ 2010 年的年平均增长面积为104 km²，高于 2010 ～ 2015 年（90 km²/a）；年扩张面积最大的为越南（333 km²/a），其次为缅甸（48 km²/a）。

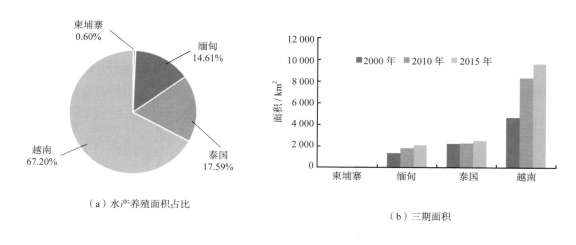

（a）水产养殖面积占比　　（b）三期面积

图 6.5　基准年（2015 年）中南半岛国家近岸区（0 ～ 40 km）水产养殖塘面积占比和三期面积

中南半岛的养殖塘分布热点区，如越南的红河和湄公河三角洲、泰国的湄南河三角洲和缅甸的伊洛瓦底江三角洲等，具有较高的叶绿素 a 浓度（图6.6）。近岸水产养殖塘分布对近海叶绿素 a 浓度有显著的贡献（$p < 0.001$），近岸养殖塘分布占比越大，近海叶绿素 a 浓度越高，随着离岸距离变大，影响逐渐减小。且受养殖周期和叶绿素 a 浓度季节节律的影响，在湿季（5 ～ 11 月）水产养殖塘的分布对近海叶绿素 a 的影响明显高于干季（12 ～ 4月）[图6.6（b）]。

同时，四个国家离岸 10 km、20 km、30 km、40 km、50 km 和 60 km 的叶绿素 a 浓度变化统计结果（表6.9）显示：① 随着离岸距离的增加，叶绿素 a 浓度逐渐降低。② 越南水产养殖区占比最大（8.37%），近海 10 ～ 60 km 的叶绿素 a 浓度也最高；柬埔寨养殖区占比最小（0.33%），叶绿素 a 浓度相对最低。③ 缅甸的水产养殖塘占比（1.21%）小于泰国（2.82%），但近海叶绿素 a 浓度却高于泰国，主要由于缅甸的伊洛瓦底江三角洲的近海区具有最高的叶绿素 a 浓度和最大的影响范围（图6.6），但水产养殖塘面积并不是最大。这可能是由于该区域水域营养盐来源除了水产养殖业外，其他的营养源，如生活污水和农业面源污染等，对其影响更为显著。

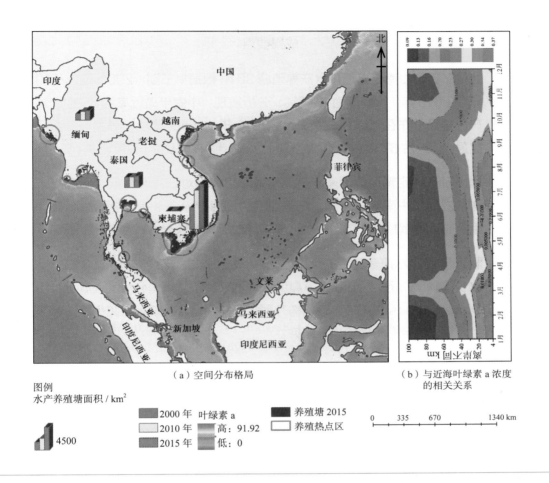

图 6.6 中南半岛水产养殖塘空间分布格局及与近海叶绿素 a 浓度的相关关系图

表 6.9 中南半岛国家近岸养殖塘面积、占比及不同离岸距离的叶绿素 a 浓度

	近岸养殖塘面积 / km²	养殖区占比 /%	离岸不同距离的叶绿素 a 浓度 /（mg/L）					
			10 km	20 km	30 km	40 km	50 km	60 km
越南	9661.93	8.37	3.22	2.70	2.27	1.97	1.74	1.56
泰国	2528.65	2.82	2.94	2.25	1.76	1.46	1.25	1.12
柬埔寨	85.85	0.33	1.61	1.15	0.85	0.65	0.54	0.44
缅甸	2100.98	1.21	3.03	2.97	2.89	2.78	2.66	2.52

成果要点

◎ 完成了首套中南半岛近岸水产养殖塘 30 m 数据集三期（2000 年、2010 年和 2015 年），精度为 89.5%；分析发现，中南半岛近岸约 80% 的水产养殖塘分布在离岸 0 ~ 15 km；2015 年，越南近岸水产养殖塘面积占比最大，约占 67%，其次为泰国（17%）、缅甸（15%）和柬埔寨（1%）。

◎ 提出了一种定量评价近岸水产养殖塘时空格局对近海叶绿素 a 影响的方法；发现了中南半岛近岸水产养殖塘对近海叶绿素 a 有显著贡献，离岸距离越近贡献越大，在湿季水产养殖塘对近海叶绿素 a 的影响更显著。

◎ 明确了近岸水产养殖是近海富营养化的重要陆上营养盐污染源之一，数据集和分析结果可为 FAO 和地球观测组织（Group on Earth Observations, GEO）等机构开展水产养殖塘合理规划与减少近海营养盐污染提供数据支撑和决策服务。

讨论与展望

　　本案例阐明了中南半岛近岸水产养殖塘的时空分布格局，为相关机构开展国家尺度水产养殖塘的科学规划和布局提供数据支撑；提出了一种大尺度定量评价近岸水产养殖塘时空格局对近海叶绿素 a 影响的方法，具有可移植性和推广性，可应用于水产养殖塘空间分布格局对近海叶绿素 a 的影响评价。

　　在中南半岛，近岸水产养殖塘的排污是近海水体高营养盐的重要来源之一，也是海域富营养化的重要原因，未来如果考虑洋流、径流、风场和陆地的其他污染（如近岸工厂排污和农业面源污染）等因素，将能进一步准确、定量地计算水产养殖塘对近海叶绿素 a 浓度的定量贡献率。通过控制和合理布局水产养殖塘的分布及规模，可有效减少近海营养盐污染和富营养化程度。本案例的分析结果可为 FAO 和 GEO 等机构开展水产养殖塘合理规划与减少近海营养盐污染提供数据支撑和决策服务。

科伦坡港附近海域水环境动态变化监测

对应目标

SDG 14.1：到2025年，预防和大幅减少各类海洋污染，特别是陆上活动造成的污染，包括海洋废弃物污染和营养盐污染

对应指标

SDG 14.1.1：富营养化指数和漂浮的塑料污染物浓度

案例背景

21世纪，全球范围内的沿海开发已成为区域经济的新增长点（杜雯，2017），海岸带聚拢效应日趋显著，海洋航运业、海岸工程建设、滨海旅游业等开发活动迎来大发展，但同时海岸侵蚀、生境破坏、渔业资源锐减、赤潮浒苔灾害等海洋环境生态问题也日益突出。为使海洋经济与生态环境协调可持续发展，有必要对人类开发活动较为剧烈的海域进行水环境和生态系统健康的监测和防治（杜雯，2017）。

联合国 IAEG-SDGs 将指标对应状态分为 Tier Ⅰ（有方法有数据）、Tier Ⅱ（有方法无数据）和 Tier Ⅲ（无方法无数据）三类。当前，联合国 IAEG-SDGs 确定了 SDG 14.1.1 的监测指标体系，即富营养化指数和漂浮的塑料污染物浓度。然而，目前尚未有港口建设附近海域水环境相关动态进展的成果发布，这与数据可用性和 SDG 14.1.1 目前仍处于 Tier Ⅲ 阶段直接相关。尽管如此，从科技创新促进可持续发展目标的角度出发，符合联合国 SDG 14.1.1 目标、全球可借鉴的重点港口水环境动态监测与评估，对海洋可持续发展目标的实现具有重要意义。科伦坡港口作为"一带一路"合作项目中中国与斯里兰卡共同新建的关键港口，是世界上最大的人工港口之一，其建设前后近海水环境变化和恢复状况动态监测极具典型性，为 SDG 14.1.1 目标提供了难得的全球可借鉴的重点港口水环境动态监测与评估契机。国内外对近岸水色遥感已有丰富经验和基础（林晓娟等，2018；边佳胤，2013；Bricker et al., 2008），依托地球观测大数据的优势，借鉴珠江口的大气校正模型、较为成熟的悬浮泥沙三波段组合算法和 OC3 叶绿素 a 浓度算法（殷宇威等，2019；Ye et al. 2016; Ye et al. 2014; Hu et al., 2012; Zhang et al. 2010），通过遥感手段实现科伦坡港海域水环境的监测，可为把握海港建设对海洋环境影响客观规律，处理好港口建设同海洋环境保护之间的关系提供借鉴意义。

所用地球大数据

◎ 2013 ~ 2020 年 Landsat-8 的陆地成像仪（Operational Land Imager, OLI）的 L1 可见光和红外波段数据，时间分辨率为 16 d，空间分辨率为 30 m；

◎ 2013 ~ 2020 年国际 Argo（Array for Real-time Geostrophic Oceanography）计划印度洋共享 Bio-Argo（Biogeochemical Array for Real-time Geostrophic Oceanography）的叶绿素 a 浓度浮标数据；

◎ 2012 年 6 月航次悬浮泥沙实测数据。

方法介绍

1. 大气校正模型参数区域化

采用短波红外加红外波段进行大气校正，卫星数据采用 Landsat-8，其具体过程和步骤包括：通过数据的辐射定标、大气顶部总反射计算、瑞利散射反射率计算获得瑞利校正反射率，再通过短波红外指数拟合，获得拟合后的红外及短波红外瑞利校正反射率，进而计算获得大气校正因子，推算其他波段气溶胶反射率，最终获得水体的遥感反射率（Ye et al., 2016）。

2. 叶绿素 a 浓度卫星遥感反演方法

利用 Landsat-8 数据，沿用 NASA 官网业务化的 OC3 叶绿素 a 浓度反演算法（Hu et al., 2012），基于 Band1（海岸波段，433 ~ 453 nm）、Band2（蓝光波段，450 ~ 515 nm）和 Band3（绿光波段，525 ~ 600 nm），反演叶绿素 a 浓度，利用东印度洋 Argo 表层叶绿素 a 浓度数据验证表明该算法平均相对误差为 40%。公式如下：

$$Rat = Max（Band1, Band2）/Band3$$
$$Rat_{\log10} = \lg（Rat）$$
$$Chla = 10^{（0.2412+Rat_{\lg}×（-2.0546+Rat_{\lg}×（1.1776+Rat_{\lg}×（-0.5538+Rat_{\lg}×-0.457）)))}$$

3. 悬浮泥沙浓度卫星遥感反演方法

基于 2012 年 6 月 5 日航次实测数据，依据 Zhang 等（2010）近岸悬浮泥沙算法，建立了悬浮泥沙的红绿波段比值算法（Ye et al., 2014），Band1、Band3 和 Band4 分别表示 Landsat-8 的 Band1（海岸波段，443 ~ 453 nm）、Band3（绿光波段，525 ~ 600 nm）和 Band4（红光波段，630 ~ 680 nm），该算法的平均相对误差为 19.2%（表 6.10）。公式如下（单位为 g/m^3）：

$$\lg（TSM）=2.147+35.83×Band1+34.8×Band4-0.9546×Band1/×Band4-51.68×Band3$$

表 6.10　Landsat-8 叶绿素 a 和悬浮泥沙反演精度

算法	平均相对误差 /%	R^2
叶绿素 a 的 OC3 算法（Hu et al., 2012）	40	0.90
悬浮泥沙算法（Ye et al., 2014）	19.2	0.91

结果与分析

由 2013 ～ 2020 年科伦坡港口海域水环境动态变化（图 6.7）的统计分析可知，2013 ～ 2020 年科伦坡港口海域水环境对应的 SDG 14.1.1 指标趋势整体向好。

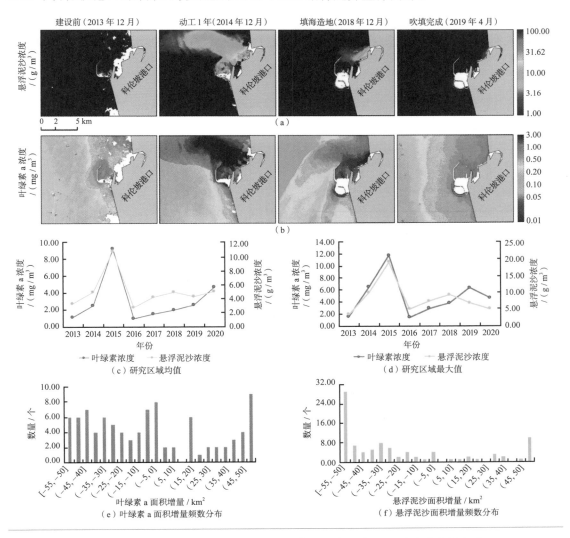

图 6.7　科伦坡港海域悬浮泥沙和叶绿素 a 浓度及其面积增量的空间分布

从空间变化来看，港口建设引起的水环境变化影响范围小于 10 km，面积小于 54 km^2（图 6.7）。由于港口北部海域邻近河流出海口，且是港口建设的唯一出口通道，而港口中部和南部海域在建设初期就已被优先修建的堤岸封闭，因此，科伦坡港口建设主要影响港口北部海域（叶绿素 a 增量小于 1.2 mg/m^3，悬浮泥沙增量小于 1.5 g/m^3），南部和西部海域受到的影响较小（叶绿素 a 增量小于 0.06 mg/m^3，悬浮泥沙增量小于 0.03 g/m^3）（图 6.7、图 6.8）。

从时间变化来看，就整个港口总体水环境年际变化而言，叶绿素 a 和悬浮泥沙峰值都出现在 2014 年底至 2015 年初，其他时间浓度相对稳定（图 6.7）；而季节特征为春冬季叶绿素 a 和悬浮泥沙含量明显高于夏秋季（图 6.8）。科伦坡港口水环境建设初期（2014 年底至 2015 年初）虽然存在叶绿素 a 和悬浮泥沙的增加，但在 4 个月内都基本恢复至建设前水平（图 6.8）。从国家角度来说，中国港口建设符合可持续开发目标，能最小化对海洋环境的影响。

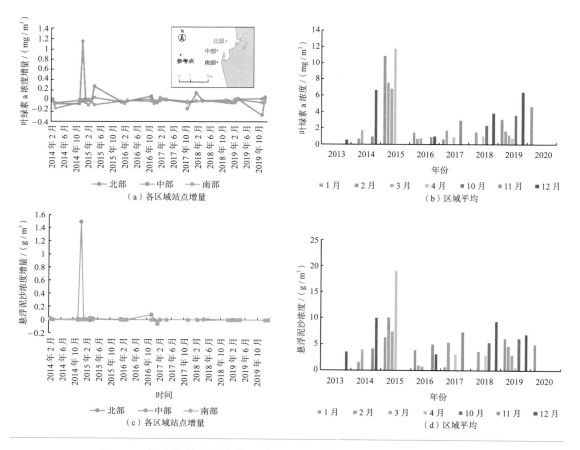

图 6.8　各月份科伦坡港建设前后水环境参数增量和总量的时间序列

成果要点

◉ 构建了基于 Landsat-8 的科伦坡港大气校正模型、悬浮泥沙和叶绿素 a 浓度反演模型，为实现 SDG 14.1 提供时空连续的观测方法。

◉ 空间尺度上，港口建设引起的水环境变化影响范围在 10 km 以内，面积小于 54 km^2，且其主要影响港口北部海域，对南部和西部海域的影响较小，能将陆上活动造成的污染控制在合理空间尺度，符合 SDG 14.1 目标。

◉ 时间尺度上，科伦坡港口在建设初期虽然存在叶绿素 a 增长、悬浮泥沙增加的水环境响应，但在 4 个月内都基本恢复至建设前水平，建设影响能控制在合理时间尺度内，符合 SDG 14.1 目标。

讨论与展望

　　本案例利用国际共享数据集，建立了港口海域的重要水质参数叶绿素 a 和悬浮泥沙浓度的反演模型，进一步对长时间尺度 SDG 14.1.1 的重点港口建设水环境变化进行监测。结果表明：空间上，港口建设引起的水环境变化影响范围小于 10 km，面积小于 54 km^2，且其主要影响港口北部海域，南部和西部海域影响微弱；时间上，科伦坡港口建设对水环境影响在 4 个月内都能基本恢复至建设前水平。上述结果表明，科伦坡港口建设符合 SDG 14.1.1 的目标和可持续开发。本案例相关方法可在河道疏浚、岸线防护、渔业可持续开发等方面提供重要决策依据，适合推广用于其他关键港口海域水环境的监测和评估，为推进符合 SDG 14.1.1 目标的"一带一路"海洋建设提供重要信息支持。

　　进一步针对其他重点港口继续实施营养盐减排、海域生态系统修复等措施，并持续开展水环境变化动态监测，是评估管理措施有效性并最终消除水环境影响的有效途径。未来，水环境变化评估可纳入更多的水质指标，构建更加精细、完善的体系，对多源数据通过平台的整合，并进一步实现真正大数据分析和挖掘提供方法，为 SDG 14.1 提供更全面的支持。面向国际需求，本案例可为中国海洋发展研究会（China Association of Marine Affairs, CAMA）、自然资源部（Ministry of Natural Resources, MNR）、GEO（Group on Earth Observations）等机构合理规划港口建设、减少海洋水环境污染、管理和保护近海环境等提供数据支持和决策服务。

沿海国家海岸带红树林动态监测

对应目标

SDG 14.2： 到2020年，对海洋和沿海生态系统进行可持续管理和保护，以免产生重大不利影响，包括加强其韧性，并采取行动助其恢复原状，以确保海洋健康且物产丰富

对应指标

红树林面积随时间的变化

实施尺度

沿海国家

案例背景

　　红树林（Mangrove）是海岸带生态系统中重要的植物群落，对沿海的社会、生态、经济等具有重要的价值。红树林分布在海岸带沿线，具有固定碳、净化水质、减缓气候变化、维持海陆生物多样性和生物地球化学循环、保护海岸线和沿岸基础设施的作用，并为当地居民长期提供具有经济价值的鱼虾养殖、木材泥炭等产品。同时，红树林是全球最脆弱的生态系统之一，在其分布的所有区域内都受到威胁。在过去的半个多世纪中，全球红树林数量急速下降，损失面积已经超过1/3，严重威胁到人类的生产与发展（Kuenzer et al., 2011; Heumann, 2011）。因此，对红树林的保护、管理和可持续利用集中反映了 SDG 14 目标的实现状况。获取有关红树林空间分布和动态变化的最新、最完整、最准确的信息对于设定可持续发展目标的基准和跟踪政府在国家或地方层面上实施可持续发展目标的行动至关重要。

　　遥感技术可为红树林的保护和管理提供有力支持。由于红树林分布在海陆交界的滩涂浅滩，生长环境复杂多变，传统的实地调查方法存在工作量大、效率低的问题，难以获得较大范围、准确的信息。最近几十年，遥感技术的快速发展使得大范围红树林监测成为可能。利用遥感技术监测范围广、重复周期短、时效性强等特点，红树林监测取得了许多成果（Spalding et al., 2010; Giri et al., 2011; Hamilton and Casey, 2016; Chen et al., 2017; Liao et al., 2019）。这些工作加强了我们对红树林生态系统的了解，并为红树林生态系统的保护、管理和可持续利用提供了决策支持。然而，这些工作主要在特定时间点以地区和国家尺度

刻画红树林的空间分布，没有反映出红树林生态系统的动态变化，这对开展可持续发展目标的持续评估带来了挑战。

本案例研究区红树林面积占全球红树林总面积的一半以上，这些地区受人类活动和自然灾害的影响突出，对红树林的侵占和利用较为明显。SDG 14.2 要求部分国家确定 2030 年保护、恢复红树林等沿海生态系统的目标，利用遥感等地球大数据技术对该地区红树林空间分布进行长时间动态变化监测，可支持 SDG 14.2 目标的实现。

所用地球大数据

◎ 研究所用数据包括遥感数据、验证数据和辅助分析数据。其中，遥感数据为 2883 景 1990 ～ 2015 年 Landsat 数据，分辨率为 30 m，主要为 1990 年、2000 年、2010 年和 2015 年无云或少云的 Landsat TM 和 ETM+ 数据。验证数据为 USGS 提供的 2000 年全球红树林分布（Global Distribution of Mangroves）数据，FAO 提供的 1990 年、2000 年和 2005 年全球红树林（Global Mangrove Watch）统计数据，以及 Google Earth 中相关年份的高分辨率影像数据。此外，还利用世界银行数据库提供的相关国家社会经济统计数据（如人口、GDP 等）作为辅助分析数据。

方法介绍

对选用的 Landsat 影像经辐射定标、大气校正、配准、波段彩色合成等预处理后，参考 Google Earth 中相同时相的影像，通过判断不同类型红树林的光谱特征、纹理特征、空间配置关系等建立解译标志，然后利用 ArcGIS 软件完成矢量化，并通过专家知识和高分辨率影像对比，减少红树林提取的不确定性，获得红树林的分布范围制图，生成 1990 年、2000 年、2010 年和 2015 年案例研究区海岸带红树林数据集。利用趋势分析 – 空间相关分析方法分析海岸带红树林的动态变化。

结果与分析

利用上述的验证数据集对生成的海岸带红树林数据集进行验证，将这些数据集相互重叠的区域作为选取红树林样本点的参考区域，在 1990 年、2000 年、2010 年和 2015 年的红树林提取结果图中分别布设 1088 个、1056 个、1077 个和 1055 个验证点（验证点的地物类型包括红树林和非红树林），然后采用混淆矩阵方法验证红树林提取精度，得到 1990 年、2000 年、2010 年和 2015 年红树林提取的 OA 均大于 90%，kappa 系数均大于 0.8。

本案例研究区海岸带有红树林分布的国家有 45 个，其中亚洲 19 个，非洲 26 个（图 6.9）。对研究区海岸带红树林动态变化状况进行分析发现：1990～2015 年，本案例研究区

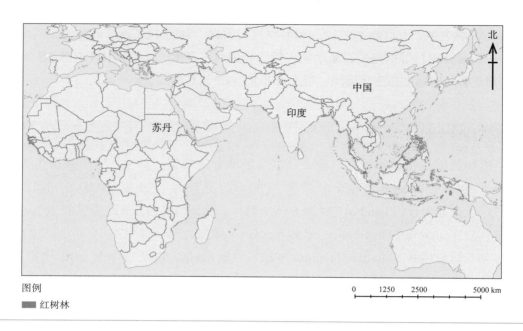

图 6.9　2015 年部分国家海岸带红树林分布图

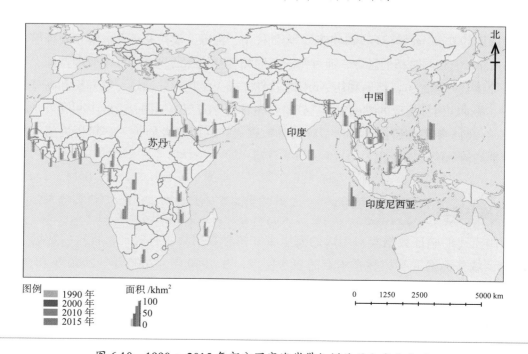

图 6.10　1990～2015 年部分国家海岸带红树林面积变化状况

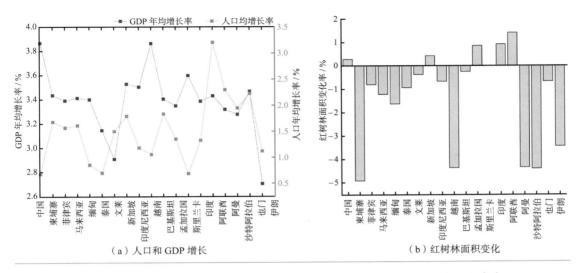

图 6.11　1990～2015 年亚洲各国红树林面积变化与人口和 GDP 增长的关系

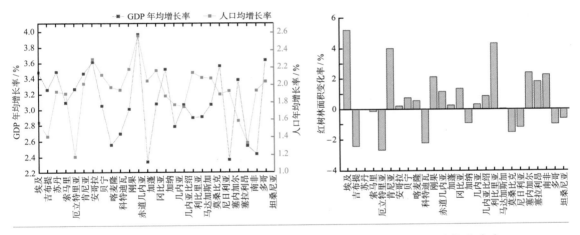

图 6.12　1990～2015 年非洲各国红树林面积变化与人口和 GDP 增长的关系

68.4% 的亚洲国家海岸带红树林面积呈持续减少趋势，除中国 2000～2015 年海岸带红树林面积呈增加趋势外，东南亚各国 1990～2015 年海岸带红树林面积均呈减少趋势；66.4% 的非洲国家红树林面积呈增加趋势，其中以埃及、肯尼亚和利比亚增长最多（图 6.10）。通过分析亚洲和非洲各国的人口增长和 GDP 增长发现：1990～2015 年亚洲大部分国家 GDP 年均增长率高于 3%，人口年均增长率低于 3%，对应红树林面积变化呈减少趋势（图 6.11）；非洲大部分国家 GDP 年均增长率低于亚洲国家，而人口年均增长率高于亚洲国家，对应红树林面积的变化则主要呈增长趋势（图 6.12）。这说明人口增长并不直接影响红树林面积的变化，而人类经济活动对红树林的影响较大，相对于人口增长，GDP 的增长对红树林的影响更大。

1990～2015 年，亚洲红树林面积减少最多的国家为柬埔寨、越南、阿曼和沙特阿拉伯（表6.11），红树林面积减少率几乎达 5%，而这几个国家的 GDP 年均增长率均在 3% 以上。特别是越南，由于养殖业的快速发展，对红树林的侵占较为明显，其 GDP 年均增长率也最高，达 3.8%。

表 6.11　1990～2015 年亚洲红树林面积减少较多的国家　　（单位：%）

国家	红树林面积变化率	GDP 年均增长率	人口年均增长率
柬埔寨	−4.9	3.4	1.7
越南	−4.3	3.8	1.1
阿曼	−4.3	3.3	2.3
沙特阿拉伯	−4.4	3.2	2.0

另外，红树林的变化还与当地政府对红树林的保护政策和民众的保护意识有关。比如在中国，虽然经济增长较快，但由于政府实施退塘还林、退塘还湿等措施，并通过建立红树林保护区，加强民众保护红树林的意识，2000 年以来红树林面积的变化呈增长趋势，有效地支持了 SDG 14.2 目标的实现。

本案例研究区海岸带红树林面积随时间变化的数据集，可作为海岸带生态环境变化的基础数据，同时，海岸带红树林的变化状况，可为相关国家提供红树林保护、恢复和管理，以及海洋及其周边生态环境保护的决策支持，直接服务于 SDG 14.2 目标，可提供给联合国环境规划署（United Nations Environment Programme, UNEP）、FAO 等机构以及相关国家用于红树林生态系统的保护、恢复和管理。

成果要点

○ 构建了地球大数据支撑下的海岸带红树林动态变化数据集，分析了海岸带红树林的分布范围随时间的变化的状况，为了解本案例研究区生态环境变化进程提供数据支持，为相关国家提供海岸带红树林保护、恢复和管理，以及海洋及其周边生态环境保护的决策支持。

○ 本案例研究区中，68.4% 的亚洲国家海岸带红树林面积呈持续减少趋势，66.4% 的非洲国家海岸带红树林面积呈增加趋势；亚洲国家人类活动对海岸带红树林的影响较大，而非洲国家则影响较小，且 GDP 的增长相对于人口增长对红树林的影响更大。

讨论与展望

红树林生态系统具有重要的生态和社会经济功能。海岸带地区人类活动的增加，以及人们对红树林生态系统提供的生态系统服务能力普遍缺乏认识，导致这些国家海岸带红树林的覆盖状况随着时间的推移发生了变化。本案例利用多时相遥感图像技术，很好地捕捉了海岸带红树林的动态变化，证实了人类活动对红树林生态系统的影响。本案例研究成果可为相关国家政府制定相关政策，加强有效管理，改进监测和执法，促进海岸带红树林生态系统的可持续管理提供依据。同时，本案例也证实了遥感大数据及相关技术对支持实施《变革我们的世界：2030 年可持续发展议程》具有重要的潜力。

多时相遥感大数据虽然提供了人类活动导致海岸带红树林动态变化的直接证据，但人类活动对红树林生态系统的影响程度还需要结合相关的社会经济数据加以分析。因此，下一步的工作需要加强社会经济指标与红树林生态系统的关联分析，以及加强不同经济结构发展模式和速度下红树林变化的分析，以期为红树林的保护和恢复、管理和利用提供支持。同时，需要在相关国家和组织推广红树林动态变化的相关研究成果，加强这些国家的政府和民众对红树林生态系统服务能力的认识，从而更有效地保护和管理当地的红树林生态系统，为可持续发展目标的实施提供支持。

海岸带港口城市发展及其岸线保护与利用

对应目标

SDG 14.5：到2020年，根据国内和国际法，并基于现有的最佳科学资料，保护至
少10%的沿海和海洋区域

对应指标

SDG 14.5.1：保护区面积占海洋区域的比例

实施尺度

全球部分国家

案例背景

　　海岸带作为第一海洋经济区，地处海陆交汇地带，是人类赖以生存的重要资源区域
（Scheffers et al., 2012），境内生态系统具有显著复合性、边缘性和活跃性特征。因其海
陆两岸经济荟萃，生产力内外双向辐射，成为区域社会经济发展的"黄金地带"。经济建
设和生态保护复杂博弈引发的海岸带生态问题，已成为联合国可持续发展研究的关注热点
（Holligan and Boois, 2016; Anderson et al., 2017）。海岸线作为海岸带的重要组成部分，与
海岸开发利用及保护、海域范围活动等密切相关，既是海岸带综合管理的基础要素，也是
海岸带变化的标志性要素，其形态和结构直接受到海岸开发的影响。海平面上升、新构造
运动、沿海滩涂、湿地生态系统及近岸海洋环境等都是自然岸线变化的重要因素，港口和
港口城市的快速发展则是人工岸线增长的重要原因之一。在港口城市高速扩张格局下，人
工岸线快速增加并侵占自然岸线，使自然岸线保有率受到严重威胁，海陆格局发生剧烈变
化（Luijendijk et al., 2018）。同时，人工岸线的建设直接或间接改变了海岸线的总长度，
因此监测海岸线的动态变化（Boak and Turner, 2005）、科学量化统计并保障自然岸线保有
率是十分必要的，准确的监测也成为海岸带资源环境调控和综合管理的一项重要任务。

　　目前，世界各国对海岸线具体位置的认定尚不完全一致。中国的有关标准、文献和行
业规定，如《海洋学术语　海洋地质学 GB/T 18190—2000》《海道测量规范 GB 12327—
1998》《1∶500、1∶1000、1∶2000 地形图图式 GB/T 7929—1995》《中国海图图式 GB
12319—1998》，均以平均大潮高潮时水陆分界线的痕迹线（即平均大潮高潮线）作为海岸
线。平均大潮高潮线是被广泛用于指示动态海岸线的"代理岸线"，参考以往学者经验，

中等空间分辨率的影像上潮汐对岸线位置的误差基本小于 1 个像元,无须进行潮汐校正。本案例研究采用的影像空间分辨率为 30 m,影像时间均接近海域中高潮位时期,可减小提取结果受潮汐影响的误差。

世界各个国家和地区文化差异显著、地理覆盖范围广、经济发展程度差异大,经济发展问题复杂多变,其中大部分国家空间信息获取能力薄弱,目前尚未建立较好的空间数据基础设施,缺乏一手的数据来源以掌握区域发展的自然资源本底情况。受近海围塘养殖、围填海和港口及城市建设等各种人类活动共同影响,部分国家人工岸线持续增长。以往的研究多侧重于海岸线的提取技术与提取过程,岸线演变的分析多以文字叙述为主而非量化阐述,缺乏系统性。研究区也以局部小范围为主,大尺度海岸线变迁研究相对匮乏。目前。地球大数据已逐渐成为海岸带资源环境全面调查的重要技术手段,可提供多领域的海量数据,为监测大范围的海岸带生态环境要素提供了极大的便利。本案例在国家发展层面以国家为研究单元,从海岸线整体出发,多角度、系统性、综合刻画宏观尺度、长时间序列下海岸线时空变迁特征。

14 所用地球大数据

◎ 本案例研究采用 30 m 分辨率的 Landsat-5 TM、Landsat-7 ETM+ 和 Landsat-8 OLI 无云或低云覆盖率卫星遥感影像(http://glovis.usgs.gov)进行岸线提取。时间尺度涵盖 1990 年、2000 年、2010 年和 2015 年四个时期(重点区域包括 2020 年),数据空间范围覆盖东南亚、南亚、西亚、地中海沿岸以及非洲的东至南部沿岸等国家的重点区域,总数据量多达 3000 景以上。

14 方法介绍

根据《中国海图图式 GB 12319—1998》等多部行业规范,以平均大潮高潮时水陆分界的痕迹线(即平均大潮高潮线)作为海岸线的定义;通过建立科学分类体系、解译标志和界定方法,对沿海岸线位置分布与类型信息进行目视解译提取;最后经拓扑检查、潮汐修正等完成海岸线的属性检查与精度验证,形成海岸线数据集,有效避免了基于遥感影像的分辨率和时相不同产生的伪变化情况。基于岸线数据信息结果,从岸线长度和结构组成分析岸线变化特征。岸线分为两个一级类,包括自然岸线(基岩岸线、砂质岸线、淤泥质岸线、生物岸线、河口岸线)和人工岸线(养殖围堤、盐田围堤、农田围堤、建设围堤、港口码头岸线、交通围堤、护岸海堤和丁坝)。

结果与分析

1. 岸线数据精度检查

海岸线数据的精度检查包括位置检查、类型检查和拓扑关系检查三部分。海岸线的位置检查和类型检查分别是对海岸线的空间位置分布和类型属性的准确性的检查，海岸线的类型结合 Google Earth 的时间工具功能，缩放到对应的成像年份时间段的卫星影像，判断海岸线的类型；海岸线的拓扑关系检查是对海岸线线段之间空间形态特征的检查，本研究建立的拓扑规则主要包括悬挂点、自重叠、重叠三种错误类型。

2. 大陆海岸线长度和结构变化分析

1990～2015 年，本案例研究区内海岸线长度总体呈稳定增长趋势（图 6.13）。1990～2015 年整体岸线长度从近 321 670 km 增长至近 328 880 km，增长了 7210 km，年均增速是 288 km。其中，海岸线长度于 2010 年达到最高值（约 329 820 km），比 1990 年增长了近 8147 km，增幅 2%，增速约 407 km/a。从阶段性岸线长度变化情况来看，1990～2000 年与

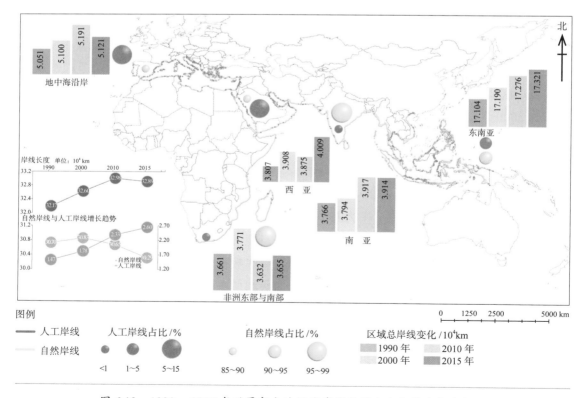

图 6.13　1990～2015 年世界部分地区海岸线类型分布和岸线长度变化

2000～2010 年两阶段属于增长快速期，增速分别约为 435 km/a 和 380 km/a，增幅分别约为 1.4% 和 1.2%。而 2010～2015 年，岸线长度有所减少，年均减少约 187 km，人工岸线增长变缓，而其他自然岸线长度呈减少趋势。

自然岸线的长度比例由 1990 年的 95%（306 959 km）下降为 2015 年的 92%（302 878 km），下降速度为 163 km/a。人工岸线的长度比例由 1990 年的 5%（14 715 km）升至 2015 年的 8%（26 006 km），增加了 3 个百分点（11 291 km），平均增长速率为 452 km/a。其中，1990～2000 年人工岸线的增长速度为 305 km/a；2000～2010 年增速最快，高达 557 km/a；2010～2015 年，人工岸线增加速度变慢，增加速度为 534 km/a。

本案例研究区可根据地理位置大致分成东南亚、南亚、西亚、地中海沿岸以及非洲的东部至南部沿岸等地区。从各地区的岸线变化来看，东南亚的岸线增长最为显著，25 年增长近 2165 km，增速达 87 km/a，呈逐年增长趋势；西亚区域岸线的增长同样明显，25 年增长近 2020 km，增速达 81 km/a，呈现总体增长但期间出现减少的趋势；而南亚和地中海沿岸区域的岸线则呈现先增长但 2010 年后减少的趋势，长度增长分别为 1474 km 和 693 km，增速分别为 59 km/a 和 28 km/a；非洲的东部至南部沿岸区域近 25 年岸线长度却出现减少，减少了近 49 km，但其在 1990～2000 年有较大幅度的增长（表 6.12）。

表 6.12　1990～2015 年五大区域岸线长度数据 　　　　　（单位：km）

地区	1990 年	2000 年	2010 年	2015 年
东南亚	171 041	171 904	172 758	173 206
南亚	37 664	37 935	39 171	39 138
西亚	38 072	39 082	38 746	40 092
地中海沿岸	50 514	51 000	51 913	51 207
非洲东部至南部	50 360	51 418	50 053	50 311

从地域上看，东南亚、西亚地区是促使整体岸线长度增长的主要因素，因为当地发展中国家居多，海洋经济发展迅速。相比之下非洲东、南部，海洋经济发展相对较弱，自然岸线受侵蚀影响，致使岸线长度整体呈减少趋势。

从岸线类型上看，人工岸线比重虽小却分布广泛，是整体岸线长度增长的主要动力。人工岸线主要密集分布于地中海沿岸，中东波斯湾沿岸，东南亚泰国湾、马六甲海峡、爪哇岛北部等地区，组成成分有养殖鱼塘、港口城镇、围填海工程等，承载着巨大的经济意义。港口和海岸带的城市发展、人类活动、海洋经济建设等是人工岸线增长的主要驱动力，如东南亚国家滨海鱼塘的建设、各国港口的升级扩建、岛屿国家的填海造陆工程、中东国家的海洋经济工程等均是造成人工岸线增长的驱动因素。

1990～2015年，本案例研究区岸线长度增长变化比率大于20%（深红，增长显著区）的区域不多，占比约为5%，集中分布于波斯湾沿岸国家，其中阿联酋、巴林、科威特等国的岸线长度增长最为明显；而大部分区域的岸线长度增长比率居于0%～20%（浅红，增长普通区），占比约56%，东南亚的马来半岛、苏拉威西岛东南部、爪哇岛西北部，地中海沿岸的意大利、巴尔干半岛等处岸线增长较为明显（浅红，增长普通区）。岸线长度减少变化出现大于20%的程度的区域较少（深蓝，侵蚀显著区），仅占4%；而岸线长度减少幅度居于0%～20%（浅蓝，侵蚀普通区）的区域约占35%，主要分布于菲律宾、南非、摩洛哥等国（图6.14）。

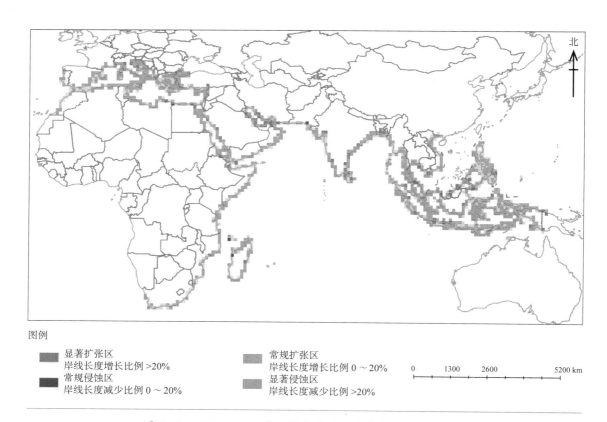

图例

    ■ 显著扩张区   ■ 常规扩张区
       岸线长度增长比例 >20%   岸线长度增长比例 0～20%
    ■ 常规侵蚀区   ■ 显著侵蚀区
       岸线长度减少比例 0～20%   岸线长度减少比例 >20%

图 6.14　1990～2015 年世界部分地区海岸线变化比率分布

成果要点

- 构建了地球大数据支撑下的长时序海岸带数据集，从国家层面剖析岸线变迁特征和驱动因素，为沿线国家自然岸线的保护、可持续利用海洋资源提供数据基础。

- 近 30 年，本案例研究区中的东部地区，尤其是东南亚国家沿线的海岸线变化较大；本案例研究区的海岸线长度总体呈稳定增长趋势。其中，人工岸线的长度比例由 1990 年的 5%（14 715 km）升至 2015 年的 8%（26 006 km），平均增长速率为 452 km/a；自然岸线的长度比例由 1990 年的 95%（306 959 km）下降为 2015 年的 92%（302 878 km），下降速度为 163 km/a。其中，东南亚的岸线增长最为显著，25 年增长近 2165 km，增速达 87 km/a，呈逐年增长趋势。

讨论与展望

　　海岸线保护与利用研究成果直接对接 SDG 14 发展目标。本案例以长时序的全局数据作为研究对象，为全面科学认知部分国家海岸线时空变化特点和规律提供了数据和技术支撑，为相关国家生态环境安全和沿线国家可持续发展提供高质量数据服务和科学决策支持。今后，将进一步实现空间遥感大数据与社会经济数据资源的融合，构建海岸带生态环境监测和质量评价系统，为高效利用和整治修复人工岸线、加强海岸线保护管控提供决策依据，提升政府科学决策能力。

本章小结

　　本章聚焦海洋可持续发展，为 SDG 14 指标提供数据、方法及技术支撑。针对 SDG 14.1 预防和大幅减少海洋污染的指标，本章案例 1、案例 2 和案例 3 分别评估了南海及周边典型海域的富营养化现状及变化趋势、水产养殖塘对近海环境的影响、港城中港口工程前后水环境变化特征，共同为改善海岸带近海水体富营养化、减少海洋营养盐污染和促进港口海洋环境恢复的相关政策制定提供数据、方法和决策支持。针对 SDG 14.2 可持续管理和保护海洋和沿海生态系统的指标，案例 4 构建了地球大数据支撑下的海岸线红树林动态变化数据集，分析了海上丝绸之路沿线国家红树林的变化趋势，可为海洋及其周边生态环境保护提供决策支持。针对 SDG 14.5 扩展沿海和海洋区域保护的指标，案例 5 构建了地球大数据支撑下的海岸带数据库，可为相关国家生态环境安全和可持续发展提供高质量数据服务。

　　以上案例的应用和实践证明了地球大数据相关技术和方法对支持实现海洋可持续发展目标具有重要的潜力。后续将进一步加强陆海相关数据充分融合、监测指标科学评价和辅助决策精准化方面的研究深度，持续开展海洋系统可持续发展状况的动态监测，为实施联合国《变革我们的世界：2030 年可持续发展议程》贡献更大的力量。

15 陆地生物

第七章

SDG 15 陆地生物

背景介绍

　　SDG 15 聚焦可持续管理森林、防治荒漠化、制止和扭转土地退化现象、遏制生物多样性的丧失。健康的生态系统能够保护地球，使生计得以持续。尤其是森林、湿地、山岳和旱地，它们提供了各种各样的环境产品和服务——清洁的空气和水、生物多样性保护和减缓气候变化。但现如今，全球自然资源正在恶化，生态系统面临被破坏的压力，生物多样性正在丢失。不合理的土地利用（毁林等）导致珍贵栖息地丧失、清洁水资源减少、土地退化以及导致更多的碳排放。

　　可持续发展目标的成功实现在很大程度上取决于有效的监测、评估和后续落实进程。然而，受经济、科技等方面的影响，"一带一路"协议国家在这一问题上显然缺乏数据、方法及工具的必要支撑。当前，中国不仅自身要力争全面实现 SDGs，为"一带一路"协议国家提供公共产品，协助其尽可能实现 SDGs 也是我们国家的重大战略需求。

　　本章将聚焦森林保护与恢复、土地退化与恢复、濒危物种栖息地、生物多样性保护、山地生态系统保护、关键基础数据集 6 个方向，围绕森林比例（SDG 15.1.1）、生物多样性保护比例（SDG 15.1.2/15.4.1）、永久森林丧失净额（SDG 15.2.1）、退化土地比例（SDG 15.3.1）、山区绿化覆盖指数（SDG 15.4.2）及红色名录（SDG 15.5.1）具体指标，在"一带一路"协议国家或者典型地区通过地球大数据技术与手段动态监测与评估陆地生物可持续发展进程，为联合国 SDG 15 指标的监测与评估提供科技支撑（表 7.1）。

表 7.1 重点聚焦的 SDG 15 指标

具体目标	评价指标	分类状态
SDG 15.1 到 2020 年，根据国际协议规定的义务，保护、恢复和可持续利用陆地和内陆的淡水生态系统及其服务，特别是森林、湿地、山麓和旱地	SDG 15.1.1 森林面积占陆地总面积的比例	Tier I
SDG 15.1 到 2020 年，根据国际协议规定的义务，保护、恢复和可持续利用陆地和内陆的淡水生态系统及其服务，特别是森林、湿地、山麓和旱地	SDG 15.1.2 保护区内陆地和淡水生物多样性的重要场地所占比例，按生态系统类型分列	Tier I
SDG 15.2 到 2020 年，推动对所有类型森林进行可持续管理，停止毁林，恢复退化的森林，大幅增加全球植树造林和重新造林	SDG 15.2.1 永久森林丧失净额	Tier I
SDG 15.3 到 2030 年，防治荒漠化，恢复退化的土地和土壤，包括受荒漠化、干旱和洪涝影响的土地，努力建立一个不再出现土地退化的世界	SDG 15.3.1 已退化土地占土地总面积的比例	Tier I
SDG 15.4 到 2030 年，保护山地生态系统，包括其生物多样性，以便加强山地生态系统的能力，使其能够带来对可持续发展必不可少的益处	SDG 15.4.1 被保护区覆盖的对山区生物多样性具有重要意义的场所的面积	Tier I
SDG 15.5 采取紧急重大行动来减少自然栖息地的退化，遏制生物多样性的丧失，到 2020 年，保护受威胁物种，防止其灭绝	SDG 15.5.1 红色名录指数	Tier I

主要贡献

本章利用地球大数据开展 SDG 15 指标监测与评估，如可持续森林管理、生物多样性保护，土地退化，濒危物种保护等，以期促进针对众多挑战的政策制定与行动。具体案例信息及其在数据产品、方法模型与决策支持方面的贡献参见表 7.2。

表 7.2 案例名称及其主要贡献

指标	案例	贡献	
SDG 15.1.1 森林面积占陆地总面积的比例	全球 / 区域森林覆盖现状	数据产品：全球 30 m 森林覆盖数据产品，时间为 2019 年，数据产品空间分辨率 30 m，覆盖全球范围，产品精度不低于 85%	
SDG 15.1.2 保护区内陆地和淡水生物多样性的重要场地所占比例	"三海一湖"重要国际流域保护区脆弱性评估	数据产品：2001 年、2005 年、2010 年、2015 年 "三海一湖"重要国际流域保护区的脆弱性数据集	
		方法模型：新发展一种基于地球大数据方法的保护区脆弱性评估方法	
SDG 15.2.1 永久森林丧失净额	东南亚区域森林覆盖时空动态格局	数据产品：2015 年东南亚 9 国 30 m 分辨率森林覆盖产品；2014 ～ 2018 年森林覆盖变化产品	
SDG 15.3.1 已退化土地占土地总面积的比例	全球土地退化零增长进展评估	数据产品：2018 年全球 SDG 15.3.1 评估结果数据集	
		决策支持：2018 年全球国别尺度 SDG 15.3.1 评估报告，为联合国相关机构政策制定提供决策支持	
	中亚五国土地退化监测与评估	数据产品：发布 2000 ～ 2019 年逐年土地退化指数遥感产品，空间分辨率 500 m	
		决策支持：量化中亚土地退化零增长目标完成情况，发布区域土地退化零增长实现的空间分布图	
	非洲地中海地区草地退化态势评估	数据产品：2007 ～ 2019 年草地退化监测产品，空间分辨率 250 m	
		方法模型：考虑生态与生产要素的北非草地退化评价体系	
	蒙古国土地退化与土地恢复动态监测及防控对策	数据产品：30 m 空间分辨率的蒙古国 1990 ～ 2000 年、2000 ～ 2010 年、2010 ～ 2015 年土地退化与土地恢复分布图	
		决策支持：蒙古土地退化与土地恢复驱动力分析，以及蒙古国重点退化地区的土地退化防控建议	

续表

指标	案例	贡献
SDG 15.4.2 山区绿化覆盖指数	"一带一路"经济廊道山区绿化覆盖指数时间序列变化监测与决策支持	*数据产品*："一带一路"经济廊道高分辨率山区绿化覆盖指数数据产品 *方法模型*：构建栅格尺度的山区绿化覆盖指数计算模型 *决策支持*：提出"一带一路"经济廊道山地生态系统保护对策建议
SDG 15.5 采取紧急重大行动来减少自然栖息地的退化，遏制生物多样性的丧失，到 2020 年，保护受威胁物种，防止其灭绝	亚洲象栖息地森林损失监测与评估	*数据产品*：2001 ~ 2018 年全球亚洲象栖息地森林损失面积及比例数据集，空间分辨率优于 30 m *决策支持*：IUCN 提供用于制定全球保护策略的评估报告
	东北虎栖息地森林类型动态监测	*数据产品*：1990 ~ 2010 年东北话栖息地森林类型面积及比例数据集，空间分辨率 30m *决策支持*：为东北虎国家公园东北虎栖息地建设提供森林管理与经营方面的决策支持
SDG 15 可持续管理森林、防治荒漠化、制止和扭转土地退化现象、遏制生物多样性的丧失	近 20 年全球土地覆盖变化	*数据产品*：完成 4 期（2000 ~ 2018 年）1 km 全球土地覆盖产品，精度比现有产品提高 5% 左右
	全球陆地生态系统气候生产潜力和水分利用效率动态	*数据产品*：全球陆地生态系统气候生产潜力（2000 ~ 2018 年）及水分利用效率（1982 ~ 2018 年）数据集
	人口和气候变化对全球干旱生态系统物质供给能力的影响评估	*数据产品*：全球干旱指数（Standardized Precipitation Evapotranspiration index SPEI），时间范围：1982 ~ 2015 年，时间分辨率：年；空间分辨率 0.5°。全球 CRU 气温降水，时间范围：1982 ~ 2015 年，时间分辨率：年；空间分辨率 0.5°

案例分析

全球/区域森林覆盖现状

对应目标

SDG 15.1：到2020年，根据国际协议规定的义务，保护、恢复和可持续利用陆地和内陆的淡水生态系统及其服务，特别是森林、湿地、山麓和旱地

对应指标

SDG 15.1.1：森林面积占陆地总面积的比例

实施尺度

全球

案例背景

　　森林对人类发展至关重要。森林在维持人民生计、提供洁净的空气和水、保护生物多样性以及应对气候变化等方面发挥着不可替代的重要作用（FAO，2018a）。联合国《变革我们的世界：2030年可持续发展议程》包含17项SDGs、169项具体目标和230项指标。森林资源的保护和管理不仅仅关系到议程的SDG 15（陆地生物），还能从SDG 11（抵御灾害能力提升）、SDG 13（缓解气候变化）、SDG 17（发展全球伙伴关系）等多项目标以及相应具体指标方面做出贡献。因此，SDG 15.1.1"森林面积占陆地总面积的比例"是重要的SDGs指标之一。

　　森林监测引起了国际社会的广泛关注，世界各国和诸多国际研究机构开展了以森林覆盖和森林变化为主题的区域、洲际和全球尺度的土地覆盖制图研究。例如，NASA戈达德太空飞行中心（Goddard Space Flight Center）、马里兰大学和南达科他州立大学合作开展的"全球森林覆盖变化项目"（Global Forest Cover Change Project），以及谷歌公司推出的交互式地图——全球森林观察（Global Forest Watch, GFW）等。自2010年开始，FAO每隔5～10年定期发布的全球森林资源评估中大量采用遥感数据，从区域和全球不同尺度上分析森林的发展态势，以及人口、经济、制度和技术等外部因素变化可能对森林产生的影响，目前其已进展到2015年（FAO，2006，2010，2016）。

快速、准确地获取全球森林覆盖信息，准确认知森林资源的状况和变化，对于加强森林的管理和利用、应对全球变化及实现森林可持续发展具有十分重要的意义。本案例采用机器学习、大数据分析等先进技术，基于长时间序列的卫星遥感数据开展了 2019 年全球森林覆盖产品的快速生产，实现了 SDG 15.1.1 指标的监测，揭示了全球森林覆盖的空间分布特征和区域差异，为全球 SDG 15 的实现提供支持。

所用地球大数据

◎ 2019 年 1 月 1 日～ 2019 年 12 月 31 日全球陆地卫星系列数据，空间分辨率 30 m。

方法介绍

本案例中，采用全球森林资源评估（2020 年）中对森林的定义，即森林是指覆盖面积大于 0.5 hm^2，树高在 5 m 以上，覆盖度大于 10%，或能够达到以上条件的林地，不包括主要用于农业和城市用途的林地（FAO, 2018 b）。采用机器学习、大数据分析等先进技术，基于长时间序列的多源卫星遥感数据开展全球森林覆盖的快速监测，最终建立了基于机器学习和大数据分析技术的 30 m 分辨率全球变化产品快速生产流程和方案，实现了全球 30 m 产品快速生产。结果采用分层随机采样的方案进行精度验证，验证点充分代表各生态类型。该产品与国内外现有的同类产品相比，具有更新的时效性，更高的时间、空间分辨率和更完整的空间覆盖度。

结果与分析

到 2019 年底，全球森林总面积为 36.92 × 10^8 hm^2，约占全球陆地总面积的 24.78%（按全球陆地面积 149 × 10^8 hm^2 计算）。验证精度为 86.45%。全球森林空间分布如图 7.1 所示。整体而言，全球森林分布沿纬度呈条带状分布，主要集中分布在南美洲和中非及东南亚的热带地区、俄罗斯和加拿大的北部地区，以及太平洋沿岸和大西洋沿岸一带。

全球森林主要分布在热带、亚热带、温带和北寒带四个气候带，不同气候带森林分布呈现不均衡现象（表 7.3、图 7.2）。其中，热带森林覆盖面积最大，几乎占全球森林总面积的一半，森林覆盖率 21.91%，位居全球第二，这主要是因为该地区分布着全球最主要的森林类型——热带雨林；北寒带森林覆盖面积虽然只有全球的约 1/4，森林覆盖率却最高，达到 47.27%，这与北方针叶林在北半球增暖剧烈的中高纬度地区广泛分布密不可分，主要集中在俄罗斯北部和加拿大地区。温带和亚热带森林覆盖面积和覆盖率分居第三位和第四位。

从各大洲来看，全球六大洲（不包括南极洲）森林覆盖状况差异明显（表 7.4、图 7.2）。亚洲陆地面积最大，森林覆盖面积也最大，森林覆盖率在六大洲中排第四位。南美洲的森林覆盖面积虽然排第二位，但森林覆盖率最高，达到 47.45%，这是因为该地区拥有全球最广大且毗连成片的热带雨林分布地——亚马孙盆地。欧洲和北美洲森林覆盖率分别位于六大洲的第二位和第三位。大洋洲在六个大洲中陆地面积最小，森林覆盖面积和覆盖率也最低。

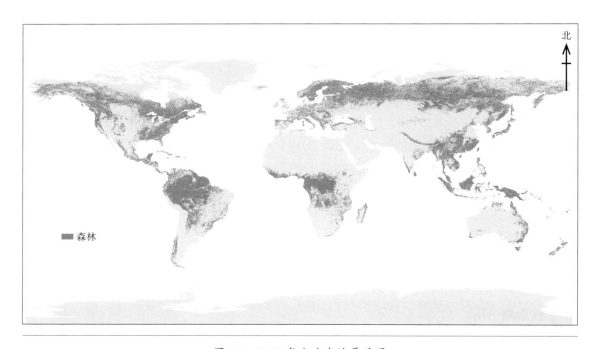

图 7.1   2018 年全球森林覆盖图

表 7.3   全球各气候带森林覆盖状况统计（2019 年数据）

气候带	森林覆盖面积 /khm²	占全球森林面积的比例 /%	森林覆盖率 /%
热带	1 755 987.038 024	47.56	21.91
亚热带	421 115.392 680	11.40	16.43
温带	602 494.359 542	16.32	20.49
北寒带	912 837.240 468	24.72	47.27
全球	3 692 434.030 714	100.00	24.78

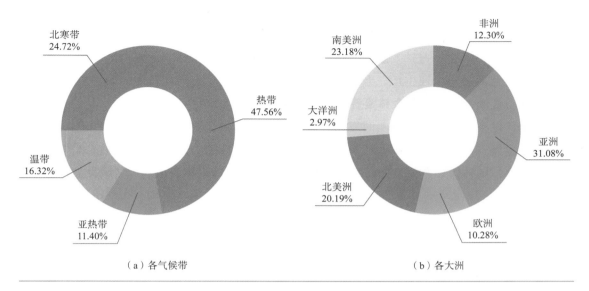

图 7.2 2019 年全球各气候带／大洲森林面积占比

表 7.4 全球各大洲森林覆盖状况统计（2019 年数据）

各大洲	森林覆盖面积 /khm²	占全球森林面积的比例 /%	森林覆盖率 /%
非洲	454 041.04	12.30	15.02
亚洲	1 147 751.04	31.08	25.92
欧洲	379 596.54	10.28	38.42
北美洲	745 487.64	20.19	31.78
大洋洲	109 547.50	2.97	12.80
南美洲	856 010.27	23.18	47.45
全球	3 692 434.03	100.00	24.78

成果要点

● 自主生产了 2019 年全球 30 m 分辨率森林覆盖遥感产品，精度 86.45%，可为可持续发展目标评估提供有效空间数据支撑。

● 全球森林总面积为 36.92×10^8 hm²，约占全球陆地总面积的 24.78%。从大洲角度来看，南美洲森林覆盖率最高（47.45%），大洋洲森林覆盖率最低（12.80%）。

讨论与展望

　　本案例采用机器学习、大数据分析等方法，基于长时间序列的多源卫星遥感数据开展全球森林覆盖产品的快速生产，开展 SDG 15.1.1 "森林面积占陆地总面积的比例"指标监测，实现各气候带和各大洲森林覆盖空间分布特征的比较和分析。

　　基于地球大数据，我们将实时发布和更新全球森林覆盖遥感产品；发布和更新的全球森林覆盖遥感产品可以帮助那些没有技术和财政资源支撑的欠发达国家和地区来监测森林的变化情况，增强保护意识，提高管理能力，从而实现全球森林资源的可持续发展。

"三海一湖"重要国际流域保护区脆弱性评估

案例背景

SDG 15.1 是重要的 SDGs 之一。生物多样性是人类生存与发展、人与自然和谐共生的核心基础。150 年的实践证明，建立保护区是保护生物多样性的重要手段。联合国于 2010 年在日本名古屋正式通过了《2011～2020 年生物多样性战略计划》及 20 项《爱知生物多样性目标》，其中目标 11 提出：到 2020 年，全球陆地保护区覆盖率在 17% 以上，海洋保护区覆盖率在 10%（Barnes, 2015; Visconti et al., 2019）。但是持续的全球评估显示，这些目标绝大多数到 2020 年并没有实现，对某些目标而言，情况甚至在恶化（Venter et al., 2018; Laurans et al., 2018; Santini et al., 2019; Woodley et al., 2019）。

至 2020 年 4 月，根据联合国环境规划署 – 世界保护监测中心（United Nations Environment Programme-World Conservation Monitoring Centre, UNEP-WCMC）的世界保护区数据库（World Database of Protected Area, WDPA）和 IUCN，全球共登记着 22.43 万个保护区、1.52 万个关键生物多样性地区（Key Biodiversity Area, KBA）。根据联合国 IAEG-SDGs 确定的监测方法，SDG 15.1.2 指标评估方法属于有数据有方法。现有 SDG 15.1.2 保护区评估研究大多基于 WDPA、KBA 和重点鸟区（Important Bird Area, IBA）等数据（Butchart et al., 2012; IUCN, 2016; Waliczky et al., 2019）。

目前 SDG 15.1.2 保护区评估主要存在两个方面的缺陷：① 数据动态更新比较困难，空间异质性没有得到充分表达；② 生态脆弱程度没有得到充分重视，过多强调物种稀有性和濒危程度等。地球大数据作为一种可追溯、可重复、大尺度和快速的方法（Stephenson et al., 2017），通过充分挖掘空间信息、生态信息和相关属性信息及其关联信息，有望应用于 SDG 15.1.2 保护区评估。

　　本案例选择"三海一湖"国际流域作为案例研究区，包括咸海、里海、黑海和贝加尔湖等四个流域。这几个国际流域跨越多个气候带，流域面积广袤，地表覆盖差异大，资源禀赋各异，每个流域都涉及多个国家，经济社会发展差异大，是全球环境公域的治理难点。通过研究与示范，本案例丰富和优化了 SDG 15.1.2 保护区评估指标的研究内容和计算方法，为全球保护区脆弱性评估提供了方法工具。

所用地球大数据

◎ 2001～2015 年 MOD13A3 和 MCD12Q1 产品，分辨率分别为 1 km 和 500 m；

◎ 2001～2015 年夜间灯光指数，分辨率为 1 km；

◎ 2001～2015 年全球降水量数据，分辨率为 0.5°；

◎ 2008 年数字高程数据，SRTM v 4.1，分辨率为 90 m；

◎ 2012 年土壤湿度产品 ASMR2/ASMRE SOIL MOISTURE，分辨率为 25 km；

◎ WDPA、世界湖泊与湿地数据库（Global Lakes and Wetlands Database, GLWD）、KBA 数据、原始森林景观（Intact Forest Landscape, IFL）数据、全球 200 生态区数据。

方法介绍

　　本案例通过对 KBA、IFL、全球 200 生态区和 GLWD 进行空间叠加，识别出生物多样性重要场所；并通过叠加保护区分布数据，得到生物多样性重要场所被保护区所覆盖的比例。

　　本案例从暴露性、敏感性和适应性 3 个层次 7 个指标入手，构建了保护区脆弱性评估指标体系（表 7.5）。

　　脆弱性分为正常、低、中、高和严重 5 个级别。等级的阈值划分遵守两个原则：① 生态脆弱性指数越大，生态脆弱程度越严重，脆弱性等级越高；② 区间范围宽度相对一致，基本保持等间距，保持脆弱性变化规律的一致性（表 7.6）。

表 7.5 "三海一湖"重要国际流域保护区脆弱性评估指标体系

系统层（权重）	结构层（权重）	指标层（权重）	综合权重
暴露性（0.4）	降雨（0.5）	降水系数	0.200
	地形（0.2）	地形海拔差异指数（0.5）	0.040
		坡度差异指数（0.5）	0.040
	人类干扰（0.3）	人类干扰强度指数	0.120

续表

系统层（权重）	结构层（权重）	指标层（权重）	综合权重
敏感性（0.3）	土壤湿度（0.5）	土壤湿度指数	0.150
	生态活力（0.5）	生态活力指数	0.150
适应性（0.3）	保护区指数（0.5）	保护区面积系数（0.5）	0.075
		保护区数量系数（0.5）	0.075
	国家协调度（0.5）	国家发展指数	0.150

表 7.6 生态脆弱程度等级划分与生态脆弱性指数的对应关系

生态脆弱强度	正常	低脆弱性	中脆弱性	高脆弱性	严重
脆弱性指数	(- ∞ , -0.55]	(-0.55, -0.45]	(-0.45, -0.35]	(-0.35, -0.25]	(-0.25, + ∞)
描述	生态系统处于正常波动水平	生态脆弱程度较低	生态脆弱程度适中	生态脆弱程度高，生态系统难以维系平衡	生态脆弱程度严重，生态系统面临崩溃风险

结果与分析

咸海流域和里海流域东南部沙质平原地区生态脆弱程度严重，需要引起国际社会的关注。咸海流域上游区的生态脆弱程度相对低，中游和下游生态脆弱性依次增强；黑海流域和里海流域生态脆弱性均呈现自北向南、自西向东脆弱性逐渐增加的趋势；贝加尔湖流域生态脆弱程度相对较低，生态最脆弱的区域主要分布在南部区域。2001～2015 年，这些国际流域生态脆弱程度总体上呈现出空间格局平稳态势，少部分保持波动的特征。

流域内共拥有 5296 个自然保护地，面积达 54.70 万 m²，占流域总面积的 10.27%。其中，面积占比最大的是贝加尔湖流域（23.55%），其次是黑海流域（8.24%），咸海流域和里海流域分别是 5.57% 和 3.74%。从规模看，黑海流域数量最多，占比达 95.11%，这些保护区规模较小，平均只有 39.94 km²；其他流域尽管保护区数量少但规模大，平均面积最大的是贝加尔湖流域（4370.97 km²），其次是咸海流域（1089.02 km²）和里海流域（828.77 km²）。

流域内生物多样性重要场所覆盖面积为 360.78 万 km²，占流域总面积的 51.05%，占比最多的是咸海流域（78.63%），其次是贝加尔湖流域（53.39%），黑海流域和里海流域基本相当，占比分别是 37.28% 和 34.91%。保护区内覆盖生物多样性重要场所 37.31 万 km²，占流域生物多样性重要场所总面积的 15.79%，贝加尔湖流域中覆盖率最高（38.65%），其次是黑海流域（12.73%），然后是里海流域（7.51%）和咸海流域（4.26%）。

图 7.3 显示，保护区生态脆弱程度在总体上保持中等水平，里海流域保护区生态脆弱程度高，黑海流域生态脆弱程度低。从类型看，陆地／海洋景观保护区生态脆弱程度高，荒野地保护区生态脆弱程度低。15 年间保护区生态脆弱程度总体上保持稳定，特别是国家公园、物种／栖息地管理保护区等主要类型。

　　部分保护区生态脆弱性有所好转，如贝加尔湖流域（严格的自然保护区）、里海流域（陆地／海洋景观保护区）、黑海（遗迹保护区、物种／生境管理保护区和资源可持续利用保护区）。生态脆弱程度严重和生态脆弱性下降的保护区在各流域内均有分布。

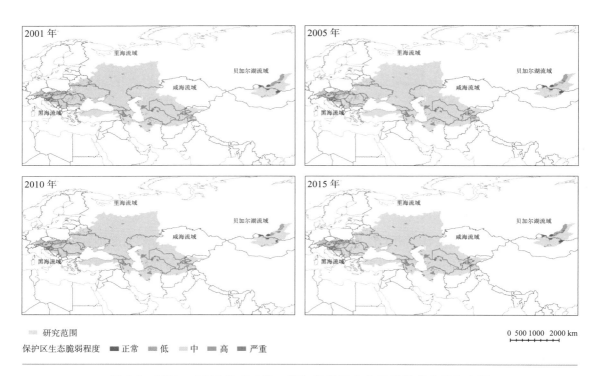

图 7.3　2001～2015 年"三海一湖"保护区生态脆弱程度空间分布图

成果要点

- 完成了基准年 2015 年及 2010 年、2005 年和 2001 年的"三海一湖"重要国际流域保护区脆弱性评估。研究表明：15 年来，"三海一湖"重要国际流域保护区脆弱性总体保持稳定。

讨论与展望

本案例采用国际共享数据集，新发展了一种基于地球大数据的保护区生态脆弱性评估方法，能够实现大尺度的快速高效精准的 SDG 15.1.2 保护区评估，为 UNEP-WCMC 和 IUCN 提供数据信息服务，为全球保护区脆弱性评估提供了信息支持。

未来深挖地球大数据的优势和潜力，围绕全球 – 区域 – 国家和地区等多种尺度，针对世界文化和自然遗产地 – 国际重要湿地 – 国家公园 – 自然保护区 – 物种 / 栖息地保护区等多种级别、不同类型的自然保护地，综合整个流域的自然资源禀赋、生态环境本底及社会经济状况，开展更加细致的研究。

东南亚区域森林覆盖时空动态格局

对应目标

SDG 15.1：到2020年，根据国际协议规定的义务，保护、恢复和可持续利用陆地和内陆的淡水生态系统及其服务，特别是森林、湿地、山麓和旱地

SDG 15.2：到2020年，推动对所有类型森林进行可持续管理，停止毁林，恢复退化的森林，大幅增加全球植树造林和重新造林

对应指标

SDG 15.1.1：森林面积占陆地总面积的比例

SDG 15.2.1：永久森林丧失净额

实施尺度

区域

研究区域

东南亚

案例背景

　　森林作为固碳量最大的陆地生态系统，不仅影响着全球气候变化和生物多样性，而且为人类生存和发展提供了重要的产品和服务。然而当前全球森林面积持续下滑，森林覆盖率由 1990 年的 31.6% 减少到 2015 年的 30.6%，消失的森林大部分为位于拉丁美洲、撒哈拉以南非洲和东南亚等地区的热带雨林（FAO, 2016）。森林覆盖制图及森林变化的快速监测可提供可靠和最新的森林资源状况信息，是支持森林可持续发展中投资决策和政策制定的关键。保障充足的森林资源以便为未来几代人提供社会、经济和环境的功用更是实现可持续发展的必要条件，这也是提出指标 SDG 15.1.1 "森林面积占陆地总面积的比例"和指标 SDG 15.2.1 "永久森林丧失净额"的背景（UN, 2015）。

　　东南亚地区有 46.67% 的区域被森林覆盖，分布着全球 17% 的热带雨林，并提供着 26% 的全球生物碳储量（Graham et al., 2003; FAO, 2010; Saatchi et al., 2011）。然而由于农业扩张、林业开发、城市化等人为活动，近年来东南亚成为全球植被退化最严重的区域之一，

不仅导致生物多样性下降，也加剧了全球的温室效应（Pan et al., 2011）。在森林覆盖制图中，东南亚多云多雨的天气使得光学遥感影像存在严重的云污染问题，传统的基于单时相遥感影像的大尺度土地覆盖分类方法仍然存在空间分辨率低、时相局限性大、分类精度不高等问题（Park and Im, 2016）。而在森林覆盖变化监测研究中，当前对多期森林覆盖产品进行变化检测的方法不能满足森林覆盖变化的快速监测要求，其在时间分辨率和空间分辨率上仍存在若干局限性。因此，亟须开展融合物候特征的森林覆盖制图及森林覆盖变化快速监测的模型算法研究，以实现森林覆盖高精度制图及森林覆盖变化（砍伐、新增和恢复）的快速识别。基于指标 SDG 15.1.1 和指标 SDG 15.2.1，考虑当前监测方法存在的问题及东南亚地区多云多雨的气候特征，本案例工作主要聚集于以下两方面：① 基于地球大数据开展高精度的东南亚地区森林覆盖制图，为指标 SDG 15.1.1 的监测与评估提供数据支撑；② 开展 2014～2018 年东南亚地区森林覆盖变化的快速监测，分析东南亚地区森林覆盖的时空动态格局，监测森林丧失净额。受生产周期限制，本案例中涉及的东南亚国家包括缅甸、泰国、老挝、柬埔寨、越南、马来西亚、新加坡、文莱和菲律宾等 9 国，暂未包括印度尼西亚和东帝汶两个国家。案例从全球环境公域角度切入，一方面为森林保护政策的制定提供科学依据，另一方面为东南亚地区森林资源的信息收集、数据库建设提供方法和技术支持，从治理和科学技术两方面为森林可持续发展提供空间数据和决策支持。

所用地球大数据

◎ 2015 年全球土地覆盖数据，CGLS 提供，分辨率 100 m；

◎ 2014～2018 年覆盖东南亚地区的 Landsat 数据，分辨率 30 m；

◎ 2014～2018 年 MODIS 反射率产品集 MCD43A4，每日一景，分辨率 500 m。

方法介绍

通过 GEE 云计算平台，应用多源多时相遥感数据实现森林覆盖区的提取和森林覆盖变化的快速监测。

东南亚地区多云多雨天气较多，光学遥感数据受云污染严重，通过设计 MODIS 和 Landsat 自动对比算法，充分利用 MODIS 数据的高重访周期，有效滤除去云效果较差的 Landsat 影像；然后以自动筛选后的 Landsat 为数据源，通过 GEE 平台进行多时相数据的融合，综合利用冬/夏季数据引入物候特征，构建土地覆盖/利用分类特征数据集；最后依据基于 CGLS-LC100 土地分类产品和高分辨率 Google Earth 影像目视解译获取的森林样点构建分类样本库，进而采用面向对象的随机森林分类算法进行土地利用/覆盖分类，从而实现森林覆盖区的高精度提取。森林覆盖制图精度通过随机撒点、人工识别的方式进行评价。

对森林覆盖变化的快速监测，首先应用 GEE 云计算平台对筛选后的 Landsat 数据进行多时相数据融合，计算既能较好反映高密度植被情况，又能较好消除大气影响的 EVI；然后通过中值合成形成 EVI 季度合成数据，消除奇异值的影响，建立 2014～2018 年高时间分辨率植被指数时间序列；最后通过时间序列分割、统计假设检验等方法确定森林的扰动类型（砍伐、新增和恢复）及扰动时间，实现短时间内（1～2 年）森林覆盖变化的快速监测。森林砍伐的时间为植被指数低值的最开始时间，新增森林和快速恢复的时间为植被指数低值的最末尾时间。森林扰动精度通过对随机布设验证点的植被指数时间序列进行人工判别来验证。

结果与分析

1. 东南亚地区森林覆盖制图

图 7.4 展示了东南亚 9 国（缅甸、泰国、老挝、柬埔寨、越南、马来西亚、新加坡、文莱和菲律宾）2015 年森林覆盖分布，并统计了各国森林面积占陆地总面积的比例。本案例在有效去除云污染的基础上最大限度地利用多时相遥感数据，通过引入物候特征，对东南亚进行森林覆盖制图。通过随机布设的 5000 个样点对森林覆盖制图结果进行评价，制图精度达 91.8%，证明了本案例提出的多云多雨区森林覆盖制图方法的有效性。分析各国森林覆盖率发现，2015 年东南亚地区保持了较高的森林覆盖率，其中老挝和文莱拥有最高的森林覆盖率，均达 80% 以上，其次为马来西亚，森林覆盖率为 66.56%，缅甸、越南和柬埔寨分别约为 50%，菲律宾为 41.78%，泰国和新加坡森林面积比例相对较低，分别为 36.67% 和 32.04%。因对森林的定义不同，本案例结果与 FAO 统计结果及其他土地覆盖遥感产品存在一定程度的差异。但相较于其他基于遥感数据的土地覆盖产品，本案例的森林覆盖率更接近于 FAO 提供的各国统计数据。综合分析气候、地形及各国城市化程度，发现缅甸、泰国、柬埔寨和越南森林覆盖率略低，主要原因是境内部分区域地势较低且平坦，多被开发为耕地，而新加坡则是因为城市化程度较高，城镇用地面积较大。

2.2014～2018 年东南亚地区森林时空动态格局

图 7.5、图 7.6 展示了 2014～2018 年东南亚 9 国森林扰动发生的年份及扰动类型（砍伐、

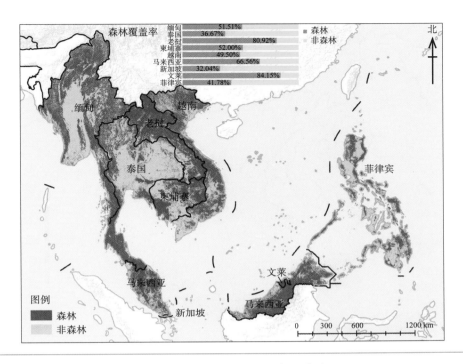

图 7.4 2015 年东南亚 9 国森林覆盖图

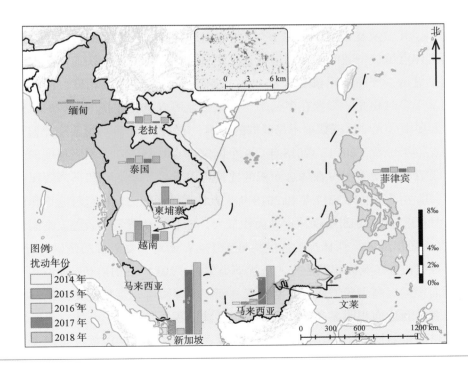

图 7.5 2014～2018 年东南亚 9 国森林扰动结果图
注：图中柱状图为各年份森林扰动面积占森林总面积的比例

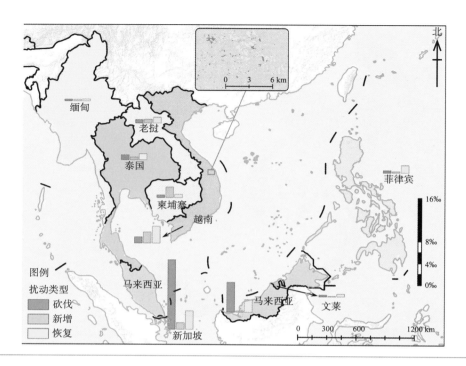

图 7.6　2014～2018 年东南亚 9 国森林扰动类型图
注：图中柱状图为不同扰动类型的面积占森林总面积的比例

新增、恢复）。其中恢复是指森林在 1～2 年内出现先减少后恢复的快速扰动现象。通过对布设的随机样点植被指数时间序列进行人工判别，实现森林变化快速监测遥感产品的精度验证。结果显示，产品监测精度达 86.6%，证明该产品具有较高精度，同时也证明了本案例提出的基于多时相光学影像在多云多雨区快速监测森林变化技术方法的有效性，克服了东南亚多云多雨区光学遥感数据不易获取的困难，有效提高了森林覆盖变化监测的效率。

从扰动发生年份看，2014～2018 年，9 个国家的森林覆盖均有不同程度的变化。从各国家不同年份森林扰动面积占森林总面积的比例可以看出，新加坡和马来西亚两国森林扰动强度最高，且主要发生在 2017 年和 2018 年，森林扰动面积占全国森林总面积的比例均高于 5‰；越南和柬埔寨 2015 年森林扰动面积最大，随后扰动减弱；老挝、泰国和菲律宾三国 2016 年扰动面积最大，森林扰动强度均低于 1‰；缅甸和文莱扰动比例均低于 0.5‰，说明两国森林覆盖分布及面积较稳定。从扰动类型看，2014～2018 年新加坡和马来西亚两国森林砍伐面积远远高于新增面积，两国森林面积明显减少，森林丧失比例较高；柬埔寨和越南两国森林新增面积明显高于砍伐面积，森林面积增长明显；菲律宾、泰国和文莱森林砍伐面积略高于新增面积，森林面积略有减少；缅甸和老挝两国砍伐面积和新增面积基本持平，说明两国森林分布及面积较稳定；另外，各国均有一定比例的森林恢复扰动类型，尤其是马来西亚、新加坡、菲律宾和越南，认为这是由 4 个国家油棕榈等人工林比例相对较高导致，而菲律宾和越南两国森林恢复类型的面积所占比例远远高于另外两种扰动类型，说明两国人工林所占比例较其他国家更高。

综合分析认为，2014～2018 年，东南亚各国中，新加坡与马来西亚两国森林丧失比例较高，森林面积明显减少，减少年份主要集中在 2017 年和 2018 年；柬埔寨和越南两国2015 年森林变化面积最大，随后面积变化程度减弱，森林面积总体呈增多趋势；其余国家各年份各扰动类型比例均较低，森林覆盖分布及面积相对稳定（图 7.7）。分析各国森林面积变化，认为其主要驱动因子为人类活动，例如在马来西亚，森林面积减少主要由人类砍伐原始森林种植油棕榈等经济林引起，而在新加坡则主要由城市化扩张引起。马来西亚森林面积减少严重，大面积热带雨林不断被油棕榈等经济林取代，将严重破坏雨林的生态价值并导致生物多样性减少，需要引起人类足够重视。

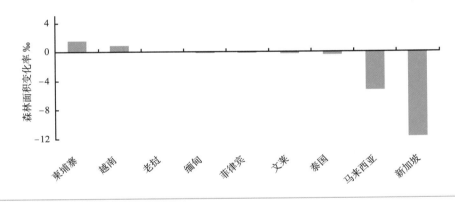

图 7.7　2014～2018 年东南亚 9 国森林面积变化率

成果要点

- 完成了东南亚 9 国森林覆盖制图，制图精度 91.8%；实现了东南亚多云多雨区森林覆盖变化（砍伐、新增和恢复）的快速监测，监测精度 86.6%，可为实现联合国 SDGs 提供空间数据支撑。

- 森林覆盖时空动态格局分析显示，新加坡与马来西亚两国森林面积明显减少，减少年份主要集中在 2017 年和 2018 年；柬埔寨和越南两国 2015 年森林变化面积最大，随后减少，森林面积总体呈增多趋势；其他国家森林覆盖分布及面积相对稳定。

讨论与展望

　　本案例利用地球大数据及其数据处理技术，实现了东南亚多云多雨区森林覆盖区的高精度提取，弥补了光学遥感影像容易受云污染的不足；同时，基于季度植被指数时间序列分割方法实现了东南亚森林覆盖变化短时间内（1～2年）的快速监测，可以准确掌握东南亚地区森林覆盖的时空动态格局。

　　未来，本研究将把森林提取及森林变化快速监测算法推广到更大尺度乃至全球尺度，实时发布和更新（例如每3～5年）高分辨率高精度森林遥感产品，开展SDG 15.1.1"森林面积占陆地总面积的比例"和SDG 15.2.1"永久森林丧失净额"指标的监测与度量，帮助监测技术相对较弱的国家进行森林资源监测；同时，基于森林砍伐、新增及恢复区的快速监测结果，结合经济发展进程，对引起森林覆盖区发生变化的人类活动进行深入分析，为东南亚地区森林资源的可持续发展提供决策支持。

全球土地退化零增长进展评估

对应目标

SDG 15.3：到2030年，防治荒漠化，恢复退化的土地和土壤，包括受荒漠化、干旱和洪涝影响的土地，努力建立一个不再出现土地退化的世界

对应指标

SDG 15.3.1：已退化土地占土地总面积的比例

实施尺度

全球

案例背景

联合国 2015 年提出的《变革我们的世界：2030 年可持续发展议程》中涵盖了 17 项可持续发展目标、169 项具体目标和 230 项指标，其中 SDG 15.3 "实现土地退化零增长"是重要的 SDGs 之一。然而，土地退化的定义一度争议较大，主要是因为关于不同退化过程起因、特征与危害的分歧。这直接导致了不同土地退化评估结果差异巨大（全球 4% ~ 74%，Safriel, 2007；蒙古国 9% ~ 90%, Addison et al., 2012），严重影响了整个社会对全球 / 区域土地退化真实状况的科学认知，进而影响土地退化有效防治。

当前，联合国 IAEG-SDGs 确定了 SDG 15.3.1 的监测指标体系，即土地覆盖、土地生产力与土壤碳，联合国防治荒漠化公约秘书处与 GEO 等以此为基础针对数据选取及分析方法等也进行了实践，并形成了《SDG 15.3.1 评估良好实践指南》（Sims et al., 2019）。然而，目前尚未有全球尺度上的、空间明确的 SDG 15.3.1 基准及动态进展成果的发布，国家尺度上的土地退化零增长（Land Degradation Neutrality, LDN）目标实现情况更是匮乏，这与数据可用性、方法不确定性及政治敏感性直接相关。尽管如此，从科技创新促进可持续发展目标的角度来讲，一个符合联合国 SDG 15.3.1 监测指标体系、全球可比且空间明确的 SDG 15.3.1 基准和评估结果与国家尺度土地退化零增长实现状况仍具有重要意义。

2019 年，依托地球观测大数据的优势，"地球大数据科学工程"率先开展了 2000 ~ 2015 年全球土地退化的评估，实现了 SDG 15.3.1 基准状态的评估，并形成了国家尺度的土地退化零增长报告。持续跟踪 SDG 15.3.1 的进展，是保障实现 SDG 15.3 的必要前提。为此，2020 年我们以《联合国防治荒漠化公约》（*United Nations Convention to Combat*

Desertification，UNCCD）设计的土地退化零增长监测框架为参考，开展了 2018 年全球 SDG 15.3.1 进展的评估，以掌握最新一期的全球 SDG 15.3.1 形势，并与基准年 2015 年对比分析四年来 SDG 15.3.1 的动态，为全球 SDG 15.3.1 的实现提供支持。

所用地球大数据

◎ 2000 ～ 2015 年 SDG 15.3.1 评估结果数据；

◎ 2015 年、2018 年全球土地覆盖数据，ESA CCI 提供，空间分辨率 300 m；

◎ 2004 ～ 2018 年增强型植被指数（Enhanced Vegetation Index, EVI）数据，空间分辨率 500 m；

◎ 全球土壤有机碳数据（0 ～ 30 cm），SoilGrids250，空间分辨率 250 m；

◎ 全球生态分区数据（Ecoregions2017）。

方法介绍

　　在 2000 ～ 2015 年基准评估基础上，基于一致的土地覆盖、土地生产力与土壤碳三个子指标开展 2015 ～ 2018 年动态评估。针对土地覆盖子指标，利用 2015 年与 2018 年的土地覆盖转换矩阵实现土地退化评估；针对土地生产力子指标，通过分析 2004 ～ 2018 年的变化趋势来进行动态评估，分别将显著增加、显著降低及其他变化定义为恢复、退化与稳定三个状态；针对土壤碳子指标，通过 IPCC 提出的土地覆盖变化与土壤碳变化的对应关系

表 7.7　土地退化 / 恢复动态判断条件

2015 年基准	2015 ～ 2018 年动态	2018 年现状
退化	稳定	退化
退化	退化	退化
稳定	退化	退化
恢复	退化	退化
稳定	稳定	稳定
恢复	稳定	恢复
稳定	恢复	恢复
退化	恢复	恢复
恢复	恢复	恢复

来完成评估，并最终分为退化、恢复与稳定三个级别。综合土地覆盖、土地生产力与土壤碳三个子指标评估 2015 ～ 2018 年动态，评估原则为任一指标退化即为退化，全部稳定则为稳定，其他情况则为恢复。然后通过与 2015 年全球土地退化基准相结合（表 7.7），判断 2018 年全球 SDG 15.3.1 的实现情况。

结果与分析

　　2015 ～ 2018 年全球土地退化动态变化如图 7.8 所示。统计分析可知，2015 ～ 2018 年 SDG 15.3.1 趋势整体向好，净恢复面积增加了 607 万 km²。从国家角度来说，117 个国家向好，17 个国家稳定，59 个国家恶化。

　　从全球土地退化净恢复面积排名前十的国家统计来看，2018 年中国对全球土地退化零增长贡献最大（17.76%），2015 ～ 2018 年土地退化净恢复面积同比增加了 60.30%。北美地区国家改善趋势明显，出现了由土地生产力显著增加导致的明显恢复，这与其 2000 ～ 2015 年土地生产力限制因子的解除有较大关系。印度在 2015 ～ 2018 年土地净恢复面积微增，阿根廷从未实现土地退化零增长国家转变为实现土地退化零增长国家，改善明显（图 7.9）。

　　从全球土地退化零增长实现情况来看（图 7.10），未实现土地退化零增长的国家主要集中在中亚与非洲地区，处于平衡的国家也主要集中在这两个区域。这些区域面临着土地退化与社会经济发展的多重压力，其 SDG 15.3 的实现面临着较大挑战，需要予以持续关注。

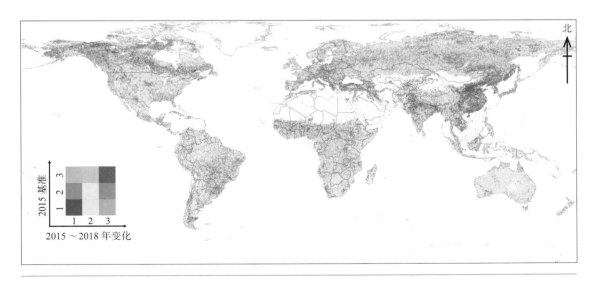

图 7.8　2015 ～ 2018 年全球土地退化基准与动态空间分布

注：1 表示退化；2 表示稳定；3 表示恢复

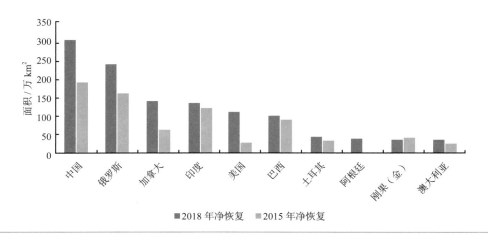

图 7.9 全球土地退化净恢复面积排名前十位的国家增长动态

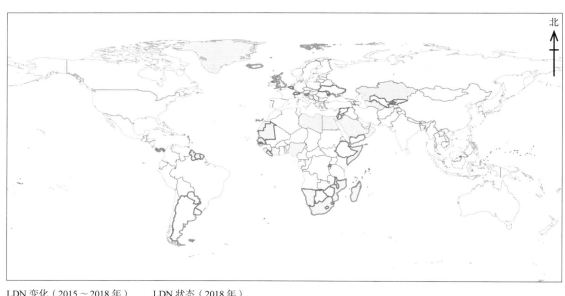

图 7.10 全球土地退化零增长国别尺度动态空间分布

成果要点

- 完成了基准年 2015～2018 年的全球土地退化动态评估。研究表明全球土地退化总体趋势向好，土地退化零增长实现风险主要集中在中亚与非洲国家。

- 中国土地退化零增长全球贡献最大（占比17.76%），2015～2018 年净恢复土地面积同比增长 60.30%。

讨论与展望

　　本案例采用 UNCCD 推荐标准，利用国际共享数据集，实现了全球尺度上一致、可比的 SDG 15.3.1 的监测，并通过国别尺度上的聚合分析明确了不同国家在土地退化零增长目标实现上的差异，为争取土地退化零增长目标的实现提供了重要信息支持。

　　本案例所用方法为面向全球尺度的可操作性方法，强调符合联合国 IAEG-SDGs 指标体系，结果全球一致并可对比。因此，该结果并不代表具体国家或地区有关 SDG 15.3 的准确数字，因为这一尺度考虑的退化过程与指标体系更为复杂。然而，这不妨碍案例成果对了解国家及区域尺度 SDG 15.3 实现进程的重要参考作用。

　　需要指出的是，恢复与退化的评估严格对应于评估的时间周期（Cowie et al., 2018），存在着评估结果为恢复但实际仍处于退化水平的情况。因此，在看到土地退化零增长积极进展的同时，尚需认识到土地退化面临的形势仍较为严峻。未来应加大科学保护与治理力度，提升土地退化零增长监测方法体系与能力，以更好地服务全球土地退化零增长目标实现。

中亚五国土地退化监测与评估

对应目标

SDG 15.3：到2030年，防治荒漠化，恢复退化的土地和土壤，包括受荒漠化、干旱和洪涝影响的土地，努力建立一个不再出现土地退化的世界

对应指标

SDG 15.3.1：已退化土地占土地总面积的比例

实施尺度

中亚五国

案例背景

　　中亚地区生态环境脆弱，是极受关注的干旱地区。随着全球气候变化和人类活动的加剧，该区域土地退化风险加大，其中最具典型性的咸海萎缩引起的一系列生态环境问题，已经给当地生产生活造成严重影响，被联合国称为"20世纪最严重的生态灾难之一"（Robinson，2016）。土地退化防治是该区域的生态安全和社会经济可持续发展的重要内容与根本保障。

　　联合国和UNCCD建议使用植被NPP来评估土地退化。在中亚干旱区，稀疏植被广泛分布，目前发布的NPP产品中存在许多缺失值，单一NPP评价指标在该地区无法准确评估土地退化。土地退化虽然与地表植被退化过程密切相关，但其主要特征还与土壤和干旱条件有关（Jiang et al.，2019a）。因此，使用多指标综合评估法精确监测中亚土地退化较为合理（Jiang et al.，2019b）。《地球大数据支撑可持续发展目标报告（2019）》（郭华东，2019）中的"中亚已退化土地面积占土地总面积的比例"案例，提出衡量和监测典型内陆干旱区土地退化过程的遥感新方法。2019年的案例中，指标权重确定采用了由MEDALUS方法推荐的多指标几何平均方法，计算得到土地退化指数（Land Degradation Index，LDI）（Kosmas et al.，2013），但监测指标权重的确定未考虑空间差异性，比如荒漠和绿洲的土地退化的主导因素应有所不同。此外，2019年的案例主要根据LDI变化趋势识别土地退化区域，未充分考虑土地利用变化所引起的退化，土地退化评估案例有待进一步改进。

　　本案例，采用约束最优权重算法确定各监测指标的权重，通过不同权重组合筛选得到连续序列的最优土地退化指数（Optimal Land Degradation Index，OLDI），考虑了空间的差异性（Jiang et al.，2020）。基于UNCCD发布的SDG 15.3计算指南及Trend.Earth推荐方法

（Sims et al., 2017），综合土地退化和土地利用变化等信息识别中亚土地退化区域。本案例可为实施土地退化零增长倡议恢复计划提供决策参考，助力联合国可持续发展目标 SDG 15.3 的实现。

所用地球大数据

◎ 2000 ~ 2019 年全球土地覆盖数据，ESA CCI 提供，空间分辨率 300 m。

◎ 美国农业部土壤分类数据，空间分辨率 250 m。

◎ 2000 ~ 2019 年 MODIS 植被 NPP MOD17A3HGF 数据、NDVI MOD13A1 数据、地表反照率 MCD43A3 数据，空间分辨率 500 m；地表温度 MOD11A2 数据，空间分辨率 1 km。

◎ 2000 ~ 2019 年温度 – 植被干旱指数（Temperature Vegetation Dryness Index, TVDI），中国科学院 "地球大数据科学工程" 专项提供，空间分辨率 500 m。

方法介绍

基于约束最优权重算法计算得到 OLDI，使用 OLDI 时间序列数据监测中亚土地退化。以 2000 ~ 2015 年为基准年、2016 ~ 2019 年为变化年，采用 UNCCD 提议的趋势、表现和状态三种衡量方法评估土地退化。本案例土地退化监测方法优化了 2019 年案例中干旱区土地退化监测模型，OLDI 是在 "地球大数据科学工程" 专项中建立的评估干旱区土地退化的新指标。

本案例中，各数据产品重采样到空间分辨率 500 m，采用约束最优权重算法确定各监测指标权重，基于不同权重组合得到 OLDI，空间分辨率 500 m。为了获取最佳的权重分配方案，本方案以 NPP 为标准状态，基于约束最优权重算法，通过迭代计算得到最优土地退化状态指数的最佳权重分配组合。约束优化算法的计算公式为

$$f(\text{NPP}, \text{OLDI}_t) = \max\left(\frac{E[(\text{NPP}-\overline{\text{NPP}}) \times (\text{OLDI}_t-\overline{\text{OLDI}_t})]}{\delta\text{NPP} \times \delta\text{OLDI}_t}\right)$$

$$\text{OLDI}_t = \alpha \times \text{NDVI} + \beta \times 地表反照率 + \gamma \times 地表温度 + \lambda \times \text{TVDI}$$

式中，NPP 为净初级生产力，OLDI_t 表示 t 时刻的土地退化指数值；$f(\text{GPP}, \text{OLDI}_t)$ 是 NPP 和 OLDI 之间最高相关系数的决定函数；$\overline{\text{NPP}}$ 和 $\overline{\text{OLDI}_t}$ 分别为 NPP 和 OLDI_t 在指定时间段的平均值；E 为数学期望值；δNPP 和 δOLDI 分别代表 NPP 和 OLDI_t 的标准差；NDVI、地表反照率、地表温度和 TVDI 为监测指标；α、β、γ 和 λ 为监测指标权重，取值范围 0 ~ 1。

结果与分析

　　根据 UNCCD 发布的 SDG 15.3 计算指南，林地转耕地、林地转草地和湿地转草地均被认定为土地退化（Sims et al., 2017）。选取上述土地利用变化区域，对比 NPP 与 OLDI 变化趋势（图 7.11）以及 LDI 与 OLDI 变化趋势（图 7.12）。NPP 与 OLDI 对比结果表明，改进的 OLDI 指标对土地退化监测效果明显好于联合国推荐的 NPP，尤其对湿地退化为自然植被的监测，NPP 变化趋势显示土地出现改善，但该结果与实际结果相反，而 OLDI 监

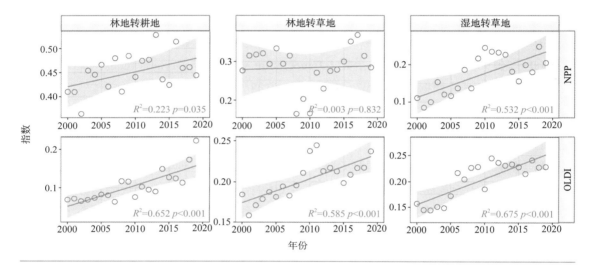

图 7.11　2000～2019 年 NPP 与 OLDI 指数变化趋势对比

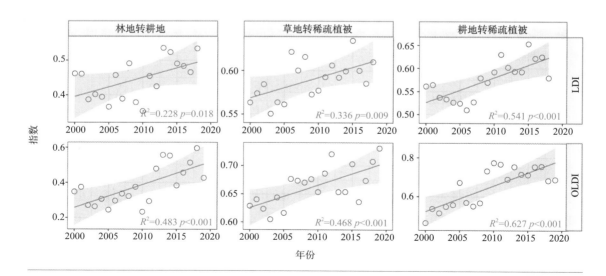

图 7.12　LDI 与 OLDI 指数变化趋势对比

测到土地显著退化；LDI 与 OLDI 指标对比结果显示，OLDI 指标对土地退化监测较为敏感，其结果明显好于 2019 年"中亚已退化土地面积占土地总面积的比例"案例计算得到的 LDI。

中亚地区分布的长期稳定的克孜勒库姆沙漠、卡拉库姆沙漠等原生沙漠不应属于土地退化治理区域，数据分析前予以剔除。结果表明，大部分土地退化发生在中亚西部，而土地改善区域零星分布。咸海周围的土地退化比其他区域严重（图 7.13），此外，中亚西部的西哈萨克斯坦和阿特劳地区的土地退化亦不容忽视。

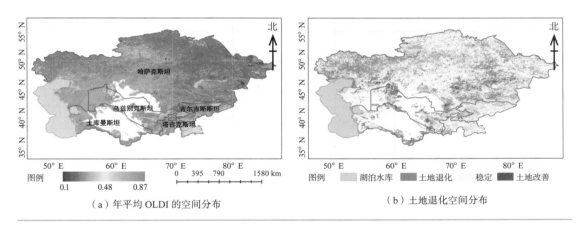

（a）年平均 OLDI 的空间分布　　　　　（b）土地退化空间分布

图 7.13　2000～2019 年 OLDI 的空间分布及变化趋势

中亚土地退化面积占总面积的比例为 14.53%，而土地改善面积占总面积的比例为 7.19%。各国土地退化面积所占比例均高于土地改善面积，其中哈萨克斯坦、乌兹别克斯坦和土库曼斯坦的土地退化比例较高，分别为 14.64%、16.07% 和 21.95%。乌兹别克斯坦和土库曼斯坦的土地改善比例亦较高，分别为 8.42% 和 9.59%，吉尔吉斯斯坦和塔吉克斯坦保持稳定的土地比例高于其他三个国家，分别为 88.27% 及 87.80%。从州尺度上看，9 个地区土地改善面积大于土地退化面积，而其他区域土地退化面积均大于土地改善面积。中亚 2030 年 SDG 15.3 的实现仍面临严峻的挑战，中亚土地退化防治对实现全球土地退化零增长目标至关重要（图 7.14）。

咸海（图 7.15）曾经是世界第四大内陆湖泊，生物多样性丰富，有着重要的生态系统服务功能（Micklin et al., 2016）。然而，大规模的农业扩张导致咸海萎缩，成为全球最令人震惊的生态环境灾难之一（Asarin et al. 2010; Micklin, 2007）。中亚西部的西哈萨克斯坦和阿特劳地区，受耕地撂荒影响，土地退化以土壤侵蚀为主（Egamberdieva and Öztürk, 2018），而部分区域的土地退化与石油和天然气开采有关（Jiang et al., 2017; Robinson,

2016）。当地政府应制定应对政策，以防止土地进一步退化并维持土地退化区域的生态系统服务功能。

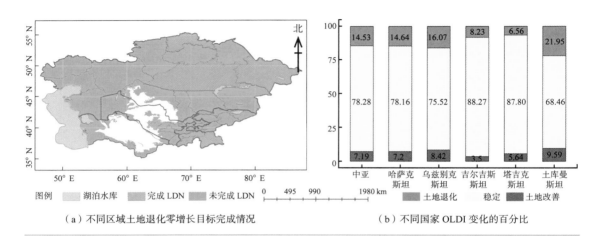

（a）不同区域土地退化零增长目标完成情况　　　　　（b）不同国家 OLDI 变化的百分比

图 7.14　不同区域土地退化零增长目标完成情况和不同国家 OLDI 变化的百分比

图 7.15　曾经的咸海海域，现已萎缩
（摄影：中国科学院新疆生态与地理研究所　常存）

成果要点

○ 提出适用于内陆干旱区土地退化精准评价的新方法体系，建立干旱区最优土地退化指数新指标，可为干旱区 SDG 15.3.1 指标评价提供新数据源。

○ 以 2000～2015 年为基准年、2016～2019 年为变化年进行分析，中亚土地退化面积占总面积的 14.53%，土地改善占总面积的 7.19%；各国土地退化面积比例均高于土地改善面积比例，咸海周边和西哈萨克斯坦的土地退化较为严重。

○ 中亚大部分地区未完成土地退化零增长目标，2030 年 SDG 15.3 的实现仍面临着严峻挑战，中亚土地退化防治对实现全球土地退化零增长目标至关重要。

讨论与展望

本案例基于地球大数据新技术和模型，优化了内陆干旱区土地退化精准评价的新评估方法体系，可为 UNCCD SDG 15.3.1 指标在典型干旱区评价提供新数据源。未来，建议考虑土地退化的其他影响因素，逐步完善评估指标体系，以适用于全球土地退化评估。

确定土地退化的区域可以在实施土地退化零增长倡议实施方面发挥积极作用。土地退化零增长倡议提出土地资源的质量应保持稳定或增加。SDG 15 明确要求到 2030 年实现土地退化零增长倡议。未来，建议土地退化的区域可以作为实施恢复计划的主要目标，为政府实施土地退化零增长倡议恢复计划提供决策参考。

由农业开发导致的咸海萎缩所引起的土地退化，已经引起全球及当地政府的极大关注，但其他区域，尤其是哈萨克斯坦西部地区土地退化区域，其驱动机制仍有待于进一步深入分析。未来土地退化研究与中亚各国政府相关部门开展合作，深入探讨土地退化区域的主要驱动因素，以指导实施恢复计划。

非洲地中海地区草地退化态势评估

对应目标

SDG 15.3：到2030年，防治荒漠化，恢复退化的土地和土壤，包括受荒漠化、干旱和洪涝影响的土地，努力建立一个不再出现土地退化的世界

对应指标

SDG 15.3.1：已退化土地占土地总面积的比例

实施尺度

非洲地中海地区（埃及、阿尔及利亚、突尼斯、利比亚、摩洛哥）

案例背景

2000～2015年，地球陆地总面积1/5以上土地出现退化，同时表现出生产力持续下降的趋势，草地退化最为显著。非洲是受影响最严重区域之一，特别是草地和牧场，土地退化已进入后期，出现旱地荒漠化。草地生态系统的多种要素呈现出恶化的趋势，如植被覆盖度下降、优势种更替、牧草质量降低、植被生产力下降等。植被覆盖度、地上植被生物量是最常用的衡量草地退化程度的指标。通过传统的地面调查手段进行草地退化监测，存在采样点数量有限、数据量不充分、时间间隔大、空间数据不连续等缺点，难以实现大范围的精准监测（Lehnert et al., 2015; Harris, 2010）。近几十年，随着遥感技术的兴起与发展，研究大时空尺度的环境动态监测成为可能，其因宏观、经济、适用性强等特点，已广泛应用于生态领域的多项研究（Pudmenzky et al., 2015; Pool et al., 2014; Zhao et al., 2012）。且与传统的实地观测手段相比，遥感技术可以在如空间尺度、时间尺度等多个方面获得更全面的数据，且可以应用各种数学模型来对某一事物进行定性、定量的分析。然而，受限于非洲地中海地区基础设施、交通网络、监测能力等，目前尚没有定量描述非洲地中海地区草地退化情况的数据源发布。因此，对非洲地中海地区草地开展退化评估，对于完善联合国SDGs案例评估具有重要意义。指标SDG 15.3.1定义为已退化土地占土地总面积的比例。针对该指标，本案例聚焦：① 以非洲地中海地区草地为主要研究区域和对象，建立草地自然特性和生态因子、环境特征等多源遥感数据支撑下的草地退化评价指标体系；② 在此基础上基于熵值法构建综合指数模型；③ 开展非洲地中海地区5个国家2007～2019年SDG

15.3.1 指标监测与评估。本案例研究可服务于联合国 SDGs 土地退化指标研究，也可为非洲地中海地区草地利用与畜牧业发展提供科学数据以及信息支撑。

所用地球大数据

◎ 2007 ～ 2019 年 MODIS 地表反射率数据（MOD09Q1），USGS 提供，空间分辨率为 250 m；

◎ 2007 ～ 2019 年 MODIS 植被指数产品数据（MOD13Q1），USGS 提供，空间分辨率为 250 m；

◎ 非洲稀树草地分类产品，"地球大数据科学工程"子课题"草地资源监测与评估"非洲草地一级类产品，空间分辨率 100 m。

方法介绍

1. 草地退化遥感分级指标体系

通过资料收集和文献研究，结合草地退化地面调查方法和遥感解析能力，并通过课题研讨和专家论证，形成了一套包含群落特征与组成、生产力与营养成分、地表特征等 6 项具体指标的草地退化评价指标体系（表 7.8）。在此基础上利用地球大数据和基于熵值法构建的综合指数模型实现对草地退化的评估，支撑 SDG 15.3.1 已退化土地占土地总面积的比例研究。

表 7.8 非洲地中海地区草地退化评价指标体系

监测项目		草地退化等级分级				
		未退化	轻度退化	中度退化	重度退化	极度退化
群落特征与组成	植被覆盖度	0 ～ 10	11 ～ 20	21 ～ 30	31 ～ 50	>50
	物种丰富度	0 ～ 10	11 ～ 20	21 ～ 40	41 ～ 60	>60
生产力与营养成分	地上生物量	0 ～ 10	11 ～ 20	21 ～ 50	51 ～ 70	>70
	营养成分（粗蛋白、木质素等）	0 ～ 10	11 ～ 20	21 ～ 50	51 ～ 70	>70
地表特征	地表剥蚀（相对面积）	0 ～ 10	11 ～ 20	21 ～ 30	31 ～ 50	>50
	地表沟壑	0 ～ 10	11 ～ 20	21 ～ 50	51 ～ 70	>70

注：数值为相对增减百分比。

2. 草地退化评估

本案例中，考虑遥感的可监测性与数据的可获取性，选取草地植被覆盖度和草地 NPP 作为退化指标，并划定各个监测指标的层次，将每个指标在 2007～2019 年的最大值作为未退化基准，以相对最大值的变化量衡量各指标变化的程度。作为草地退化遥感监测指标的草地植被覆盖度和草地 NPP 在反映草地退化程度的能力上存在一定的差异，可通过熵值法计算各指标权重大小，并利用综合指数法评定草地退化等级。

植被覆盖度（Fractional Vegetation Cover, FVC）是指植被（包括叶、茎、枝）在地面的垂直投影面积占统计区总面积的百分比，通常对林冠称郁闭度、灌草等植被称覆盖度。本案例采用基于区域 NDVI 和像元二分模型来进行植被覆盖度的反演。NPP 采用 CASA 模型，由植物吸收的光合有效辐射和实际光能利用率两者的乘积得到，与地面调查结果验证精度为 70%～75%。

结果与分析

1. 草地退化遥感指标动态监测

非洲地中海地区草地植被覆盖度较低，2007～2019 年多年平均覆盖度为 34%。仅地中海沿岸草地覆盖度较高，且年际间变化差异较小（图 7.16）。该地区 NPP 也较低，年际平均 NPP 为 20.87 gC/m^2，与植被覆盖度较为一致的是，在地中海沿岸 NPP 较高，而内陆地区 NPP 较低（图 7.17）。

2. 非洲地中海地区草地退化分布

根据非洲地中海地区草地退化评价指标体系和时序草地退化遥感指标，在遥感和地理信息系统支持下得到非洲地中海地区 2007～2019 年草地退化分级空间分布图，如图 7.18 所示。

在草地植被退化结果基础上，统计了 2007～2019 年非洲地中海地区 5 个国家不同等级草地退化面积结果（图 7.19）。2007～2019 年，非洲地中海地区草地发生持续退化，且恶化情况仍在加剧；原本未退化的草地正遭到破坏，草地逐步向轻度退化和中度退化转变，草地退化面积占比由 2007 年的 23.5% 增加至 2019 年的 44.9%，2007 年未退化草地面积减少至 304 285 km^2，2019 年未退化草地面积减少至 217 204 km^2。退化草地整体以轻度退化为主，近十几年间平均占比达 84.5%，平均面积为 170 616.9 km^2；中度退化面积持续增加，2019 年中度退化草地占退化草地的比重已达 27%；重度退化草地面积比例较小，但重度退化草地面积呈现持续增加的趋势。降雨的季节性强烈变化、人口增加，以及畜牧强度增加导致的过度放牧，是导致该区域草地退化的主要因素。

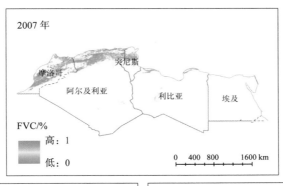

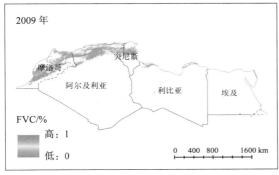

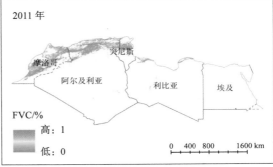

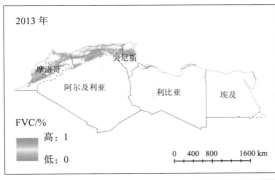

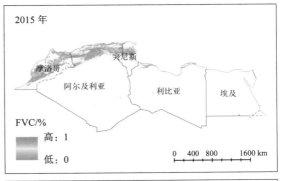

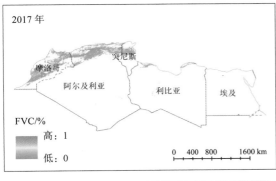

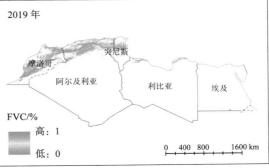

图 7.16 2007～2019 年非洲地中海地区草地植被覆盖度

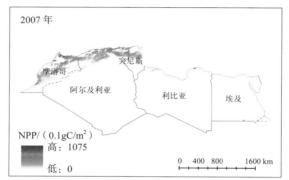

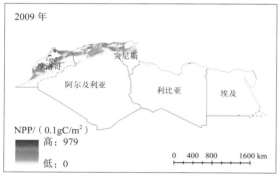
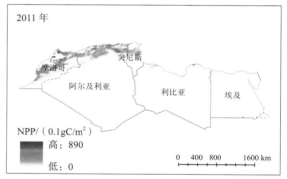

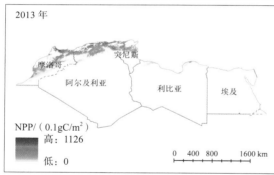
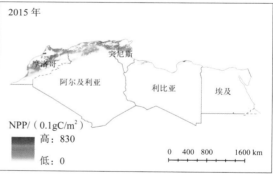

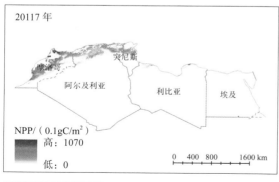
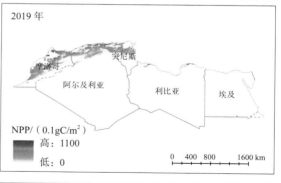

图 7.17　2007～2019 年非洲地中海地区草地 NPP

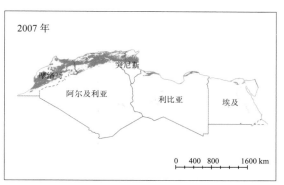

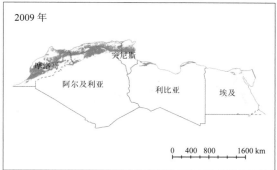
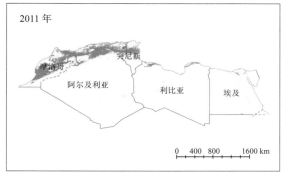

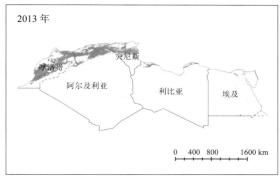
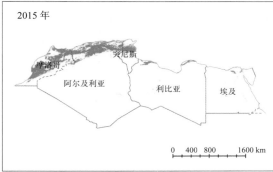

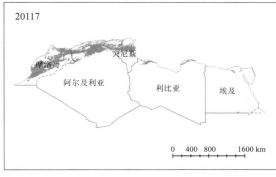
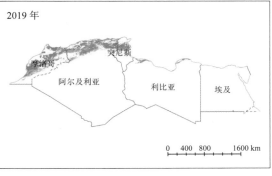

■ 未退化　■ 轻度退化　■ 中度退化　■ 重度退化

图 7.18　2007～2019 年非洲地中海地区草地退化空间分布

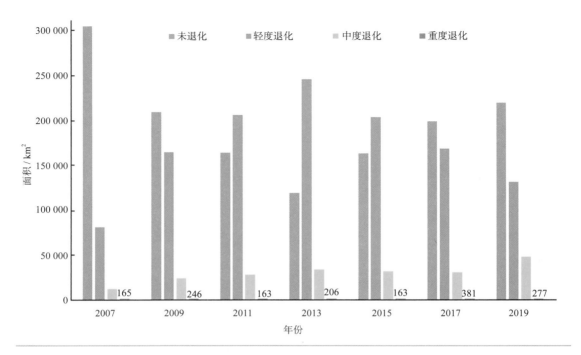

图 7.19 非洲地中海地区草地退化面积变化动态

成果要点

○ 基于多时相地球大数据开展草地退化时空变化评估。

○ 构建了涵盖植被群落、生产力与营养、地表特征的草地退化评价指标体系。

○ 评估了非洲地中海地区近 10 年草地退化的时空差异。

讨论与展望

本案例围绕 SDG 15.3.1 "已退化土地占土地总面积的比例"这一指标，基于非洲草地特征和专家的经验知识，建立了遥感最大限度支持下的草地退化评价指标体系，在此基础上利用综合指数模型开展了对草地退化的评估，获取了非洲地中海地区草地退化程度分级图，以期为 SDG 15.3.1 的实现提供信息支撑。

（1）草地退化评价指标体系从遥感能力和可行性综合考虑了群落特征与组成、生产力与营养成分和地表特征。受限于可获取的遥感数据，本案例在评估非洲地中海地区草地退化中仅使用了植被覆盖度和 NPP 退化指标。其他指标，如营养成分草地氮含量也是草地退化的一个重要指示因子，现有指标监测方法依赖于 2015 年发射的 Sentinel-2 卫星。随着 Sentinel-2 卫星或多/高光谱数据的积累，地球大数据将得到更充分的应用，非洲草地退化评估的精度有望获得进一步提升。

（2）全球草地面积辽阔，且草地类型繁多，不同草地类型之间存在多种差异，非洲稀树草地研究相对薄弱。本案例以非洲地中海地区为研究对象，构建草地退化遥感监测体系，认识草地退化时空格局，不仅可为该地区草地适宜性恢复和管理提供支持，也可为下一步东非、非洲南部的草地退化案例研究与认识提供借鉴。结合实地调查数据，增强退化归因研究和数据收集，从生态系统的结构和功能方面来探讨土地退化，将有助于更好地支撑土地退化零增长目标。

蒙古国土地退化与土地恢复动态监测及防控对策

对应目标

SDG 15.3：到2030年，防治荒漠化，恢复退化的土地和土壤，包括受荒漠化、干旱和洪涝影响的土地，努力建立一个不再出现土地退化的世界

对应指标

SDG 15.3.1：已退化土地占土地总面积的比例

实施尺度

蒙古国

案例背景

土地退化是全球共同面临的重要生态环境问题。面向 2030 年的联合国 SDG 15 中明确指出，到 2030 年实现土地退化零增长。该目标的实现土地不断退化的干旱、半干旱地区面临严峻的挑战。蒙古国是全球土地退化问题的热点区域，迫切需要通过国际合作实现长时间序列的土地退化监测，以促进该国土地退化研究的定量化、精准化。研究分析和阐明蒙古国土地退化的格局与演变过程，辨识关键区域并提出解决对策，对于促进中蒙俄经济走廊绿色可持续发展具有非常重要的意义，可为"一带一路"科学研究国际合作做出典范。

蒙古高原横亘于东北亚腹地，是中蒙俄经济走廊的重要区域。但该区域生态环境脆弱，极易受到气候变化和人类活动的影响。SDG 15.3.1 要求，到 2030 年实现土地退化零增长。然而想要在生态环境脆弱的蒙古高原地区实现这一目标，面临的挑战极为严峻。蒙古国自然环境和旅游部 2017 年发布的数据显示，该国 76.8% 的土地已遭受不同程度荒漠化，且仍以较快的速度向蒙古国东方省、肯特省等优良草原地带在内的地区蔓延（阿斯钢，2017）。随着遥感数据源的不断丰富，涌现出许多利用长时间序列卫星产品数据来反映蒙古国的大尺度土地退化与恢复的监测研究。缪丽娟等（2014）基于蒙古高原内的气象站点观测数据和 SPOT 卫星的 NDVI 数据，分析 1998 ～ 2001 年蒙古高原植被覆盖与土地退化状况。Eckert 等（2015）基于长时间序列 MODIS NDVI 卫星数据进行蒙古国土地退化与恢复探测，得到了 2001 ～ 2011 年土地变化显著性趋势图。Wang 等（2020）基于 30 m 分辨率的蒙古国土地覆被数据，完成了 1990 ～ 2015 年土地退化进程分析，发现蒙古国土地退化仍然是主导趋势，但其退化与恢复过程共存，且演变的速率不同。

目前针对蒙古国开展的土地退化研究多是利用现有卫星产品的大尺度、粗分辨率研究，多是在宏观尺度上掌握蒙古国土地退化的时空特征和变化趋势，利用自主获取的高精度的土地覆盖和植被变化的研究少，难以揭示精细的土地退化进程。由于缺乏精确数据的支持，不同学者围绕蒙古高原区域土地退化与恢复的认识也是各异的，这也为进一步的抑制土地退化的决策支持带来困难。

本案例基于多源遥感影像数据，采用面向对象分类方法，获取蒙古国土地覆盖数据产品。在 GIS 空间分析技术支持下，得到长时间序列、高空间分辨率的蒙古国土地退化与恢复分布图，完成土地退化与恢复格局分析。综合气候变化与人类活动因素完成蒙古国土地退化与恢复进程中的关键区域识别，提出蒙古国重点区域的土地退化防控对策。

所用地球大数据

◎ 遥感数据：Landsat 系列遥感影像数据。该数据来源于 USGS 网站（http://earthexplorer.usgs.gov/），空间分辨率为 30 m，时间为 1990 年、2000 年、2010 年、2015 年，影像数量共计约 520 景。

◎ 辅助数据：蒙古国 DEM 数据，蒙古国 2013 年行政区划数据，蒙古国年均温度、年均降水量、人口、牲畜数量等统计数据（统计数据均源于蒙古国统计信息服务网站 http://www.1212.mn）。

方法介绍

本案例使用王卷乐等（2018）研制的蒙古国 30 m 分辨率土地覆盖产品的遥感分类体系，基于多源遥感影像数据，采用面向对象分类方法，获取 30 m 空间分辨率的蒙古国 1990 年、2000 年、2010 年、2015 年土地覆盖数据产品。面向对象遥感解译方法的原理是首先根据像元之间的光谱异质性将影像分割成不同大小的同质多边形（对象），然后通过设定规则对这些对象进行分类。

土地退化是指由于使用土地或由于一营力或数种营力结合致使干旱、半干旱和干燥半湿润地区雨养地（旱作农田）、水浇地或草原、牧场、森林和林地的生物或经济生产力和多样性下降或丧失（张宏和慈龙骏，1999）。土地退化与恢复的过程可以通过土地覆盖的变化来反映。基于所得蒙古国 1990 年、2000 年、2010 年、2015 年土地覆被解译数据，将明显未发生土地退化现象的森林、草甸与典型草地合并归类为无土地退化区域，单独提取荒漠草地、裸地、沙地、沙漠等地物信息，并将其定义为退化的土地覆盖类型。即在本研究中，土地退化是指无土地退化区域退化为荒漠草地、裸地、沙地、沙漠，或退化的土地覆盖类型的退化程度的增加；土地恢复则是指荒漠草地、裸地、沙地、沙漠恢复为无土地退化区域，或退化的土地覆盖类型的退化程度的减弱。在 GIS 空间分析技术支持下，分别将 1990 年与 2000 年、2000 年与 2010 年、2010 年与 2015 年土地覆被数据进行叠加运算，构建蒙古国土地覆被转移矩阵，建立土地退化与土地恢复类型体系，得到 30 m 空间分辨率的蒙古国 1990 ~ 2000 年、2000 ~ 2010 年、2010 ~ 2015 年土地退化与土地恢复数据。

开展蒙古国土地退化与土地恢复野外验证，搜集蒙古国土地退化与土地恢复历史资料数据与本研究所得结果进行对比，完成结果精度评价，最终形成蒙古国 1990 ~ 2000 年、2000 ~ 2010 年、2010 ~ 2015 年土地退化与土地恢复分布图。基于所得蒙古国土地退化与土地恢复数据，完成蒙古国土地退化与土地恢复的省际变化分析，明晰土地退化与土地恢复发展趋势、扩展方向、前进速率等变化，综合气候变化与人类活动因素完成蒙古国土地退化、土地恢复进程中的关键区域识别，制作完成蒙古国土地退化与土地恢复重点区域分布图。

基于蒙古国土地退化与恢复时空演变格局和气象与人类活动数据，分析气候变化指标、人类活动指标与土地退化与恢复的关系，明确气候因素和人类活动对土地退化与恢复的影响，阐明蒙古国土地退化现状中气候变化和人类活动的相对作用；根据蒙古国土地退化时空分异特征与其驱动力研究结果，结合蒙古国区域可持续发展和中蒙俄经济走廊生态安全需求，提出蒙古国重点区域的土地退化防控对策。

结果与分析

蒙古国土地退化与恢复数据是基于蒙古国土地覆盖数据，并借助 GIS 空间分析技术所得，其中蒙古国 1990 年、2000 年、2010 年、2015 年土地覆盖产品的总体分类精度在 82.26% ~ 92.75%。与田静等（2014）、魏云洁等（2008）的结果比较，本遥感解译数据集更精细且精度更高，完全能够满足蒙古国土地退化动态监测的需要。

蒙古国 1990 ~ 2000 年、2000 ~ 2010 年、2010 ~ 2015 年土地退化与恢复分布如图 7.20 所示。可以看出，蒙古国土地退化区域主要呈带状分布在蒙古国西北部，呈破碎块状分布在蒙古国中部与东北部，主要的土地退化类型为由无土地退化区域退化为荒漠草地、由荒漠草地退化为裸地；土地恢复区域主要呈带状分布在蒙古西部、中部和东北部，主要的土地恢复类型为由裸地恢复为荒漠草地、由荒漠草地恢复为无土地退化区域。蒙古国土地退化与恢复区域分布均具有较强的过渡性，土地退化程度由东北向西南逐渐加重，土地恢复程度则由西南向东北逐渐增加。

统计分析可知，蒙古国 1990 ~ 2000 年土地退化区域面积约为 175 301.97 km²，约占蒙古国总面积的 11.21%，土地恢复区域面积约为 226 057.90 km²，约占蒙古国总面积的 14.45%；2000 ~ 2010 年土地退化区域面积约为 280 945.73 km²，约占蒙古国总面积的

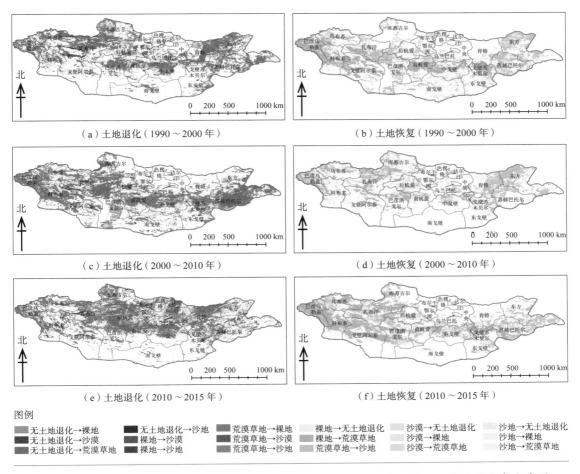

（a）土地退化（1990～2000年）　　　　　　（b）土地恢复（1990～2000年）

（c）土地退化（2000～2010年）　　　　　　（d）土地恢复（2000～2010年）

（e）土地退化（2010～2015年）　　　　　　（f）土地恢复（2010～2015年）

图例
无土地退化→裸地	无土地退化→沙地	荒漠草地→裸地	裸地→无土地退化	沙漠→无土地退化	沙地→无土地退化
无土地退化→沙漠	裸地→沙漠	荒漠草地→沙漠	裸地→荒漠草地	沙漠→裸地	沙地→裸地
无土地退化→荒漠草地	裸地→沙地	荒漠草地→沙地	荒漠草地→沙地	沙漠→荒漠草地	沙地→荒漠草地

图 7.20 蒙古国 1990～2000 年、2000～2010 年、2010～2015 年土地退化与土地恢复分布图

17.96%，土地恢复区域面积约为 138 041.51 km²，约占蒙古国总面积的 8.82%；2010～2015 年土地退化区域面积约为 128 144.83 km²，约占蒙古国总面积的 8.19%，土地恢复区域面积约为 202 097.95 km²，约占蒙古国总面积的 12.92%。由此可以发现，1990～2015 年蒙古国土地退化区域面积呈现出先增长后略有下降并趋于平稳的变化特点；从空间分布上来看，蒙古国土地退化区域呈现先以半圆环状向西南、南与东南部扩展移动，后再以半圆环状向蒙古国中北部区域集中聚集的变化特点。土地恢复区域面积则呈现先下降后迅速增长的变化特点；从空间分布上来看，蒙古国土地恢复区域呈现出先向北移动收缩后向南扩张发展的变化特点。

计算可得，1990～2000 年蒙古国净土地退化比例约为-3.24%，2000～2010 年净土地退化比例约为 9.14%，2010～2015 年净土地退化比例约为-4.73%。即 1990～2015 年蒙古国经历了"恢复—退化—恢复"的土地变化过程，但由于 2000～2010 年净土地退化比例过大，也就导致近 25 年来蒙古国整体呈现土地退化的趋势。

　　综合考虑自然与人类活动因素，进行蒙古国土地退化与恢复的驱动力分析。自然因素和社会经济因素的共同作用导致了蒙古国土地退化。温度的大幅度波动 [图 7.21（a）] 和降水量的减少是主要驱动因素。畜牧业无序发展、过度放牧 [图 7.21（b）]、过度和不合理的采矿、快速城市化加速了土地退化进程。本案例研究发现，全球变暖为高山雪区、泉水、河谷等水资源丰富地区的土地恢复创造了适宜的条件；东亚季风为蒙古东部边境地区的土地恢复提供了可能性；东北边境欠发达地区人口和牲畜的减少也有助于该地区的土地恢复。因此建议合理规划城市建设方案，加强城市建设用地集约化利用；提高采矿企业的采矿技术工艺，提高采矿业准进门槛；合理规划牲畜养殖结构，合理搭配牲畜养殖种类；提高区域应对气候环境变化与生态风险防控能力，促进中蒙俄经济走廊的可持续发展。

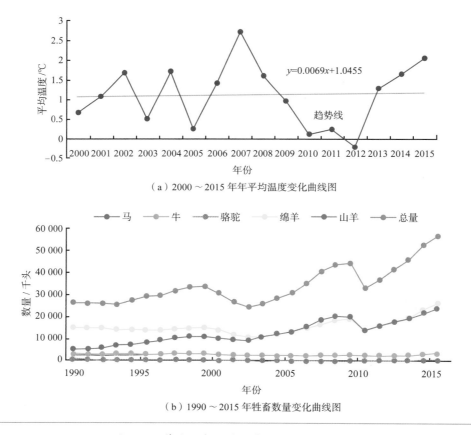

（a）2000～2015 年年平均温度变化曲线图

（b）1990～2015 年牲畜数量变化曲线图

图 7.21　蒙古国年平均温度与牲畜数量变化曲线图

成果要点

○ 基于面向对象的遥感解译方法得到了 30m 空间分辨率的蒙古国 1990 ～ 2000 年、2000 ～ 2010 年、2010 ～ 2015 年土地退化与恢复数据集。

○ 近 25 年来蒙古国整体呈现土地退化的趋势。1990 ～ 2000 年，土地退化区域面积约占蒙古国总面积的 11.21%，土地恢复区域约占蒙古国总面积的 14.45%；2000 ～ 2010 年，土地退化区域面积约占蒙古国总面积的 17.96%，土地恢复区域面积约占蒙古国总面积的 8.82%；2010 ～ 2015 年，土地退化区域面积约占蒙古国总面积的 8.19%，土地恢复区域面积约占蒙古国总面积的 12.92%。

○ 1990 ～ 2015 年，蒙古国土地退化区域呈现先以半圆环状向西南、南与东南部扩展移动，后再以半圆环状向蒙古国中北部区域集中聚集的变化特点；土地恢复区域呈现先向北移动收缩后向南扩张发展的变化特点。

讨论与展望

    本案例基于面向对象的遥感解译方法首次获得了 30 m 空间分辨率的蒙古国 1990 ～ 2015 年土地退化与恢复数据，研究发现近 25 年来蒙古国经历了"恢复—退化—恢复"的土地变化过程，但整体呈现土地退化趋势。温度的大幅度波动和降水量的减少是蒙古国土地退化主要驱动因素，过度放牧、过度和不合理的采矿和快速城市化加速了土地退化进程。本案例所得研究成果可应用于 UNESCO 国际工程科技知识中心、中蒙俄经济走廊交通及管线建设生态风险防控协同创新信息平台等国际合作。

    下一步将综合考虑植被覆盖度、地表状态变化（例如表土颗粒度）、土壤内部变化（例如土地生产力）等因素进行土地退化与恢复监测，并将本方法应用于"一带一路"协议国家，以期得到更广阔区域的土地退化与恢复数据。同时，也将使用国产高分辨率的卫星影像数据参与研究，综合考虑各数据的特点，探索更适于蒙古国土地退化与恢复监测的多时空序列遥感数据产品。

"一带一路"经济廊道山区绿化覆盖指数
时序变化监测与决策支持

对应目标

SDG 15.4：到2030年，保护山地生态系统，包括其生物多样性，以便加强山地生态系统的能力，使其能够带来对可持续发展必不可少的益处

对应指标

SDG 15.4.2：山区绿化覆盖指数

实施尺度

"一带一路"经济廊道

案例背景

　　山地是世界水塔、人类社会发展的关键资源库和重要的生态屏障（Immerzeel et al., 2020）。然而，在全球变化和人类活动加剧的背景下，山地也是生态环境脆弱区和气候变化敏感区。山地生态系统是实现 2030 年可持续发展目标的六个切入点之一全球环境公域的重要组成部分（UN, 2019）。发展新的科学技术监测杠杆是减轻山地生态系统环境压力，理解过去和未来山地生态系统变化，实现山地生态系统可持续发展的重要手段。

　　根据 UNEP-WCMC 的山地界定标准，全球约 24% 的陆地面积是山地（Kapos, 2000）。已签订"一带一路"合作协议的国家有众多多山国家，经济走廊穿越众多山脉，如中国 – 中亚 – 西亚经济走廊穿越天山山脉，中蒙俄经济走廊穿越乌拉尔山脉等。山地面积约占经济廊道总面积的 27.69%。监测"一带一路"经济廊道区域山地生态系统健康状况，对于经济廊道的绿色可持续发展具有十分重要的意义。

　　联合国 SDGs 将保护山地生态系统列为重要指标（SDG 15.4）之一（Makino et al., 2019）。SDG 15.4.2 山区绿化覆盖指数被定义为山地所有绿色植被覆盖的面积（包括森林、灌丛、林地、牧场、农田等），与山地所在区域面积的比值。当前，比较一致地认为，通过对一段时间的山区绿化覆盖指数监测，可以诊断出山地生态系统的保育能力和健康状态。指标的官方监测目前以国别指标为主，采用多源遥感数据和 FAO Collect Earth 平台为主要监测手段。为了提高指标监测效率，学者们在全球、国家和区域尺度开展了指标的提取方法探索。总体而言，目前该指标监测方法主要包括以 FAO 监测方法为代表的土地覆

盖分类聚合法（FAO, 2017）和直接基于遥感观测的植被提取法（Liu et al., 2019; Bian et al., 2020）。FAO 国别指标自 2017 年起每三年更新一期，目前尚缺乏动态变化的监测结果。

尽管山区绿化覆盖指数已在国家、大洲及全球尺度上进行了 2017 年基准年国别数据发布，但面向区域尺度的山区绿化覆盖指数监测仍存在以下主要问题。第一，山区绿化覆盖指数计算方案以国别为基本单元，难以支撑更小尺度山地监测需求。更小尺度的行政单元如省/州、市/县或地理单元如流域/保护区的山地保护政策制定对高空间分辨率的山区绿化覆盖指数需求十分迫切。第二，当前官方山区绿化覆盖指数的计算主要基于土地覆盖产品，其在数据源上依赖于土地覆盖产品的更新频率，遥感大数据的多源、多时相优势对该指标动态监测潜力还有待于进一步挖掘。第三，山区绿化覆盖指数计算没有考虑山地表面积的影响。山地的真实表面积根据不同的坡度和起伏度一般大于投影面积。而作为面积比值的山区绿化覆盖指数考虑山地的投影面积将更具有代表性。本案例面向以上问题，在"一带一路"经济廊道区域开展山区绿化覆盖指数的时间序列变化监测方法创新与决策支持。

所用地球大数据

◎ "一带一路"经济廊道全域海量 Landsat-5 TM 地表反射率数据（2009～2011 年），Landsat-8 OLI 地表反射率数据（2014～2016 年、2018～2019 年）；

◎ ASTER Global Digital Elevation Model （GDEM）V2 30 m DEM 数据；

◎ UNEP-WCMC 500 m 全球山地类型数据；

◎ Finer Resolution Observation and Monitoring of Global Land Cover （FROM-GLC）全球土地覆被样本数据。

方法介绍

地球大数据通过监测 SDGs 相关指标，在评估可持续发展目标的实现进程方面发挥着重要作用（Guo, 2020）。本案例充分发挥地球大数据优势，基于图 7.22 的数据基础，针对当前山区绿化覆盖指数无法体现区域尺度变化、未考虑山地表面积特征等问题，进行以下方法创新：① 基于 GEE 的海量卫星观测数据云存储和高性能计算优势，采用 Landsat-5（2009～2011 年）和 Landsat-8（2014～2016 年、2018～2019 年），发展考虑植被物候特征和卫星影像观测频率的植被提取算法，分别进行 2010 年、2015 年和 2019 年"一带一路"经济廊道范围内的 30 m 分辨率植被信息提取，提高植被信息的监测效率和频率；② 考虑山地三维特征和表面积，提取 30 m 分辨率山地真实表面积作为山区绿化覆盖指数的关键输入参数之一；③ 发展一种新的基于高分辨率格网的山区绿化覆盖指数计算模型，计算

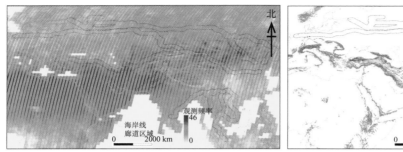

（a）2015 年 Landsat-8 累积晴空观测频率　　　　　　（b）UNEP-WCMC 山地类型数据

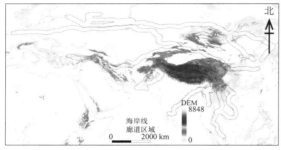

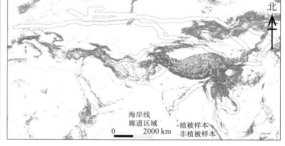

（c）经济廊道 30 m ASTER GDEM 数据　　　　　　（d）研究区 FROM-GLC 植被 / 非植被样本库

图 7.22　本案例数据

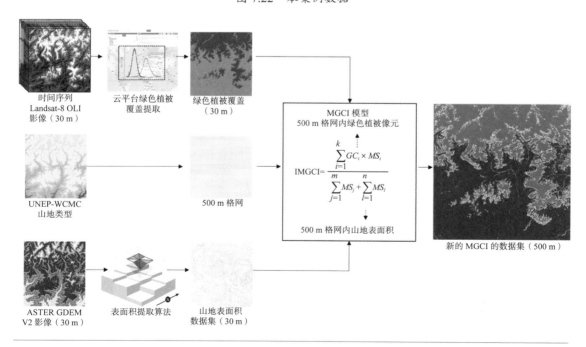

图 7.23　基于地球大数据的山区绿化覆盖指数计算总体技术路线

资料来源：改自 Bian et al., 2020

500 mUNEP-WCMC 山地类型数据像元内对应的高分辨率植被覆盖区表面积比例，体现区域山地生态系统的高时空异质性，提取"一带一路"经济廊道区域多期山区绿化覆盖指数，分析其变化趋势。本案例总体技术路线如图 7.23 所示。

由于山区绿化覆盖指数是一个面积比值指标，本案例在新模型方面引入山地表面积替代传统投影面积进行计算。图 7.24 进一步对比表明了在该指标中考虑山地表面积的必要性。图 7.24（a）在仅考虑山地投影面积的情况下，山区绿化覆盖指数为 50% 且与植被分布没有相关性。在考虑山地表面积的情况下，可以看出在不同植被分布条件该像元对应的山区绿化覆盖指数分别为 55.06%、50.00% 和 44.95%，其相对差异可达到 10.11%［图 7.24（b）～图 7.24（d）］。

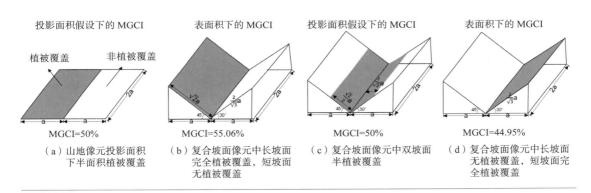

图 7.24　基于投影面积和表面积的山区绿化覆盖指数计算模型对比

结果与分析

地理学上，廊道是长而窄的地带。而经济廊道是一个经济地理学概念，是以交通设施为载体连接不同区域的经济合作机制。为了便于评估，本案例依据以下方案确定廊道评估范围：以陆上关键交通通道为核心路径，选择路径两侧 100 km 的缓冲区作为初步范围；考虑廊道内地理单元的完整性和海岸线的边界特性，对评估范围做进一步限定。图 7.25 显示了 SDGs2015 年基准年及 2010 年、2019 年"一带一路"经济廊道山区绿化覆盖指数变化空间分布。可以看出，基于格网的山区绿化覆盖指数突破了行政界限的限制，能清晰反映不同经济廊道的山地绿色植被覆盖情况。通过不同行政单元/流域/保护区边界，该栅格数据能够很好地进行空间尺度聚合，进而了解区域发展状况。

进一步统计各经济廊道 2010～2019 年不同山地类型山区绿化覆盖指数及变化趋势如图 7.26 所示。2019 年［图 7.26（c）］，总体上，经济廊道内 80.26% 的山地区域其山区绿化覆盖指数高于 90%。然而，仍然有约 1.38% 的山地没有植被覆盖，其主要集中在高山区的永久冰川及积雪覆盖区域。2010～2019 年，经济廊道的山区绿化覆盖指数总体呈增加趋势，

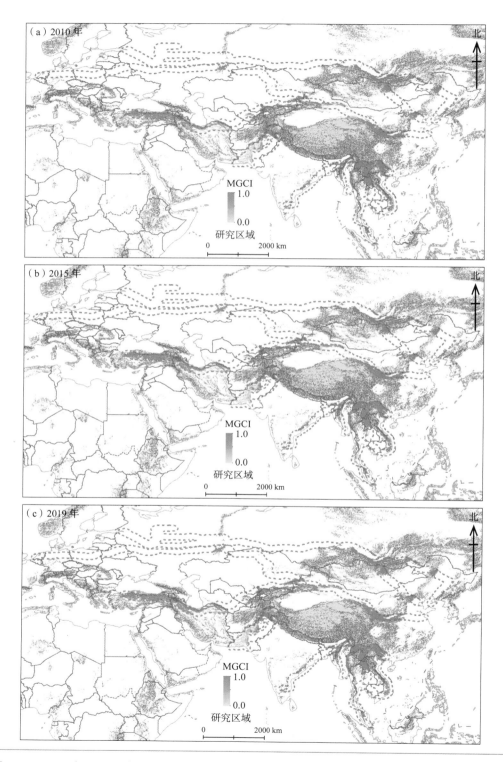

图 7.25 2010 年、2015 年、2019 年五大经济廊道和中巴铁路沿线山区绿化覆盖指数空间分布

其中，2010～2015 年的年增加率为 0.76%，2015～2019 年的年增加率为 0.12%。增加率和空间格局在不同的经济廊道和山地类型均有显著差异，主要受区域水热条件和地形条件影响。

各经济廊道中，山地面积比例由高到低分别是中国－中亚－西亚（CCAWAEC，51.44%）、中国－中南半岛（CICPEC，41.89%）、孟中印缅（BCIMEC，36.75%）、新欧亚大陆桥（NELBEC，19.85%）和中蒙俄（CMREC，15.59%）。中巴铁路沿线区域山地面积比例为 46.39 三期结果中，孟中印缅、中国－中南半岛和中蒙俄经济廊道山区绿化覆盖指数均高于 96%，新欧亚大陆桥和中国－中亚－西亚经济廊道山区绿化覆盖指数相对较低，2019 年分别为 64.43% 和 58.47%。中巴铁路沿线山区绿化覆盖指数最低，为 33.58%。图 7.26（d）进一步显示了不同经济廊道 2010～2019 年山区绿化覆盖指数变化。总体上，孟中印缅、中巴铁路沿线，以及中南半岛和中蒙俄经济廊道植被覆盖较好，山区绿化覆盖指数一直较高且没有显著增加趋势。而中巴铁路沿线、中国－中亚－西亚和新欧亚大陆桥山区绿化覆盖指数呈现微弱增加趋势，近 10 年分别增加了 6.61%、5.79%、4.67%。

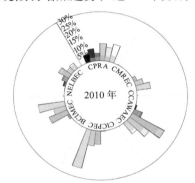

（a）2010 年各经济廊道不同山地类型绿色覆盖指数

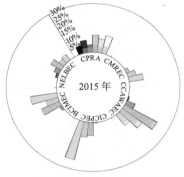

（b）2015 年各经济廊道不同山地类型绿色覆盖指数

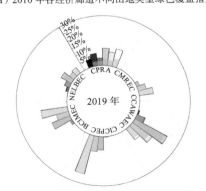

（c）2019 年各经济廊道不同山地类型绿色覆盖指数

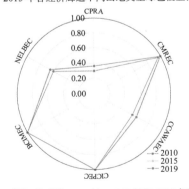

（d）不同经济廊道 2010 年、2015 年和 2019 年平均山区绿化覆盖指数

■ 山地类型 1 ■ 山地类型 2 ■ 山地类型 3 □ 山地类型 4 □ 山地类型 5 □ 山地类型 6 □ MGCI

图 7.26　不同廊道和山地类型山区绿化覆盖指数年际变化

CPRA：中巴铁路沿线区域，CMREC：中蒙俄经济廊道，CCAWAEC：中国－中亚－西亚经济廊道，CICPEC：中国－中南半岛经济廊道，BCIMEC：孟中印缅经济廊道，NELBEC：新欧亚大陆桥经济廊道。

山地类型方面，海拔高于 2500 m 的高山区域（UNEP-WCMC 山地类型 1）面积占全部经济廊道面积的 13.21%，且主要位于中巴铁路沿线（16.88%）、中国－中亚－西亚（6.30%）和新欧亚大陆桥（5.02%）。2010～2019 年，该区域山区绿化覆盖指数平均增加了 6.22%，其中 2010～2015 年的增加率为 1.28%，而 2015～2019 年的增加率为－0.03%。与国别指标相比，本案例山区绿化覆盖指数提取方法很好地揭示了跨境、长廊道区域尺度的山地生态系统变化情况，为经济廊道的山地生态系统保护提供了很好的方法和技术支撑。

成果要点

- ○ **模型方法创新：** 提出了基于地球大数据云平台的栅格尺度山区绿化覆盖指数计算模型。

- ○ **数据产品创新：** 构建了"一带一路"经济廊道高分辨率时间序列山区绿化覆盖指数集。

- ○ **知识规律发现：** 揭示了 2010～2019 年"一带一路"经济廊道山区绿化覆盖指数变化趋势。

讨论与展望

　　山地由于其高度的时空异质性和复杂性，基于高分辨率卫星观测的山地生态系统监测对理解气候变化和人类活动影响，制定山地生态系统保护政策，促进 SDGs 的实现至关重要。2019 年联合国可持续发展报告提出的可持续发展变革路径的六个切入点中（UN, 2019），山地生态系统作为全球环境公域的重要组成部分，对全球水资源和生物多样性安全起着重要保护作用，迫切需要四个杠杆协同保护山地生态环境。

　　地球大数据的发展是科学技术杠杆在山地生态系统保护领域的重要手段之一。本案例基于地球大数据技术，提出了一种高分辨率山区绿化覆盖指数监测模型，提取了"一带一路"经济廊道区域近 10 年山区绿化覆盖指数高分辨率变化。数据集可根据需求聚合到不同尺度和行政单元，可为地方环保部门和国家山地生态系统保护、促进经济廊道山地绿色可持续发展提供重要的技术支撑。在本案例的山地植被提取策略中，由于直接基于植被在红光波段和近红外波段的反射率特征进行绿色植被的统一提取，目前指标尚难以体现各生态系统的转换关系。因此，在未来的研究中可以更加关注山区绿化覆盖指数的结构变化。

亚洲象栖息地森林损失监测与评估

对应目标

SDG 15.5: 采取紧急重大行动来减少自然栖息地的退化,遏制生物多样性的丧失,到2020年,保护受威胁物种,防止其灭绝

对应指标

SDG 15.5.1: 红色名录指数

实施尺度

全球

案例背景

联合国在 2015 年提出的《变革我们的世界:2030 年可持续发展议程》中涵盖了 17 项可持续发展目标、169 项具体目标和 230 项指标,其中 SDG 15.5 "采取紧急重大行动来减少自然栖息地的退化,遏制生物多样性的丧失,到 2020 年,保护受威胁物种,防止其灭绝"是重要的 SDGs 之一(UN, 2015)。

亚洲象(*Elephas maximus*)是目前亚洲最大的陆生动物,是全球热带森林生态系统的旗舰物种(Hedges et al., 2008)。然而在过去的 100 年里,由于人类活动的破坏与影响,野生亚洲象的地理分布范围减少了 90%。1986 年开始 IUCN 将野生亚洲象列入濒危物种红色名录(IUCN, 2019)。目前,野生亚洲象主要栖息在横跨南亚和东南亚 13 个国家的森林占主导地位的栖息地内,野生种群数量仍然处于危险的低水平,总数少于 50 000 头(Songer et al., 2012; IUCN/SSC., 2017)。

在野生亚洲象集中分布的东南亚和南亚国家,原木采伐、农业扩张、橡胶种植和基础设施建设等毁林活动日益加剧,使得亚洲象栖息地正在逐渐退化和破碎化,严重威胁栖息地的生物多样性和亚洲象的生存发展,栖息地的缩减更是引发了激烈的人象冲突问题(Calabrese et al., 2017; Ripple et al., 2015)。因此摸清亚洲象栖息地的森林损失情况,对亚洲象野生种群恢复及其栖息地生物多样性保护具有重要的科学价值和现实意义,是对 SDG 15.5 指标监测评估的有力支撑。

目前,国内外对野生亚洲象栖息地森林损失的监测与评估研究多集中在典型案例地尺度上或国别尺度上(Calabrese et al., 2017),缺乏全球尺度上的定量化监测与评估结果及数

据集。为此，本案例基于地球观测大数据的优势，开展全球野生亚洲象栖息地 2001～2018 年森林损失的监测与评估，掌握亚洲象栖息地森林面积基准状况，并在区域尺度、国别尺度、景观尺度和物种尺度上形成森林面积损失的监测评估与变化分析报告。

所用地球大数据

◎ 全 GFW 共享的全球树木覆盖（Tree Cover, TC）数据产品（2000 年）和全球森林损失（Forest Loss）数据产品（2001～2018 年），空间分辨率为 30 m；

◎ 2015～2019 年 GF-2 卫星遥感影像数据，空间分辨率为 0.8 m；

◎ 2019 年 WDPA；

◎ IUCN 红色名录亚洲象分布范围矢量数据；

◎ 全球国家 / 地区边界矢量数据；

◎《2017 年第二届亚洲象分布国会议总结报告》（*Final Report of the Asian Elephant Range Stats Meetig 2017*）。

方法介绍

首先，为了开展区域尺度的变化分析，本案例根据地理与生态环境特征，将 13 个亚洲象分布国家划分为四大区域地理单元并进行编码，分别为中国、南亚次大陆（印度、尼泊尔、不丹、孟加拉国、斯里兰卡）、中南半岛（柬埔寨、老挝、缅甸、泰国、越南）、马来群岛（印度尼西亚、马来西亚）。

其次，本案例基于 IUCN 红色名录中关于亚洲象分布范围的 3 条由 172 个独立斑块合并的矢量数据记录，在 ArcGIS 环境中利用地理空间数据处理方法将 IUCN 红色名录的 3 条记录重新离散化为 172 条矢量记录，同时删去面积小于 10 km^2 的斑块，数字化得到 169 个亚洲象栖息地的矢量数据记录，并对 169 个矢量记录按区域和国别进行编码。

再者，本案例基于 GFW 提供的 2000 年全球 TC 基准数据，综合考虑国内外科研与管理工作中对森林的定义，将森林定义为 GFW 数据产品中 TC 值大于 25% 的像元（Hansen et al., 2013; Joshi et al., 2016）。计算得到 169 个亚洲象栖息地景观在 2000 年的森林面积基准数据。

另外，基于 2001～2018 年 GFW 的全球森林损失产品，利用 169 个亚洲象栖息地景观矢量数据和 WDPA 对全球森林损失数据产品在 ArcGIS 环境中分年度进行区域筛选统计，分析得到每个栖息地景观逐年的森林面积损失信息。

最后，本案例利用国产 GF-2 卫星影像数据，结合 Google Earth 高分辨率的历史卫星遥感影像数据，在 72 个森林损失总面积大于 100 km^2 的亚洲象栖息地景观中采集得到 100 个森林损失样点，基于专家知识和已有的全球森林损失监测分析结果，开展亚洲象栖息地森林面积损失的驱动因子探究与分析（图 7.27）。

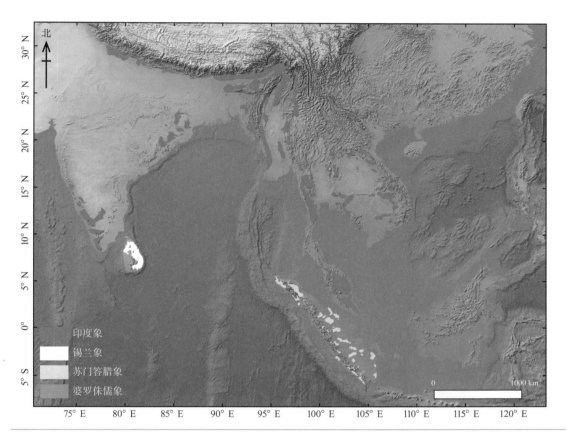

图 7.27 亚洲象栖息地范围分布图

结果与分析

    基于地球大数据的监测与评估分析表明，目前 169 个亚洲象栖息地景观的总面积为 62.3 万 km²。这 169 个亚洲象栖息地景观在 2000 年的森林基准面积总共为 50.4 万 km²，其中约 81% 的森林集中分布在 25% 的栖息地景观内。相比较于 2000 年，本案例监测发现，截至 2018 年亚洲象栖息地范围内的森林面积累计损失 6.8 万 km²，约占栖息地内森林总面积的 13.5%。

    亚洲象栖息地位于 WDPA 保护区内的面积仅为 21.3 万 km²，只占整个栖息地总面积的 34.2%，这意味着保护区边界外的亚洲象栖息地面临着更加严峻的人象冲突问题（Luo et al., 2020）。亚洲象作为热带雨林生态系统的旗舰物种和 IUCN 红色名录中的濒危物种，其整体保护形势依然相当严峻。2001～2018 年 WDPA 保护区内亚洲象栖息地的森林面积损失总量约为 5277 km²，仅占保护区内森林总面积（12.5 万 km²）的 4.2%，表明 WDPA 保护区数据库的制定对减少保护区内的森林损失具有积极的作用，有效地保护了亚洲象栖息地的完整性（图 7.28）。

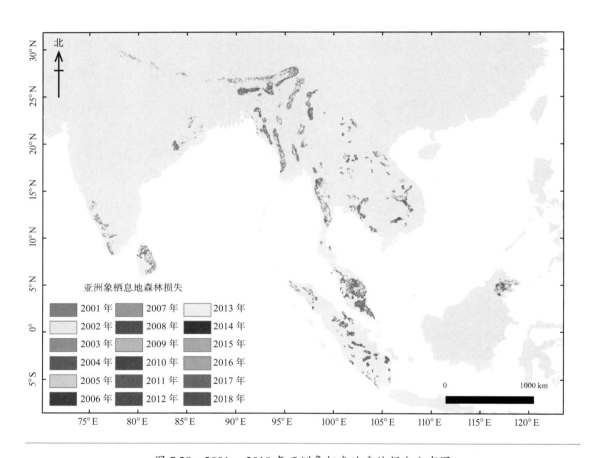

图 7.28　2001～2018 年亚洲象栖息地森林损失分布图

　　在 13 个亚洲象分布国家中，亚洲象栖息地总面积居前三位的国家依次为印度、缅甸和马来西亚；2001～2018 年森林损失总面积居前三位的国家依次为马来西亚、印度尼西亚和缅甸；相较于 2000 年森林面积基线，2001～2018 年森林损失面积占比居前三位的国家依次为印度尼西亚、马来西亚和柬埔寨。

　　在亚洲象的 4 个亚种中，栖息地景观内森林损失面积比例从低到高依次为锡兰象（5%）、印度象（9%）、婆罗洲儒象（16%）、苏门答腊象（34%），地球大数据监测与评估的结果发现苏门答腊象栖息地的森林面积损失和破碎化最为严重（Luo et al. 2020）。亚洲象分布区与虎分布区高度重合（俄罗斯 – 中国东北虎片区除外），且亚洲象和虎都属于 IUCN 红色名录中的濒危物种。因此，利用国际上开展的老虎栖息地森林面积损失监测评估结果（Joshi et al., 2016）与本案例开展的亚洲象栖息地森林损失监测评估结果做横向比较，对比发现本案例的亚洲象栖息地森林损失监测评估结果与虎栖息地森林损失监测评估结果基本一致。

基于 GF-2 遥感影像和 Google Earth 高分历史卫星遥感影像，本案例获取了 100 个验证点，归纳得到亚洲象栖息地内的森林损失五大驱动因子，分别是：① 伐木业（印度尼西亚、缅甸）；② 橡胶与油棕榈种植业（马来西亚、印度尼西亚、柬埔寨）；③ 农田上山（泰国、老挝、越南）；④ 基础设施建设与城市扩张（印度、斯里兰卡、孟加拉国）；⑤ 矿产资源开发（缅甸、老挝、印度）。

成果要点

- 亚洲象栖息地总面积约 62.3 万 km^2，其中森林总面积为 50.4 万 km^2，占比 80.9%。

- 亚洲象栖息地属于 WDPA 保护区的面积为 21.3 万 km^2，只占整个栖息地总面积的 34.2%。

- 2001～2018 年栖息地森林损失总面积约为 6.8 万 km^2，为栖息地 2000 年森林总面积的 13.5%。

讨论与展望

目前在全世界范围内，影响野生亚洲象生存及其栖息地生物多样性的人类活动（旅游业、伐木业、种植业、农田扩张和基础设施建设）仍在日益增加，我们必须重视这一现象并给予有效应对。本案例基于地球大数据，首次定量地揭示了亚洲象栖息地内森林面积的损失状况。但是野生亚洲象数量与森林损失不是简单的相应减少的关系，本案例研究旨在呼吁大家去关注和研究森林栖息地损失和破碎化带来的日益严重的人象冲突问题。

基于 13 个亚洲象分布国的野生象数量的总体估计值，通过初步分析得知，在森林面积损失最多的印度尼西亚、缅甸和老挝等国中，野生亚洲象数量也相应地大幅减少。同时，受限于大象数量统计数据的不准确性，一些国家在 2000 年的统计数据误差过大，野生亚洲象数量下降存在严重低估的现象。例如，不丹的两次统计差异很大，很可能是野生亚洲象的跨国境迁徙造成的。森林砍伐减少了亚洲象自由活动的地带，很多国家更是将大象驱赶到指定的保护区进行统一管理。加之道路、水库等基础设施建设，野生亚洲象栖息地的完整性被破坏，栖息地的破碎化阻碍了大象的迁徙，进一步加剧了人象冲突。

为了更好地保护亚洲象，并确保野生种群恢复目标的实现，必须恢复并保护其森林栖息地景观的连续性和完整性。我们呼吁动物保护人士和决策者推动在亚洲大象栖息地监测和评估方面的科技创新，积极探索基于大数据的管理方式和工具，并迅速采取行动，以便更好地应对人象冲突问题，促进并服务于 SDG 15.5 的率先实现。

本案例研究存在的问题主要包括以下三个方面：① 由于 169 个栖息地景观内野生亚洲象足迹点数据的缺失，栖息地内森林面积损失与野生亚洲象种群和个体数量的定量关系尚不明确。② 本案例研究归纳的森林损失的驱动因子有五类，但是同样面积的森林减少，不同驱动因子对栖息地内生态系统的影响是不一样的。因此，需要进一步研究不同驱动因子的影响机制及其作用。③ 本案例主要监测评估亚洲象栖息地的森林损失情况，对森林恢复情况并未进行检测，未来将进一步开展包括森林损失和森林恢复两方面的森林变化对亚洲象栖息地影响的监测与评估工作。

东北虎栖息地森林类型动态监测

对应目标

SDG 15.1：采取紧急重大行动来减少自然栖息地的退化，遏制生物多样性的丧失，到2020年，保护受威胁物种，防止其灭绝。

对应指标

SDG 15.1.2：红色名录指数

实施尺度

东北亚地区，包括中国东北东部和俄罗斯滨海边疆区

案例背景

东北虎（*Panthera tigris altaica*）已成为世界上最濒危的物种之一，在 IUCN 的濒危物种红皮书中被列为濒危级，是东北亚地区生态保护中的旗舰种（马建章，2005）。东北虎栖息地生境质量与陆地生态系统类型密切相关，决定其食物来源与遮蔽度，准确地监测陆地生态系统类型对东北虎保护区的建设具有重要意义。

SDGs 指标数据库已经收集了 2000～2018 年各国保护区面积的占比，但生态系统类型占比仍未涉及，东北虎栖息地森林类型的时空动态研究仍鲜见报道。研究显示，东北虎的重要猎物——有蹄类动物，包括梅花鹿（*Cervus nippon*）、野猪（*Sus scrofa*）和狍子（*Capreolus pygargus*），均对阔叶红松林生境表现出明显偏好，且这种偏好存在季节性差异（Xiao et al., 2018）；相关研究亦表明，东北虎在阔叶红松林内的活动更为频繁（王静等，2014）。此外，景观格局对东北虎活动范围和种群数量具有重要影响，较高的连通性有利于东北虎种群的扩散与迁移（Tian et al., 2014; Wang et al., 2015）。然而，目前 SDGs 指标数据库中并未包含生态系统类型比例和景观指数变化的数据。

针对上述问题，"地球大数据科学工程"率先开展了 1990～2010 年东北亚东北虎栖息地（中国东北虎豹国家公园与俄罗斯滨海边疆区，总面积 24.59 万 km^2）的森林生态系统类型和景观格局变化的监测，实现了东北虎栖息地森林生态系统类型比例和破碎化程度的评估，为全球 SDG 15.5 的实现提供案例支持，为中国东北虎豹国家公园建设提供依据。

所用地球大数据

◎ 中国境内研究区 1990 年、2000 年和 2010 年 30 m 土地利用数据（中国土地覆被数据集，ChinaCover 30 m）；

◎ 俄罗斯境内采用 1990 年、2000 年和 2010 年 Landsat 卫星系列遥感影像和中国环境星数据等；

◎ 研究区内搜集了 1990 年、2000 年和 2010 年野外验证样点 2400 个。

方法介绍

本案例主要基于面向对象的分类平台，以多尺度分割得到的影像对象为基础，结合 DEM、植被指数和 MODIS NDVI 时序数据等辅助信息，运用分层分类、逐级掩膜和决策树的分类方法对 Landsat TM/ETM+/OLI 数据、中国环境星数据等遥感数据进行分类，以获取 1990～2010 年俄罗斯滨海边疆区森林类型分布。首先，利用遥感影像光谱特征、纹理特征、地形特征以及由时序数据产生的植被物候特征等，确定分割尺度，建立规则集，实现林地的快速提取。其次，通过分析 MODIS NDVI 时序数据确定常绿针叶林和落叶阔叶林的范围，结合中国环境星 NDVI、EVI 月变化数据，以及 DEM 等辅助信息，提取常绿针叶林、落叶针叶林、落叶阔叶林、针阔混交林和灌木林等森林二级类型。解译结果的空间分辨率为 30 m。

针对东北虎生境破碎化的现状，选择三种景观格局指标，表征东北虎栖息地森林景观特征与变化：① 平均斑块面积（mean patch area，单位为 hm^2），以斑块面积为指标反映该景观类型的破碎化程度。② 边缘密度（edge density，单位为 m/hm^2），斑块边界长度与以栅格数表示的总面积之比，用于指示景观的破碎化程度。③ 邻近指数（contiguity index，无量纲），表征景观中的森林斑块类型的连接性。上述指标在 ArcGIS 10.4 的支持下，运用 Fragstats 4.2 软件包计算完成。

结果与分析

混淆矩阵显示，1990～2010 年森林遥感分类的 OA 分别为 95.88%、95.50%、97.75%，Kappa 系数为分别为 0.87、0.90 和 0.93。遥感解译结果显示，研究区森林总面积为 1620.24 万 hm^2，森林覆盖率为 65.88%。其中，中国境内森林面积为 494.58 万 hm^2，森林覆盖率为 50.00%；俄罗斯境内森林面积为 1125.65 万 hm^2，森林覆盖率为 76.65%。

研究区森林类型以落叶阔叶林为主（图 7.29），共计 990.60 万 hm^2，占研究区森林面积的 61.14%；其次为针阔混交林，面积为 548.34 万 hm^2，占森林面积的 33.84%；常绿针叶林面积为 46.85 万 hm^2，占森林面积的 2.89%；落叶针叶林面积为 34.45 万 hm^2，占森林面积的 2.13%。

　　中国境内与俄罗斯境内森林存在较大差异，二者的落叶阔叶林比例均较大，但俄罗斯境内森林的针阔混交林面积达 509.42 万 hm^2（约占 45%），中国境内的针阔混交林面积仅为 38.80 万 hm^2（约占 8%）。此外，中国境内落叶针叶林（主要为落叶松人工林）面积为 34.45 万 hm^2（约占 7%），俄罗斯境内无落叶针叶林分布。1990～2010 年，该区域森林面积变化不显著，不同森林类型的面积较为稳定。

　　中国境内与俄罗斯境内的东北虎栖息地森林类型景观格局差别显著。从景观指数上看，中国境内森林景观格局更为破碎，平均斑块面积为俄罗斯境内斑块面积的 1/2，该比例在 2000 年仅为 1/3。俄罗斯境内的森林边缘密度更高，森林类型分布更加多样，不同类型在景观水平上呈密集的斑块混交，而中国境内森林类型以落叶阔叶林为主，森林类型较为均一，边缘密度角度相对较低（图 7.30）。俄罗斯境内的森林具有更高的景观连接度（邻近指数），总体比中国高约 53%（2010 年）。

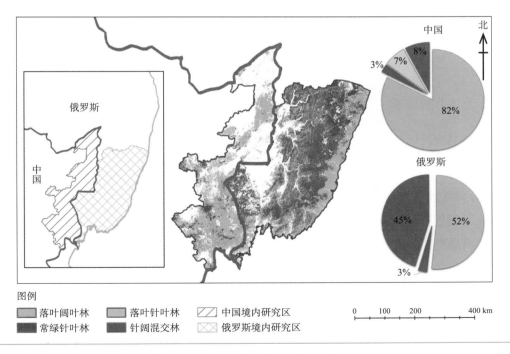

图 7.29　本案例研究区的森林类型分布

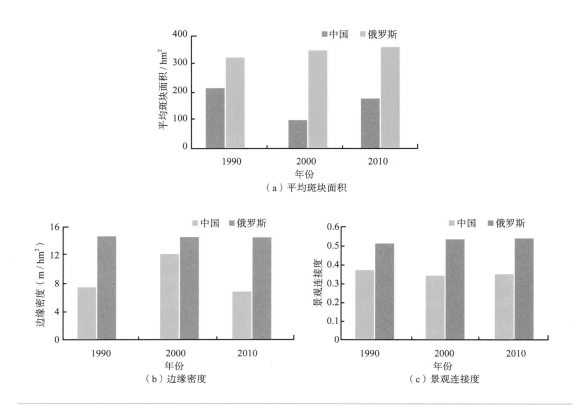

（a）平均斑块面积

（b）边缘密度

（c）景观连接度

图 7.30　森林类型景观指数的变化

基于上述监测结果，对东北虎栖息地森林恢复提出以下决策建议。

1. 优先恢复针阔混交林（阔叶红松林）

两国研究区内的森林类型差异有两点：① 俄罗斯远东地区针阔混交林比例高（45%），而中国境内针阔混交林比例仅为8%；② 中国境内有 7% 的落叶针叶林（基本全部为落叶松人工林），而俄罗斯远东地区无落叶针叶林分布。中国境内的针阔混交林（阔叶红松林，可视为针阔混交林代表）分布稀少，不利于东北虎栖息地的恢复。

阔叶红松林是该区域的地带性顶级群落，是最丰富、最多样、生物量最高的森林生态系统，是我国极为重要和极为珍贵的森林资源，诸多野生动物保持着对该类型森林的高度依赖。然而由于近百年来的过度采伐，我国阔叶红松林资源已消耗殆尽。研究表明，东北虎亦对阔叶红松林表现出明确偏好，这种偏好与东北虎的主要猎物（梅花鹿、野猪和狍子）偏好阔叶红松林生境有关（Xiao et al., 2018）。在繁殖期，东北虎种群繁殖存活率高度依赖于上述猎物数量（Chapron et al., 2008）。因此，综合考虑两国针阔混交林的比例差异，建议在东北虎豹国家公园内优先恢复阔叶红松林。此外，中国境内研究区种植一定比例的落叶松人工林，该林型主要为用材林，其林下遮蔽条件不佳，不利于野生动物的生境维持，建议通过合理间伐和植苗等方法（Gang et al., 2015; Yan et al., 2013），诱导为落叶松 – 阔叶混交林，同时减少采伐作业以降低人为干扰。

2. 增加景观水平的森林类型斑块的多样性

俄罗斯境内景观破碎程度小，且总斑块边界密度高，表明其单位面积内具有更多的森林生态系统类型；中国境内研究区的森林面积破碎且类型单一，多为落叶阔叶林（次生林）。东北虎的主要猎物——有蹄类猎物均表现出对阔叶红松林生境的喜好，但呈现季节性差异。例如，狍子在冬季表现出对阔叶红松林的偏好，而在夏季喜欢落叶阔叶林的生境（Xiao et al., 2018）。不同的森林类型可为有蹄类动物提供不同的生境，并与它们的食物来源紧密相关；而单一森林生态系统类型无法满足有蹄类猎物在冬夏两季对不同森林类型的喜好，可能影响其种群数量。在俄罗斯研究区，落叶阔叶林与针阔混交林在景观水平上呈现大范围的斑块混交，增加了单位面积内森林类型的复杂性，为有蹄类动物生境提供了多样化选择。我们建议优先恢复的阔叶红松林应尽量与落叶阔叶林斑块混交，以提高景观水平的森林类型多样性。

上述数据与决策可用于支持国家林业和草原局、东北虎豹国家公园管理局，为保护区内森林经营管理和恢复、为东北虎豹营建更适宜生境提供理论依据。

成果要点

- 对比中国和俄罗斯境内东北虎栖息地森林类型的占比和景观格局：俄罗斯境内针阔混交林比例大（45%），且森林类型分布多样性强、景观连接度高；中国境内森林景观格局破碎化程度高，森林类型单一，针阔混交林比例仅为 8%，多为落叶阔叶林，分布落叶松人工用材林（7%），林下遮蔽条件不佳。

- 从森林经营管理的角度提出东北虎栖息地的保护与恢复对策：建议在中国东北虎栖息地保护区内优先恢复针阔混交林（阔叶红松林），同时增加景观水平的森林生态系统类型的多样性。

讨论与展望

东北虎栖息地保护建设是野生动物保护学家、政策制定者和保护区管理者共同关心的问题。前期研究主要从减少人为干扰（居民点迁移、放牧）（Miquelle et al., 2005）、优化景观布局（减少破碎化、增加连接度）（Hebblewhite et al., 2012）、恢复有蹄类动物种群数量（Chapron et al., 2008）等方面展开，鲜有探讨森林生态系统类型对东北虎栖息地保护的意义。SDGs 指标数据库虽然收集了各国保护区面积的占比，但生态系统类型占比仍未涉及。本案例对比了中国和俄罗斯境内东北虎栖息地森林类型的占比和时空变化，分析了我国东北虎豹国家公园与俄罗斯滨海边区森林类型的特点，通过两国对比发现不足，并提出经营方向，从森林类型及其景观布局的角度提出东北虎栖息地森林恢复建议，建立以地带性顶级森林群落——阔叶红松林为核心的森林恢复与管理对策，同时优化森林类型的景观配置，增加森林类型的多样性以改善栖息地的生境质量。

本案例分析了中国和俄罗斯境内东北虎栖息地森林类型的占比和景观格局。下一步工作将评估东北虎栖息地的森林覆盖率和生境质量，包括遮蔽度、食物来源、水源等，同时将案例向东北亚其他相关国家推广。

近20年全球土地覆盖变化

对应目标

SDG 15：可持续管理森林、防治荒漠化、制止和扭转土地退化现象、遏制生物多样性丧失

实施尺度

全球

案例背景

　　土地覆被是影响气候、碳循环、生态系统功能、生物多样性的重要驱动力，它是地形、水文、土壤和生物等要素相互作用的、最为活跃的地球表层特征（Friedl et al., 2002），深受国际组织和社会的普遍关注。联合国国际地圈生物圈计划（International Geosphere-Biosphere Program, IGBP）、IPCC 报告、UNEP 千年生态系统评估（Millennium Ecosystem Assessment, MA）、全球森林与土地覆盖动态观测组织（Global Observation of Forest Cover and Land-use Dynamics, GOFC-GOLD）、国际全球大气化学（International Global Atmospheric Chemistry, IGAC）计划、水循环的生物圈方面（Biospheric Aspects of Hydrological Cycle, BAHC）计划，涉及土地覆盖的研究与分析内容。由于其应用的重要价值，NASA、ESA 等对地观测系统已开展从 10 m～1 km 12 个全球土地覆盖产品（Gong et al., 2019），但其在空间尺度、时间尺度、数据源、类别、精度上存在不一致性（See et al., 2015），特别是在数据质量上，如大洋洲、南美洲、近北极地带出现明显的差异，难以利用这些数据或组合产品进行综合分析应用。本数据产品是基于现有全球土地覆盖数据，通过综合数据再分析和数据深加工，形成数据时间一致、空间可比、高精度、长时序的全球土地覆盖产品，为全球变化、生态系统碳收支、生态环境评估提供科学、可靠的数据支撑。

所用地球大数据

◎ 2000～2018 年全球土地覆盖数据，ESA 提供，空间分辨率 300 m；

◎ 2003 年、2008 年和 2012 年 MODIS 全球土地覆盖数据，美国波士顿大学提供，空间分辨率 1 km；

◎ 2003 年、2008 年和 2013 年 GLCNMO 全球土地覆盖数据，日本地理空间信息局（Geospatial Information Authority of Japan, GSI）提供，空间分辨率 500 m；

◎ 2000 ~ 2018 年 MODIS MOD09A1、MOD09GA、MOD13A2 产品，NASA 提供，空间分辨率 500 m。

方法介绍

依据 SDGs 指标，构建 2000 ~ 2018 年时间间隔 5 年、全球 1 km 时序土地覆盖数据集。数据建立方法包括：

（1）现有数据产品一致性分析。基于土地覆盖产品精度最高的 CCI-LC 土地覆盖产品，对比不同时期 MODIS-LC、GLCNMO 土地覆盖产品，进行数据类型一致性分析，将一致性最高（89% ~ 92%）的 2012 年三个数据产品进行产品合成。

（2）提出土地覆盖逻辑回归的融合方法。针对多类型优度、邻域相似性的原理，提出逻辑回归指示器算法。对现有的土地覆盖产品进行逐像素判别并融合：① 以单类精度为权值，对土地覆盖类型在多产品类型中出现的概率进行计算，最高加权概率的类型视为可信度最高土地覆盖类型；② 判别像素空间邻域 3×3 像素内各类型出现频率，最高出现频率的类型视为可信度最高的土地覆盖类型，以上二者合成，获得最高概率类型为该像素的土地覆盖类型。

（3）时序土地覆盖异常检测和重构方法。发展了基于时序过程规则集的异常变化判别模型。对 CCI-LC 2000 ~ 2018 年土地覆盖变化进行自动检测，在 5956 个检测变化类型中，建立变化规则集，实现异常变化检测。基于 NDVI、NDWI、NDBI（Normalized Difference Built-up Index）、NDSI（Normalized Difference Snow Index）等指数，构建异常变化数据重构模型，通过邻近年份的时序指标变化的相似性，实现异常变化类型数据插补。

（4）构建土地覆盖时序数据集。通过构建时序土地覆盖异常检测和重构模型，实现 CCI-LC 土地覆盖时序变化重构数据，并与 2012 年基准年融合产品进行合成，形成 2000 ~ 2018 年时间间隔为 5 年、分辨率为 1 km 的全球土地覆盖数据集。

结果与分析

1. 全球土地覆盖融合产品质量

基于多产品融合方法，形成 1 km 分辨率全球土地覆盖高质量时序产品（图 7.31）。经全球样本库 1 万个点数据验证，相比 CCI-LC、MODIS-LC 以及 GLCNMO 产品，融合产品精度达 74.4%（表 7.9），分别提升 4.9 个百分点、10.9 个百分点和 3.4 个百分点。产品质量有显著提升。

经统计，2018 年全球总面积约为 5.1 亿 km²，其中森林 4133 万 km²、灌木 1214 万 km²、草地 1956 万 km²、耕地 1889 万 km²、湿地 119 万 km²、水面 34 336 万 km²、建设用

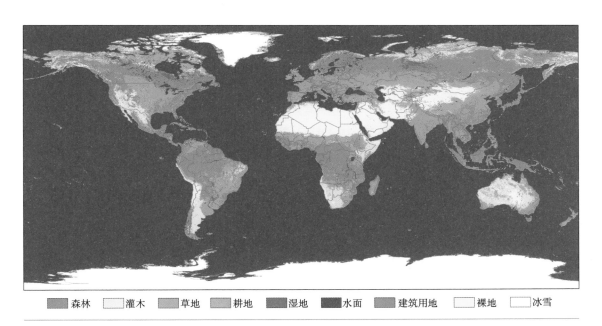

森林　灌木　草地　耕地　湿地　水面　建筑用地　裸地　冰雪

图 7.31　2018 年 1 km 分辨率全球土地覆盖

表 7.9　合成产品与其他产品的精度对比　　　　　　　　　　（单位：%）

类型	融合产品	CCI–LC	MODIS–LC	GLCNMO
森林	88.8	83.3	65.2	88.8
灌木	41.7	32.7	53.2	30.2
草地	63.7	48.2	69.3	52.8
耕地	76.9	76.5	64.3	73.0
湿地	22.6	27.1	21.6	15.1
水面	88.2	93.5	75.0	86.5
建设用地	37.8	44.5	30.3	37.0
裸地	84.9	83.1	71.9	88.0
冰雪	66.0	60.6	67.0	66.0
总计	74.4	69.5	63.5	71.0

地 40 万 km²、裸地 1887 万 km²、冰雪 5435 万 km²，占全球总面积的比例分别约为 8.1%、2.4%、3.8%、3.7%、0.2%、67.3%、0.1%、3.7%、10.7%。

2. 全球土地覆盖变率

全球土地覆盖变率是指土地覆盖时序变化与总土地覆盖的面积占比。近 20 年来，土地覆盖面积变率整体呈现下降的趋势（图 7.32）。相较于 2000～2005 年的 0.28%，2015～2018 年全球土地覆盖变化面积的比重下降到 0.1%，表明在全球范围内，土地覆盖变化逐渐下降，全球土地覆盖变化趋向稳定。从空间分布分析，除了北非、中国中西部、美国西部、南美洲北部、澳大利亚中部变化较少外，其他地区均有变化（图 7.33）。其中，西欧、加拿大、俄罗斯东北部、中国东部、澳大利亚西部、巴西、中非变化频率较高，在一定程度上反映出区域的气候变化、社会发展和经济增长带来的影响和作用。

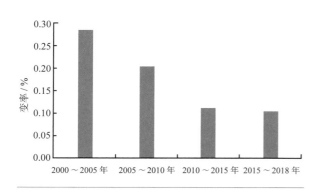

图 7.32　2000～2018 年全球土地覆盖变率

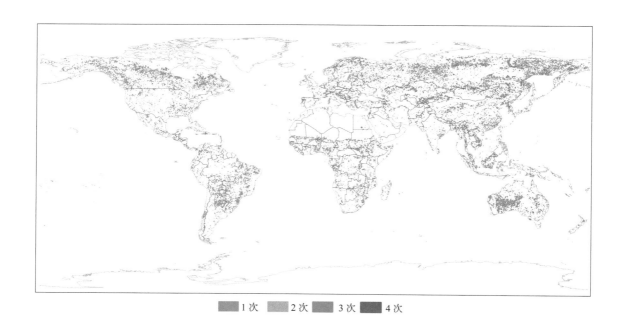

图 7.33　2000～2018 年全球土地覆盖五年期变化频率（增强显示）

3. 全球土地覆盖类型变化趋势

通过对 2000～2018 年全球土地覆盖类型面积统计分析，耕地、湿地和裸地面积整体呈现减少趋势，森林、草地和建设用地的面积整体呈现增加趋势，而灌木、水面和冰雪三类土地覆盖类型的面积基本保持不变。随着人口、社会经济发展，城市化进程加速，生态环境状态持续趋好，耕地资源基本稳定。

在全球五大洲土地覆盖变化方面，亚洲人口基数大、人类活动力强、经济发展较快，但由于区域经济发展水平差异较大，土地利用的程度与方式较为复杂，形成多样化土地覆盖变化的局面。2000～2018 年，亚洲各类土地覆盖变化频繁，城市化过程较快，城市扩展显著，其中中国城市化贡献较大；需要指出的是，由于中国实施生态工程，森林总趋势覆盖增高，掩盖了东南亚森林砍伐而造成亚洲森林面积减少的状况。欧洲总体植被覆盖在不断增大，裸露地减少，生态环境持续向好发展，但森林面积后期开始下降；受气候和人类活动影响，湿地有明显的萎缩现象；人口与城市发展相对平稳、变化不大。非洲生态环境有明显的改善，森林面积近 20 年持续增长，但灌木面积减少，总体植被保持平衡；耕地变化小而面积少、城市化进程较慢，耕地不足和粮食缺乏加剧了区域贫困化程度。北美洲地区总体林地面积在增加、裸地在不断减少，其中森林早期面积增加、后期转换成灌木林；随着移民的增加，城市化进程加快；近 20 年受气候和人类活动影响，湿地面积有明显的萎缩。南美洲地区，随着区域经济发展，森林砍伐严重，原始资源的开发利用造成严重的生态环境破坏，森林和灌木面积明显下降，并形成大片的草地；耕地变化较大，但总体面积保持平衡；城市面积略有增加，城市化过程持续推进（图 7.34）。

综上所述，除南美洲之外，其他四大洲森林面积均有较大程度的增加，植被覆盖度有明显的提高，而南美洲森林砍伐、破坏严重；各大洲的城市化过程均在不同程度推进，其中亚洲发展最快，而欧洲比较平稳，增长迟缓；耕地面积基本保持动态平衡，在城市化过程中耕地被侵占的同时，其他山区、牧区不断开垦耕地；裸地在不断减少，土地的扰动逐步降低；受气候和人类活动影响，全球的湿地面积在不断减少，从而对水资源利用、洪涝灾害、气候调节产生影响。

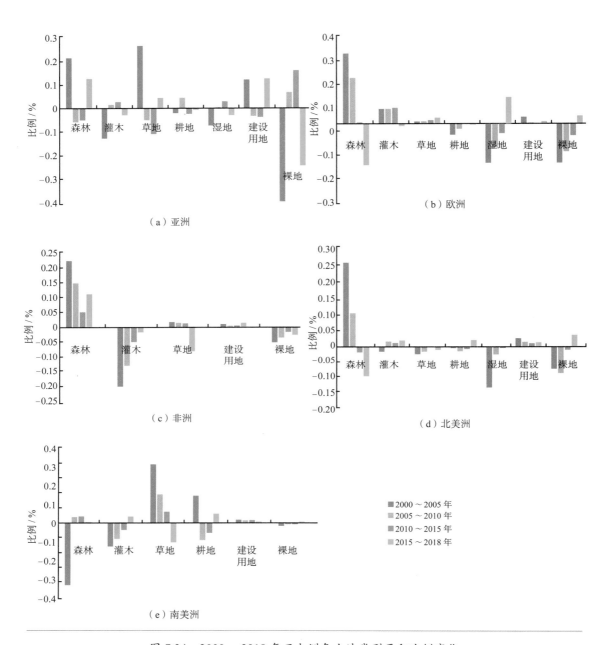

图 7.34　2000～2018年五大洲各土地类型面积比例变化

成果要点

- 提出逻辑回归的融合方法，构建时序土地覆盖异常检测和重构模型，形成数据时间一致、空间可比、高精度、长时序的全球 1km 土地覆盖产品。

- 通过 SDG 全球土地覆盖监测，土地覆盖发生变化的面积占比逐渐下降，变化趋向稳定。在北美洲北部、亚洲东北部、南美洲东部、澳大利亚西部，土地覆盖相对其他地区变化较大。

- 基于 SDG 全球土地覆盖监测，除南美洲之外，其他四大洲森林面积均有较大程度的增加；各大洲的城市化过程均在不同程度地增强，其中亚洲发展最快；耕地面积基本保持动态平衡；受气候和人类活动影响，全球的湿地面积在不断减少。

讨论与展望

利用现在的全球土地覆盖遥感产品，融合形成时空一致、高精度的时序全球土地覆盖数据集，针对 4 个 SDGs 一级目标、7 个 SDGs 二级目标，基于地球大数据技术，开展 SDGs 全球土地覆盖监测。

土地覆盖是一个综合监测指标，是 SDGs 多个目标的监测与分析的基础。利用土地覆盖进行 SDGs 评估，可以保持多指标数据的一致性，减少各个指标之间的数据冲突，使 SDGs 评估更加全面、可信度更高。

未来，将重点围绕 SDGs 多目标，基于地球大数据及其处理技术，实时发布和更新每五年 1km 分辨率高精度全球土地覆盖产品；并研发每年的土地覆盖更新技术，更新全球逐年土地覆盖产品，对那些技术落后和财政资源缺乏的发展中国家，监测其生态环境保护和城市发展等状况，提出相应的政策与建议。

目前，监测存在的问题为，由于尺度效应，1 km 监测尺度在全球范围进行监测，可以反映资源与环境的发展状况，但对城市发展、水资源和湿地等面积比较小的类型变化反映效果不显著，五年期变化监测还不能满足评估的要求与气候要素的应对分析，下一步将发展年度高精度的土地覆盖产品。

全球陆地生态系统气候生产潜力和水分利用效率动态

对应目标

SDG 15: 可持续管理森林、防治荒漠化、制止和扭转土地退化现象、遏制生物多样性的丧失

实施尺度

全球

 案例背景

联合国 2015 年提出的《变革我们的世界：2030 年可持续发展议程》中涵盖了 17 项 SDGs 和 169 项具体目标和 230 项指标，其中 SDG 15.1 "到 2020 年，根据国际协议规定的义务，保护、恢复和可持续利用陆地和内陆的淡水生态系统及其服务，特别是森林、湿地、山麓和旱地"（UN, 2015）。气候因素是恢复和保护上述生态系统的重要因素。《巴黎协定》提出，相比于工业化前水平，需将全球平均气温增幅控制在 2.0℃，并力争不超过 1.5℃（UNFCCC, 2015）。IPCC 在 2018 年发布的《全球升温 1.5℃特别报告》中指出：1.5℃的变暖以其导致的降水分布格局将给陆地生态系统带来严重影响，将对当前全球水和碳平衡带来不可避免的挑战。然而，随着人类活动对自然生态系统的直接影响越来越显著，气候变化对植被生态系统的影响越来越难以被分离。其中，温度、降水、短波太阳辐射等气候因素对气候生产潜力（Climatic Potential Productivity, CPP）的时间变化影响较大。干旱半干旱地区的温度和降水对 CPP 的影响较大，而在湿润半湿润地区和低纬度地区，太阳辐射是 CPP 的主要控制因子（Nemani et al., 2003）。因此，开展气候诱导的植被潜在初级生产力变化研究，探讨气候变化对不同尺度植被的影响，不仅可以反映植被生态系统利用气候资源的能力，而且可以预测未来气候变化背景下植被生产的趋势（Cao et al., 2020），对于了解陆地植被作为碳库的潜在预测、掌握人类对生态系统的破坏和区域生态恢复以及可持续发展具有重要的现实意义（任正超等，2017），同时也有助于推动所有类型植被进行可持续管理，停止毁林，消除退化和促进森林恢复，大幅增加全球植树造林和重新造林。该案例为 SDG 15 提供的价值具体是：提供未来全球生态系统可持续潜力、生态服务价值参考，以及减缓气候变暖（固碳）、为人类生存和可持续（生物质和粮食）提供动力、永续利用和开发地球圈潜力。

生态系统 WUE 作为反映陆地生态系统碳水循环耦合关系的一个重要指标，衡量了植

被在消耗单位水分下所固定的光合产物（Niu et al., 2011）。在生态系统尺度，WUE 通常定义为整个生态系统消耗单位质量的水分所固定的二氧化碳的量，即生态系统光合产物与蒸散发之比（Beer et al., 2009）。生态系统 WUE 可以定量评价陆地生态系统的固碳效益与耗水代价；但当前联合国 SDGs 中尚未覆盖陆地生态系统碳水循环耦合关系及 WUE 研究。研究陆地生态系统 WUE 有助于衡量陆地生态系统的稳定性及其对环境气候变化的响应机制和适应能力，对保护陆地生态系统和可持续利用生态系统服务具有重要意义。本案例依托地球观测大数据优势，开展了 1982～2018 年全球陆地生态系统 WUE 评估，对全球尺度的生态系统 WUE 时空变化进行分析。

所用地球大数据

◎ 2000～2018 年全球降水和气温数据，由 ERA 提供，空间分辨率为 0.125°×0.125°；

◎ 1982～2011 年基于 MTE（the Model Tree Ensemble model, MTE）模型的全球 GPP 和 ET 数据集，空间分辨率 0.5°（获取自德国马克斯·普朗克科学促进学会生物地球化学研究所）；

◎ 2001～2015 年基于 BESS（the Breathing Earth System Simulator model, BESS）模型的全球 GPP 和 ET 数据集，空间分辨率 0.5°（获取自韩国首尔国立大学环境生态学实验室）；

◎ 2003～2018 年基于 PML-V2（the Penman-Monteith-Leuning model, PML）模型的全球 GPP 和 ET 数据集，空间分辨率 0.05°（获取自国家青藏高原科学数据中心）；

◎ 2001～2015 年基于 GLASS（the Global Land Surface Satellite, GLASS）的全球 GPP 和 ET 数据集，空间分辨率 0.05°（获取自国家地球系统科学数据中心）；

◎ 2000～2018 年 MOD12C1 数据集，空间分辨率 0.05°；

◎ Köppen-Geiger 全球气候分类数据，空间分辨率 0.5°。

方法介绍

本案例 CPP 主要采用了 Miami 模型、Thornthwaite Memorial 模型以及 Zhou 模型（Wickens et al., 1977; Zhou, 1996），通过不同模型方法对比分析植被气候生产潜力，并分析全球陆地生态系统气候生产潜力的空间分布状况及其年际变化趋势，为全球生态系统的保护及其资源的最大限度合理利用提供科学依据。

本案例 WUE 采用 4 个模型（即 MTE、BESS、PML-V2 和 GLASS）对 1982～2018 年全球生态系统 WUE 的空间分布和年际变化进行分析。其中全球空间分布采用多年平均值表示；年际变化趋势采用一元线性回归分析方法估算，年际变化趋势是否显著采用 Mann-Kendall 检验方法。在此基础上，我们利用 MODIS 全球土地利用覆盖数据和 Köppen-Geiger 气候分类数据对 2001～2018 年的 4 个全球生态系统 WUE 数据集进行分区分析。

结果与分析

如图 7.35～图 7.37 所示，3 种模型模拟的全球 CPP 空间分布较为一致。CPP 从赤道附近的热带雨林地区逐渐向高纬度地区降低。赤道附近的热带雨林区域（亚马孙河流域、刚果河流域以及东南亚地区），温度和水分充足，满足植被光合作用所需的自然条件，陆地植被生态系统的 CPP 最高，CPP 的范围为 1600～2000 gC/（m²·a）。温带地区陆地植被具有中等的 CPP，基本分布在 800～1200 gC/（m²·a），主要包括中国东南部地区、美国东部地区、北美太平洋地区，以及加拿大东部地区。高纬度寒带地区植被生长主要受到温度的限制，陆地植被生态系统 CPP 主要范围是 0～600 gC/（m²·a）。

植被 CPP 从高到低依次为热带雨林区、亚热带森林生态系统、半湿润和灌溉农田生态系统、温带草原、干旱荒漠区。这说明在热带雨林区域植被潜力较大，可开发利用的潜力最大，人类如果能合理开发利用，就有可能最大限度地保持资源的永久可持续开发利用。而在干旱和半干旱区域自然因素对植被的生长限制较大，需要加大人为因素的投入，采取减缓荒漠化的措施，重新造林，以实现资源的可持续利用。

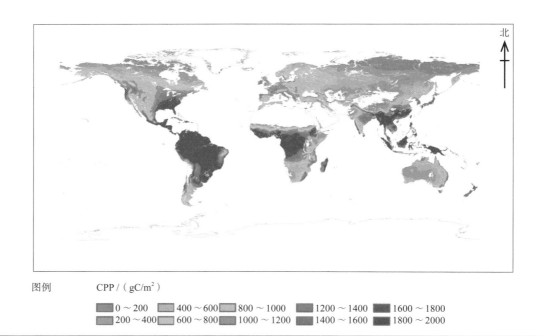

图例　　CPP /（gC/m²）

▪ 0～200　▪ 400～600　▪ 800～1000　▪ 1200～1400　▪ 1600～1800
▪ 200～400　▪ 600～800　▪ 1000～1200　▪ 1400～1600　▪ 1800～2000

图 7.35　采用 Miami 模型估算的 2000～2018 年全球 CPP 空间分布

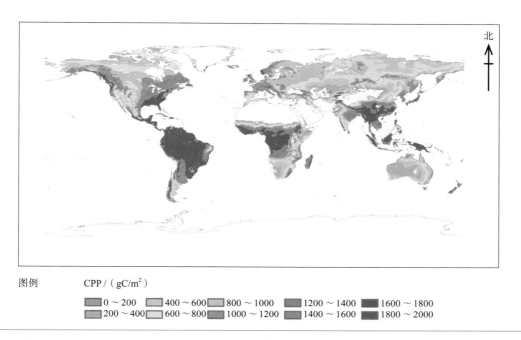

图例　CPP / (gC/m²)

0～200	400～600	800～1000	1200～1400	1600～1800
200～400	600～800	1000～1200	1400～1600	1800～2000

图 7.36　采用 Thornthwaite Memorial 模型估算的 2000～2018 年全球 CPP 空间分布

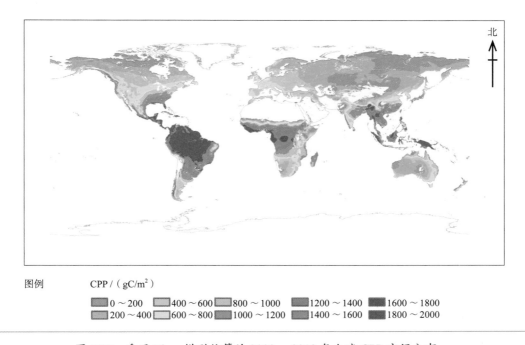

图例　CPP / (gC/m²)

0～200	400～600	800～1000	1200～1400	1600～1800
200～400	600～800	1000～1200	1400～1600	1800～2000

图 7.37　采用 Zhou 模型估算的 2000～2018 年全球 CPP 空间分布

1982～2018 年全球生态系统 WUE 的空间分布如图 7.38 所示。总体上，生态系统 WUE 的全球平均值介于 1.65 gC/kgH$_2$O（MTE）和 1.84 gC/kgH$_2$O（PML-V2）之间。就空间分布而言，4 个模型的结果基本一致，即生态系统 WUE 数值高的区域主要分布在北半球中高纬度地区（30° N～60° N），如欧洲中部和西部地区、北美洲的西太平洋沿岸区域，而生态系统 WUE 低的区域主要分布在干旱半干旱区域（如欧亚大陆的中部地区、非洲北部的萨赫勒地区和南部干旱区、澳大利亚中西部地区等）和极地区域。

在不同土地覆盖类型中（图 7.39），混交林（MF）的生态系统 WUE 最高，可达到 2.75 gC/kgH$_2$O，其次是常绿针叶林（ENF）。而对于常绿阔叶林（EBF），尽管其光合产物（GPP）最高，但由于其生态系统蒸散发（ET）也最高，导致其生态系统 WUE 在森林类型中最低。生态系统 WUE 最低的是草地，其值仅为 1.24 gC/kgH$_2$O，其次是灌丛（OSH 和 CSH）。同样地，在各气候区中，温带海洋性气候区（Cfb 和 Cfc）分布着混合林和落叶阔叶林，因而其生态系统 WUE 最高，其次是热带雨林气候（Af）和热带季风气候（Am）。干旱气候区域，如热带荒漠草原气候区（BSh 和 BWh）和温带荒漠草原气候区（BSk 和 BWk），植被生长受水分限制，其生态系统 WUE 最低；其次是极地苔原气候区（ET），该区域主要分布着

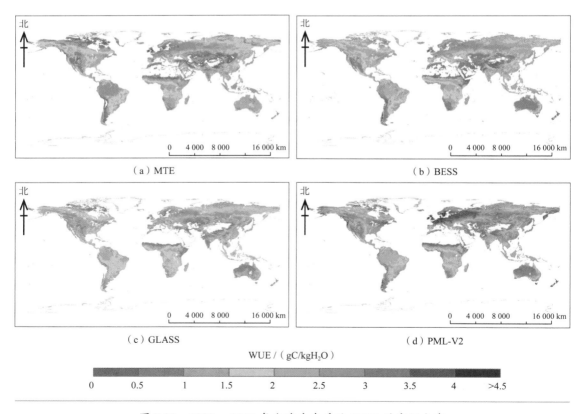

图 7.38　1982～2018 年全球生态系统 WUE 的空间分布

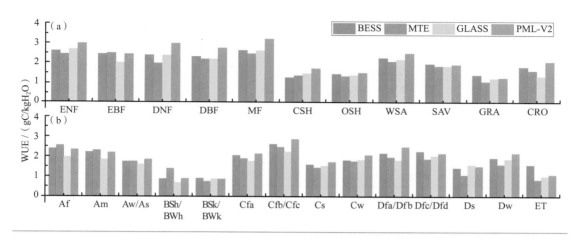

图 7.39　不同土地覆盖类型（a）和气候区（b）的生态系统 WUE 多年平均值

苔藓地衣等低等植被，受温度限制，植被光合作用少，生态系统 WUE 为 1.13 gC/kgH_2O。

1982～2018 年，全球生态系统 WUE 总体呈现弱增长趋势（图 7.40），其中以 BESS 和 MTE 的增长趋势最明显，其数值分别达到 0.0052 $gC/(kgH_2O \cdot a)$ 和 0.001 $gC/(kgH_2O \cdot a)$。就全球而言，北半球大部分区域都呈现增长趋势，以中国东部、欧亚大陆西部和北美洲中部增长趋势最大。而南半球生态系统 WUE 的年际变化趋势存在很大差异，其中南美亚马孙流域和非洲中部区域生态系统 WUE 下降趋势显著，而非洲南部、南美洲南部区域生态系统 WUE 则呈显著上升趋势。

在不同土地覆盖类型的生态系统 WUE 年际趋势分析中，大部分土地覆盖类型的生态系统 WUE 都呈现增加趋势（图 7.41），而在常绿阔叶林（EBF）、开阔灌丛（CSH）、稀树草原（SAV）和草原（GRA），不同数据集的生态系统 WUE 趋势差异明显，即 GLASS 和 PML-V2 数据表现显著下降趋势，而 BESS 和 MTE 表现出显著上升趋势。

同样情况发生在不同气候类型区的生态系统 WUE 年际趋势分析结果中，其中以热带区域差异最为明显，具体表现为 BESS 和 MTE 在热带雨林（Af）、热带季风（Am）、热带疏林草原（Aw/As）和热带荒漠草原（BSh/BWhk）气候区表现显著上升趋势，而 GLASS 和 PML-V2 WUE 数据在这些气候区显著下降。在其他气候类型中，4 个数据集的年际变化趋势结果相一致，均显示生态系统 WUE 呈现上升趋势。生态系统 WUE 呈上升趋势表明，在不考虑土地覆盖类型发生变化的情况下，生态系统固定同等数量的二氧化碳所消耗的水分正在减少，生态系统抵抗水胁迫（干旱）的能力得到提升，有利于植被更好地适应未来气候变化。此外，在二氧化碳浓度增加的情景下，生态系统 WUE 的提升意味着生态系统能够吸收更多的二氧化碳，这在一定程度上有利于延缓气候变暖的进程。

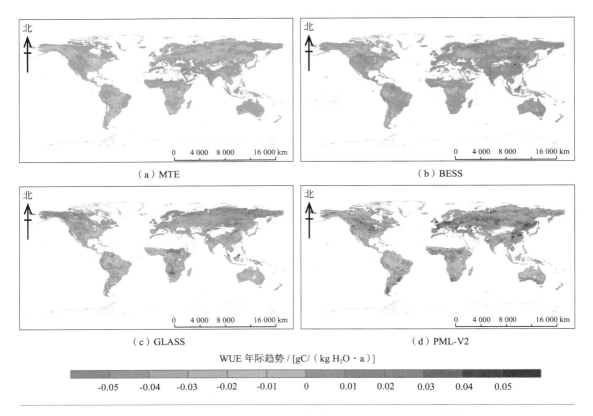

图 7.40　1982～2018 年全球生态系统 WUE 的年际变化趋势

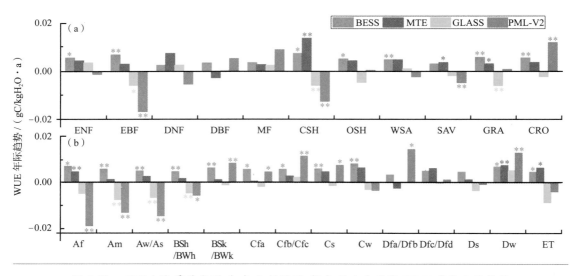

图 7.41　不同土地覆盖类型（a）和气候区（b）的生态系统 WUE 多年变化趋势
注：此图中 MTE WUE 的年际趋势计算时段是 2001～2011 年

成果要点

- 完成了基准年 2015～2018 年的全球陆地生态系统 CPP 和 WUE 评估。

- 全球陆地生态系统 CPP 呈现明显的空间差异性，热带雨林区域 CPP 最大，表明热带雨林可开发利用的植被生产潜力最大；干旱和半干旱区域 CPP 最小，自然因素对该区域植被的生长限制较大。

- 全球陆地生态系统 WUE 介于 1.65～1.84 gC/kgH$_2$O。WUE 高值主要分布在北半球中高纬度地区，而低值出现在全球干旱半干旱地区和极地区域。

讨论与展望

　　本案例的研究目标是推动全球陆地生态系统的可持续发展和利用。目前，本案例对应的评价指标为 SDGs 中 Tier Ⅰ 指标，即有数据有特定的方法。然而，CPP 代表只受环境影响下的植被生长状态，缺乏实测数据，且不同模型估算结果存在差异。因此，本案例通过三个模型对比分析全球生态系统 CPP 的空间分布，但该结果只能反映植被受气候影响条件下的一种长期趋势。此外，本案例还采用多个模型数据集（BESS、MTE、GLASS 和 PML-V2）对比分析全球生态系统 WUE 的空间分布和年际变化趋势。这些模型涵盖了当前 WUE 估算的主流方法，能有效减少全球生态系统 WUE 分析结果的不确定性。

　　本案例所提供的全球生态系统 CPP 和 WUE 数据集和分析结果可以增强对全球关键生态系统的认识和了解，为生态系统保护和管理、生态系统服务和资源的最大限度合理利用提供数据支持和科学建议。另外，目前数据集缺乏极端气候、火灾、病虫害等短时间扰动对生态系统 CPP 和 WUE 影响的评估，因而未来需要在地球大数据平台支持下，开展极端气候事件和灾害对全球 CPP 和 WUE 扰动的影响评估，进而为生态保护和管理部门提供更精细化的数据产品。

人口和气候变化对全球干旱生态系统物质供给能力
的影响评估

对应目标

SDG 15： 可持续管理森林、防治荒漠化、制止和扭转土地退化现象、遏制生物多样
性的丧失

实施尺度

全球干旱区

案例背景

联合国 SDGs 旨在转向可持续发展道路，解决社会、经济和环境三个维度的发展问题。全球干旱生态系统面积达 5100 万 km²，约占陆地总面积的 41%（图 7.42），支撑着全球约 38% 的人口（Huang et al., 2015; Smith et al., 2019）。干旱生态系统是陆地表面最敏感和最脆弱的生态类型区（Seddon et al., 2016），主导了全球碳汇的年际变异（Poulter et al., 2014; Ahlström et al., 2015; Fu et al., 2019）。因此，明确干旱生态系统植被生产力动态的主要控制因子，提出适应区域社会 – 生态系统可持续发展的政策决策，对于实现 SDG 15 中土地退化零增长目标和人类福祉具有重要意义。

生态系统 NPP 是绿色植被在单位面积、单位时间内所累积的有机物数量，直接反映了生态系统在自然环境条件下的物质供给能力，是陆地生态系统的核心功能。植被指数是植被生长状态和生态系统 NPP 的重要指示因子，其年际变异性能够指征生态系统状态转变。气候和人口变化严重影响干旱生态系统服务功能，可导致生态系统发生系统性转变，甚至导致全球生命支持系统的崩坍（Berdugo et al., 2020）。因此，准确理解和评估气候和人口变化对干旱生态系统植被生产力的影响，是人类社会减缓和适应气候变化的重要问题，研究成果可为联合国 SDGs 的实现提供科学支撑和参考依据。

人口和气候因子对植被生产力年际变异性的相对贡献，是比较不同环境梯度气候和人类活动调控作用的直接指标，但目前多以定性研究为主。由于量化方法的局限性，例如线性模型不能准确反映植被生产力与气候因子的非线性关系，模型方法在区域应用中存在参数不确定性的问题。本案例提出了新的量化评估方法和指标，主要针对全球环境公域，从地表—大气反馈作用层面阐明了气候和人口变化对地表植被生产力年际变异（动态）的相

对贡献，揭示了全球干旱生态系统生产力动态主控因子的空间格局，进而提出气候变化下维持生态系统供给能力的可持续性应对策略。

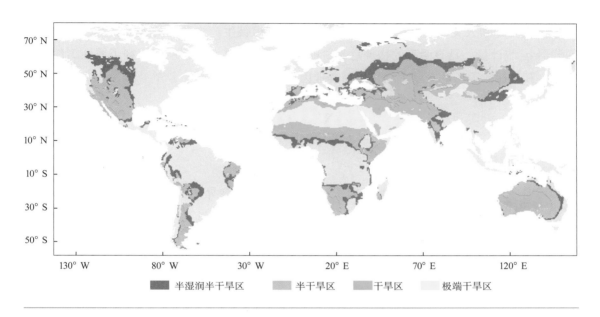

图 7.42　全球干旱区分布图

所用地球大数据

◎ 植被指数数据：全球 GIMMS NDVI3g 经过平滑处理的数据（项目内分享获取）。本案例中用 NDVI 年最大值的年际变异表征生态系统植被生产力动态，选择全球干旱区中 NDVI > 0.1 的区域为研究范围。

◎ 气候数据：CRU 高分辨率格点化数据集（CRU TS 3.23, https://crudata.uea.ac.uk/cru/data/hrg/cru_ts_3.23/）和 SPEI。主要要素包括年平均气温、年降水量和干旱指数。

◎ 人口数据：全球人口密度分布产品（联合国校正，项目内分享获取）。

◎ 数据的时间范围为 2000 ～ 2015 年，空间分辨率为 0.5°。

方法介绍

本案例采用地理空间分层异质性统计模型（地理探测器），量化人口和气候因子对植被生产力年际变异的相对贡献，阐明植被生产力动态主控因子的空间分布格局。地理探测器是用于探测时间和空间分异性，揭示其背后驱动因子的一种新的统计学方法，此方法无线性假设。基本思想是：假设研究区分为若干子区域，如果子区域的方差之和小于区域总方差，则存在分异性；如果两变量的空间分布趋于一致，则两者存在统计关联性。

地理探测器方法丰富了非线性量化驱动因子相对贡献的方法和知识空间，解析植被生长与气候变化和人类活动之间的非线性关系，确定植被生产力动态的关键驱动因子。地理探测器 q- 统计量，具有明确的物理意义，即探测某因子 X 多大程度上解释了属性 Y 的时空分异，其对探测因子的贡献率结果不受其他因子的干扰和影响。

$$qx = 1 - \frac{\sum_{i=1}^{m} N_i \delta_i^2}{N\delta^2} = 1 - \frac{SSW}{SST}$$

其中，qx（$qx \in [0，1]$）是驱动因子对植被指数年际变异的贡献，q 值越大则表示自变量 x 对属性 y 的贡献越大，反之则越小。如果分层是由自变量 X 生成的，则 q 值越大表示自变量 X 对属性 Y 的解释力越强，反之则越弱。极端情况下，q 值为 1 表明因子 X 完全控制了 Y 的空间分布，q 值为 0 则表明因子 X 与 Y 没有任何关系，q 值表示 X 解释了 $100 \times q\%$ 的 Y。

结果与分析

1. 人口和气候因子对全球干旱区生产力动态的相对贡献

全球干旱区在各大洲的分布面积比例如图 7.43 所示。其中，亚洲面积最大，占总干旱区面积的 35%；其次是非洲，占比 28%；北美洲、大洋洲、南美洲和欧洲面积较小，分别占比 13%、10%、8% 和 6%。

人口和气候因子对全球干旱生态系统植被生产力动态的相对贡献空间格局如图 7.44 所示。结果分析得出，人口、干旱、降水和温度因子对全球干旱生态系统植被生产力动态的相对贡献表现出明显的空间分异，其平均贡献率分别为 27.0%、20.7%、21.0% 和 17.0%，其中，降水、温度和人口对生产力动态的总贡献达到 65.1%，尤其人口变化的影响不容忽视。

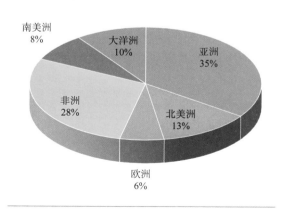

图 7.43   全球干旱区在各大洲的面积占比

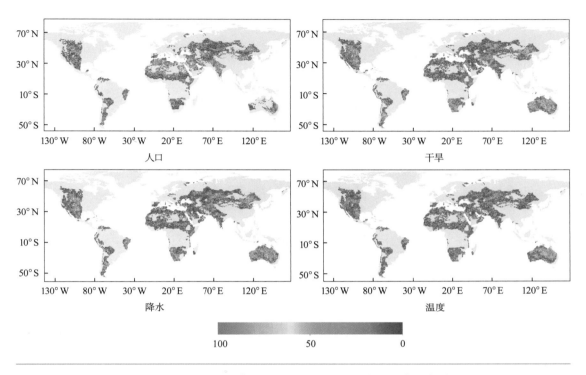

图 7.44　人口和气候因素对全球干旱区植被生产力动态的相对贡献

统计气候和人口对植被生产力动态的综合贡献（图 7.45），大洋洲受影响最大，综合贡献率达到 80.7%，其次为亚洲、北美洲、非洲和南美洲干旱区，综合贡献率均约为 64%，对欧洲干旱区的影响最小，仅 54.5%；根据各因子的平均贡献，年降水量对大洋洲干旱区植被生产力动态的影响最大（30.2%），其次为北美洲（24.0%）和南美洲干旱区（22.9%），对亚洲、非洲和欧洲干旱区的影响较小；年均温度对大洋洲干旱区植被生产力动态影响最大（26.3%），对亚洲、非洲、欧洲、南美洲和北美洲干旱区植被生产力动态的相对贡献均不足 20%；干旱生态系统生产力动态受到水分有效性限制，是水分限制系统，干旱指数受降水影响较大，本案例中干旱指数和降水对植被生产力动态的贡献基本一致。值得关注的是，人口变化对各大洲干旱生态系统生产力动态的相对贡献都在 20% 以上，尤其非洲和亚洲干旱区受影响最大，其贡献率分别为 29.3% 和 28.5%，可能因为北非和西亚地区存在大面积的极端干旱脆弱区，生态系统非常容易受到人类活动的影响，人口密度对植被生产力年际变异的相对贡献率甚至超过了气候因子。

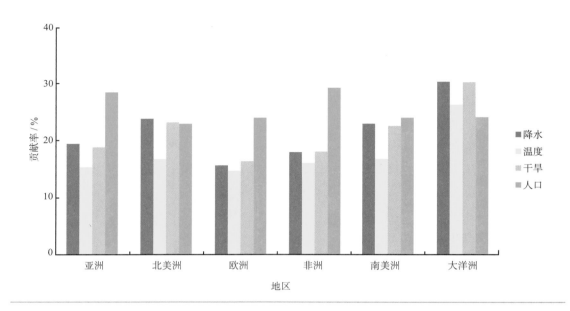

图 7.45　人口和气候变化对生产力动态的贡献率

2. 全球干旱区生产力动态主要调控因子的空间格局

　　区域尺度上生产力年际变异的主控因子是理解和预测生产力变化趋势的关键指标，对于准确评估区域生态系统供给能力具有重要意义。全球干旱区植被生产力动态的主控因子空间分布如图 7.46 所示，单就气候因子而言，全球干旱区植被生产力动态以降水为主导的面积（57.6%）明显大于以温度为主导的面积（42.4%），水分可利用性对植被生长起主导作用；重要的是，考虑人口因素后（不包括无人区），有超过全球总干旱区三分之一（34.1%）的面积受到人口密度变化的调控。此外，以降水为主控因子的面积占比为31.1%，植被生产力动态受温度影响较大的面积占 20.6%。

　　根据各大洲统计结果分析（图 7.47），就植被生产力动态的主导气候因子面积比例而言，以降水为主导的区域面积占各洲面积都在一半以上，其中，北美洲（62.0%）和南美洲（61.4%）占比较大，其次为亚洲（58.3%）和大洋洲（56.4%），非洲（54.9%）和欧洲（52.1%）占比相对较小；温度为主导区域面积占比由大到小依次为欧洲、非洲、大洋洲、亚洲、南美洲、北美洲。因此，亚洲、大洋洲和南北美洲干旱区植被生产力动态受降水调控的区域较大，非洲和欧洲干旱区生产力动态受温度和降水控制的区域面积相当。当增加考虑人口因素的研究结果表明，人口密度为植被生产力动态主控因子的面积在非洲、亚洲和欧洲占比都超过一半，其次为南美洲（40.7%）和北美洲（37.4%），大洋洲占比为31.3%。人口密度变化对植被生产力动态影响较大的原因可能在于人口的增加或减少对粮食生产和生活物资的需求往往直接导致土地利用 / 覆被变化，尤其在干旱地区，生态系统对外部压力响应脆弱敏感，使得人口对植被生产力动态的贡献更为突出。

总体来看：① 2000 ~ 2015 年，人口和气候变化（降水、温度）对全球干旱区植被指数年际变异的综合贡献为 65.1%，各大洲存在明显的空间分异。② 从气候因素对各大洲植被生产力动态的相对贡献率来看，降水和温度对大洋洲植被动态贡献最大，其次为南美洲和北美洲，亚洲、非洲和欧洲植被动态的气候变化贡献相对较小；在各大洲，降水为植被生产力动态主控气候因子的面积比例都在一半以上。③ 人口密度对全球干旱区植被生产力动态的平均贡献率超过降水、温度，其中在亚洲和非洲人口密度的贡献率最大；当同时考虑人口和气候因素时，人口密度为植被生产力动态主控因子的区域面积占全球干旱区总面积的 1/3 以上，与以降水为主控因子的区域面积相当。

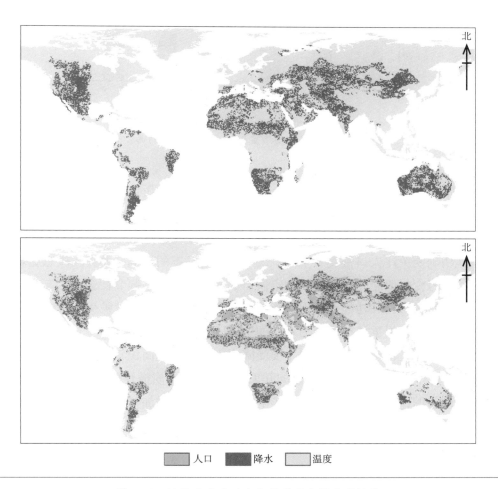

图 7.46 植被生产力动态主控因子空间分布格局

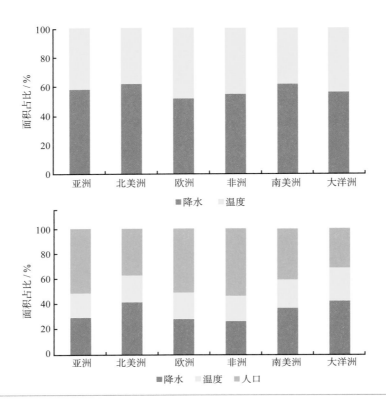

图 7.47　植被生产力动态主控因子在各大洲的面积占比

综上，本案例提出了人口和气候对全球干旱生态系统物质供给动态影响评估的量化方法和指标体系，地理探测器模型在评估人口和气候因子对生态系统植被生产力动态的贡献方面具有较好的适用性；量化了气候因子和人口密度对全球干旱区植被指数年际变异的相对贡献，明确要关注人口密度对生态系统物质供给动态的影响，尤其在敏感脆弱的干旱生态系统，人口变化引起生产和生活物资供需关系转变，通过调节社会-生态系统的平衡关系，对生态系统结构和功能产生重要影响；阐明了全球干旱区植被生产力动态主控因子的空间格局，明确要根据植被生产力动态的主控因子实施因地制宜的应对策略。从主控气候因素的分布来看，植被生产力动态主要受降水影响的区域面积较大，在这些区域，通过增加低耗水的耐旱植被，减少对地下水的开采和加强区域水资源评估、调配和管理等措施，维持植被生产力的稳定供给；在受温度影响明显的区域，增加耐高温（低温）植被覆盖，通过减少地表蒸散的生物地球物理反馈效应（低温限制区）和提升植被 WUE（高温限制区）来降低温度对植被生产力的负面影响；在受到人类活动调控影响的区域，要加强生态系统综合管理，减少掠夺式的开采和土地利用，转变发展思路，推行环境保护和生态补偿并重模式；在全球干旱区，开展生态系统状态转变监测，以及植被适应策略和物种选择等环境保护和生态恢复策略研究，推进生态系统服务功能评估和应对气候变化的响应和适应机制研究，倡导基于自然的解决方案（Nature Based Solution, NBS），稳定和平衡社会－生态系统供给关系，保证区域乃至全球干旱区的可持续发展。

成果要点

- 提出了生态系统物质供给能力影响评估的量化方法和指标体系。

- 人口密度和气候因子对全球干旱区植被生产力动态的总贡献率超过65%，明确要关注人口对生态系统植被生产力供给动态的影响；

- 降水和人口为植被生产力动态主控因子的区域面积各占全球干旱区总面积的1/3，温度为主控因子的区域占20%，提出根据植被生产力动态的主控因子开展因地制宜的生态系统管理是实现社会－生态系统可持续发展的重要策略。

讨论与展望

　　本案例综合了遥感数据、气候再分析数据和人口数据等全球多源数据，通过对全球干旱区植被生产力动态的归因研究，应用地理探测器模型阐明了人口和气候因子对全球干旱区植被生产力年际变异的相对贡献，并揭示了全球干旱生态系统物质供给动态主控因子的空间格局，研究结果为 SDG 15.3 的土地退化综合评估提供了重要的技术方法和指标体系，为理解预测干旱生态系统物质供给能力和制定因地制宜的区域化应对策略提供了科学支撑，对干旱区社会－生态系统可持续发展具有重要的科学意义和应用实践价值。

　　可持续性科学的研究明确关注自然与社会之间的动态相互作用，强调人类是生态系统的一部分，并从地方到全球范围塑造着生态系统，同时从根本上依赖于生态系统为人类福祉和社会发展提供服务。未来的工作将基于社会－生态系统，从人类活动的多个方面，比如土地利用等方面开展过程和机制研究，并探讨社会－生态系统各因子之间的交互效应，探讨生态系统状态转变的阈值和关键指标，进而解决多时空尺度的人类福祉和生态系统服务的可持续发展问题。

本章小结

根据全国生态环境保护大会的最新要求，中国应"共谋全球生态文明建设，深度参与全球环境治理"。随着中国的综合国力增强，提供更多环境公共产品的压力也在增加。

落实 SDGs 最重要的步骤之一是衡量和监测 SDGs 各个目标。联合国 IAEG-SDGs 于 2017 年公布了包括 232 个指标在内的 SDGs 全球指标框架，提供了一套全球统一的衡量体系，但其对指导具体国家的 SDGs 的衡量作用仍比较有限。当前，建立可对比、可量化、可监测、本土化的指标体系并开展应用，对评估可持续发展目标进展、引导政策制定方向并最终确保 SDGs 的实现具有重要意义，同时，这一体系的构建无疑是我国自身抑或协助"一带一路"协议国家实现 SDGs 的紧迫、重大战略需求。从全球 SDGs 衡量监测来看，这一问题远非传统统计手段与常规对地观测手段能够解决，地球大数据的特点使其具备了解决该问题的潜力，但亟待开展系统性相关研究。

本报告充分利用地球大数据特点，围绕森林保护与恢复、土地退化与恢复、濒危物种栖息地、生物多样性保护、山地生态系统保护、关键基础数据集 6 个方向，以案例研究形式发现问题、甄别潜力、创新技术并示范应用，力争在数据集、方法及决策支持三个方面为相关国家、机构等提供支持。

第八章

总结与展望

总结与展望

　　一、2020 年，联合国开启可持续发展目标"行动十年"。5 年来的实践表明，落实"2030 年可持续发展议程"依然面临数据缺失、指标体系研究不足、发展不平衡等问题，这对科技创新提出了更高的需求，其中对数据和方法是重要、迫切的需求

　　本报告针对 6 个 SDGs 中的 19 个具体目标，实现地球大数据向 SDGs 相关应用信息的转化，以期对这些具体目标作出方法和数据上的贡献。

　　（一）针对 SDG 2.3.1、SDG 2.4.1 零饥饿指标，发现：赞比亚破碎化分布农田、中等规模农田占主导，规模化农田仅占 18%；埃塞俄比亚小麦潜在单产约为 3.62 t/hm²，提升氮肥的使用率、农技推广服务覆盖率、种子改良有助于埃塞俄比亚小麦单产的提高。

　　（二）针对 SDG 6.3.2、SDG 6.4.1 等清洁饮水和卫生设施指标，发现：2015 ～ 2018 年，"一带一路"协议国家地表水体透明度总体呈下降趋势，68.3% 的水体透明度下降，31.7% 的水体透明度上升；2000 ～ 2018 年，50% 的国际重要湿地的内部水体呈现了显著的变化趋势，其中多数表现为增长趋势，83% 的国际重要湿地内部水体的年内变化保持了相对稳定。

　　（三）针对 SDG 11.2.1、SDG 11.3.1 等可持续城市和社区指标，发现：2015 ～ 2019 年，亚欧非 65 个国家的道路总长度增长约 1.6 倍，平均道路密度增长了 0.2 km/km²，平均人均道路长度增长了 2 m；中巴铁路沿线地区 RAI 从 2014 年的 52.09% 增长至 2019 年的 82.80%，农村地区交通基础设施有了较大幅度的改善；与 1990 ～ 2010 年相比，亚欧非各地理分区 2010 ～ 2015 年的 LCR 增长幅度明显高于 PGR，土地利用效率降低趋势明显。

　　（四）针对 SDG 13.1、SDG 13.2 气候行动具体目标，发现：2015 ～ 2019 年，亚非地区 SDG 13.1.1 指标有所好转，个别国家受自然灾害频发影响指标略有升高；2015 年和 2019 年全球火烧迹地面积相近，其中南美洲 2019 年火烧迹地变化显著，面积增加达到 22%，气候变化引起的极端高温和干旱是导致 2019 年澳大利亚东部和东南沿海罕见森林火灾的重要原因；1982 ～ 2030 年，全球森林生态系统表现为巨大的碳汇，未来 10 年（2021 ～ 2030 年）全球森林碳汇将主要分布在亚洲中部、欧洲北部、北美西部等北半球中高纬度地区。

　　（五）针对 SDG 14.1、SDG 14.2 等水下生物具体目标，发现：中南半岛近岸约 80% 的水产养殖塘分布在离岸 0 ～ 15 km，2015 年越南近岸水产养殖塘面积占比最大，约占 67%，其次为泰国（17%）、缅甸（15%）和柬埔寨（1%）；案例研究区 68.4% 的亚洲国家红树林面积呈持续减少趋势，66.4% 的非洲国家红树林面积呈增加趋势。

　　（六）针对 SDG 15.1.1、SDG 15.1.2 等陆地生物指标，发现：全球森林总面积为 36.92×10⁸ hm²，约占全球陆地总面积的 24.78%；2015 ～ 2018 年，中国土地退化零增长趋势向好，净恢复土地面积同比增长 60.30%，对全球土地退化零增长贡献最大；亚洲象栖息地属于 WDPA 保护区的面积为 21.3 万 km²，只占整个栖息地总面积的 34.2%。

二、2020 年伊始，全球新冠肺炎疫情蔓延严重挑战公共卫生安全，全面冲击世界经济运行，2030 年议程全球落实面临巨大挑战。在此背景下，全球各界需更深入地思考加快落实 2030 年议程路径，探寻突破可持续发展困境的地球大数据科技支撑手段

（一）从全球而言，指标数据的不足依然是 SDGs 实现的一个重要问题。许多国家，特别是发展中国家尚未能有效利用先进技术开展 SDGs 指标进展监测与评估，SDGs 数据缺失的问题严峻。

（二）及时掌握 2030 年议程全球实施进展，需要一个系统的评估方法和标准体系作为支撑，建立地球大数据支撑完善 SDGs 指标体系及其评价方法，已成为全球科技界面临的紧迫和重要任务。

（三）地球大数据的宏观、动态、客观监测能力，可为 SDGs 提供大尺度、周期变化的丰富信息用于决策支持（Guo, 2018）。许多决策者、不同领域的科学家及从业者对地球大数据支撑全球 SDGs 的潜力认识尚不足，亟须加强地球大数据科技合作，实现方法共享、数据共享，加速落实 SDGs 进程。

三、当前，中国科学家在利用地球大数据服务可持续发展方面已开展了全面实践。为以系统性和整体性的理念去研究 SDGs 实现面临的一系列重大科学问题，还需要重点开展以下工作

（一）加强地球大数据支撑可持续发展目标研究。SDGs 的实现需依靠经济、社会和环境三重维度的协同发展，这也催生了一门新的、更具参与性的学术学科——可持续性科学，以便为可持续发展创造有用的科学知识。地球大数据的宏观、动态监测能力为经济、社会、环境可持续性评价提供了重要手段，并可整合多源数据，有助于产生更相关、更丰富的信息用于决策支持。下一步将重点利用地球大数据，开展 SDGs 蕴含的经济、社会和环境因子内在关联分析，完善 SDGs 指标体系。

（二）加强利用地球大数据的 SDGs 数据共享服务。将进一步研究 SDGs 数据资源实时获取、按需汇聚、融合集成、开放共享与分析等系列技术，利用中国科学院已生产的 8PB 和每年连续产出的 PB 量级数据资源，形成地球大数据支撑 SDGs 评估测量的方法体系，实现 SDGs 数据的收集、处理和产品生产，形成 SDGs 评估的系列数据产品，向联合国各机构、成员国等开放共享，为 SDGs 落实过程中的数据缺失问题提供实质性解决方案。

（三）加强利用地球大数据服务 SDGs 的能力建设。可持续发展一个重要的目标就是解决全球发展不平衡、不充分的问题，不让一个人掉队。只有通过国际合作把科技创新成果主动分享和造福于科技落后的国家，才有可能最大限度地在全球实现 2030 年愿景（Guo, 2017）。下一步将建设集高性能计算、大数据分析、人工智能等于一体的 SDGs 数据基础设施，为 SDGs 研究提供可视化综合分析系统平台，为发展中国家提供地球大数据 SDGs 监测和评估的人才培养和培训。

（四）加强地球大数据的 SDGs 知识支撑服务。科技创新是支撑可持续发展的重要途径，在日趋严峻的地球资源和环境约束条件下，亟须有效观测和认知地球系统环境资源变化格局，揭示人地关系及其与可持续发展的相互作用机制，以采取更有效的科学方案实现共同发展。未来，将充分利用科学技术，为实现经济、社会和环境各方面平衡发展，落实 2030 年议程提供关键知识和技术支撑。

主要参考文献

Abdullaev I, Molden D. 2004. Spatial and temporal variability of water productivity in the Syr Darya Basin, Central Asia. Water Resources Research, 40: 379-405.

Addison J, Friedel M, Brown C, et al. 2012. A critical review of degradation assumptions applied to Mongolia's Gobi Desert. The Rangeland Journal, 34(2): 125-137.

Ahlström A, Raupach M R, Schurgers G, et al. 2015. The dominant role of semi-arid ecosystems in the trend and variability of the land CO_2 sink. Science, 348: 895-899.

Anderson K, Ryan B, Sonntag W, et al. 2017. Earth observation in service of the 2030 Agenda for Sustainable Development. Geo-spatial Information Science, 20(2): 77-96.

Anh P T, Bush S R, Mol A P J, et al. 2011. The multi-level environmental governance of Vietnamese aquaculture: Global certification, national standards, local cooperatives. Journal of Environmental Policy and Planning, 13: 373-397.

Asarin A E, Kravtsova V I, Mikhailov V N. 2010. Amudarya and Syrdarya Rivers and Their Deltas. New York: Springer.

Ascensão F, Fahrig L, Clevenger A P, et al. 2018. Environmental challenges for the Belt and Road Initiative. Nature Sustainability, 1(5): 206-209.

ASEAN Secretariat. 2004. Marine Water Quality Criteria for the ASEAN Region. 6th Meeting of the ASEAN Working Group on Coastal and Marine Environment, 22-23 June 2004, Jakarta, Indonesia.

Barnes M D.2015. Protect biodiversity, not just area. Nature, 526, DOI: 10.1038/526195e.

Bastin L, Gorelick N, Saura S, et al. 2019. Inland surface waters in protected areas globally: Current coverage and 30-year trends. PLoS One, 14(1): e0210496.

Beer C, Ciais P, Reichstein M, et al. 2009. Temporal and among-site variability of inherent water use efficiency at the ecosystem level. Global Biogeochemical Cycles, 23(2): 1-13.

Berdugo M, Delgado-Baquerizo M, Soliveres S, et al. 2020. Global ecosystem thresholds driven by aridity. Science, 367: 787-790.

Bian J, Li A, Lei G, et al. 2020. Global high-resolution mountain green cover index mapping based on Landsat images and Google Earth Engine. ISPRS Journal of Photogrammetry and Remote Sensing, 162: 63-76.

Bigham Stephens D L, Carlson R E, Horsburgh C A, et al. 2015. Regional distribution of Secchi disk transparency in waters of the United States. Lake and Reservoir Management, 31: 55-63.

Birkes D, Dodge Y. 1993. 6.3 Estimating the Regression Line//Alternative Methods of Regression, Wiley Series in Probability and Statistics, 282, Wiley-Interscience: 113-118.

Boak E H, Turner I L. 2005. Shoreline definition and detection: A review. Journal of Coastal Research ,21(4): 688-703.

Bogatov V V, Fedorovskiy A S, 2016. Freshwater ecosystems of the southern region of the Russian Far East are undergoing extreme environmental change. Knowledge and Management of Aquatic Ecosystems, 417: 34.

Bricker S, Ferreira J, Simas T. 2003. An integrated methodology for assessment of estuarine trophic status. Ecological Modelling, 169: 39-60.

Bricker S, Longstaff B, Dennison W, et al. 2008. Effects of nutrient enrichment in the nation's estuaries: A decade of change. Harmful Algae, 8(1): 21-32.

Bridhikitti A, Overcamp T J. 2012. Estimation of southeast Asian rice paddy areas with different ecosystems from moderate-resolution satellite imagery. Agriculture, Ecosystems and Environment, 146: 113-120.

Brown M T, Benjamin Vivas M. 2005. Landscape development intensity index. Environmental Monitoring and Assessment, 101: 289-309.

Butchart S H M, Scharlemann J P W, Evans M I, et al. 2012. Protecting important sites for biodiversity contributes to meeting global conservation targets. PLoS One, 7: e32529.

Cai C, Gu X, Ye Y, et al. 2013. Assessment of pollutant loads discharged from aquaculture ponds around Taihu Lake, China. Aquaculture Research, 44: 795-806.

Calabrese A, Calabrese J M, Songer M, et al. 2017. Conservation status of Asian elephants: The influence of habitat and governance. Biodiversity and Conservation, 26: 2067-2081.

Cao D, Zhang J, Yan H, et al. 2020. Regional assessment of climate potential productivity of terrestrial ecosystems and its responses to climate change over China from 1980-2018. IEEE Access, 8: 11138-11151.

Cao L, Wang W, Yang Y, et al. 2007. Environmental impact of aquaculture and countermeasures to aquaculture pollution in China. Environmental Science and Pollution Research International, 14: 452-462.

Cao R C, Hu Z M, Jiang Z Y, et al. 2020. Shifts in ecosystem water use efficiency on China's loess plateau caused by the interaction of climatic and biotic factors over 1985-2015. Agricultural and Forest Meteorology, 291: 108100.

Cavalieri D J, Parkinson C L, Gloersenv P, et al. 1999. Deriving long-term time series of sea ice cover from satellite passive-microwave multisensor data sets. Journal of Geophysical Research, 104(C7): 15803-15814.

Chapron G, Miquelle D G, Lambert A, et al. 2008. The impact on tigers of poaching versus prey depletion. Journal of Applied Ecology, 45: 1667-1674.

Chen B, Xiao X, Li X, et al. 2017. A mangrove forest map of China in 2015: Analysis of time series Landsat 7/8 and Sentinel-1A imagery in Google Earth Engine cloud computing platform. ISPRS Journal of Photogrammetry and Remote Sensing, 131: 104-120.

Collier P, Dercon S. 2014. African agriculture in 50 years: Smallholders in a rapidly changing world? World Development, 63: 92-101.

Conrad C, Rahmann M, Machwitz M, et al. 2013. Satellite based calculation of spatially distributed crop water requirements for cotton and wheat cultivation in Fergana Valley, Uzbekistan. Global and Planet Change, 110: 88-98.

Cowie A L, Orr B J, Sanchez V M C, et al. 2018. Land in balance: The scientific conceptual framework for land degradation neutrality. Environmental Science and Policy, 79: 25-35.

CRED. 2018. Natural Disasters. Brussels. https://www.cred.be/downloadFile.php?file=sites/default/files/CREDNaturalDisaster2018.pdf [2020-09-17].

CRED. 2019. Natural Disasters. Brussels. https://cred.be/downloadFile.php?file=sites/default/files/adsr_2019 [2020-09-17]. pdf.

Cressey D. 2007. Arctic melt opens northwest passage. Nature, 449(7160): 267.

Cui Y K, Jia L. 2014. A modified Gash model for estimating rainfall interception loss of forest using remote sensing observations at regional scale. Water, 6(4): 993-1012.

Dai Y, Wei N, Yuan H, et al. 2019. Evaluation of soil thermal conductivity schemes for use in land surface modeling. Journal of Advances in Modeling Earth Systems, 11(11): 3454-3473.

de Wit A, Boogaard H, Fumagalli D, et al. 2019. 25 years of the WOFOST cropping systems model. Agricultural Systems, 168: 154-167.

Di Falco S, Veronesi M, Yesuf M. 2011. Does adaptation to climate change provide food security? A micro-perspective from Ethiopia. American Journal of Agricultural Economics, 93(3): 829-846.

DBAR. 2017. DBAR Science Plan: An International Science Program for the Sustainable Development of the Belt and Road Region Using Big Earth Data. http://go.nature.com/2evoxc; [2020-06-30].

Dong J, Xiao X. 2016. Evolution of regional to global paddy rice mapping methods: A review. ISPRS Journal of Photogrammetry and Remote Sensing, 119: 214-227.

Dougherty C. 2002. Introduction to Econometrics. 2nd ed. New York: Oxford University Press.

Eckert S, Hüsler F, Liniger H, et al. 2015. Trend analysis of MODIS NDVI time series for detecting land degradation and regeneration in Mongolia. Journal of Arid Environments, 113: 16-28.

Egamberdieva D, Öztürk M. 2018. Vegetation of Central Asia and Environs. Berlin: Springer.

ESA. 2017. CCI Land Cover—S2 prototype land cover 20m map of Africa. http://2016africal andcover20m.esrin.esa.int/[2020-60-30].

Evensen G. 2003. The ensemble Kalman filter: Theoretical formulation and practical implementation. Ocean Dynamics, 53(4): 343-367.

Fang J, Lutz J A, Shugart H H, et al. 2019. A physiological model for predicting dynamics of tree stem-wood non-structural carbohydrates. Journal of Ecology, 108(2):702-718.

FAO, IFAD, UNICEF, et al. 2018. The state of food security and nutrition in the world 2018. https://www.who.int/nutrition/publications/foodsecurity/state-food-security-nutrition-2018/en/ [2020-06-02].

FAO. 2006. Global Forest Resources Assessment 2005: Progress towards Sustainable Forest Management. www.fao.org/docrep/008/a0400e /a0400e00.htm [2020-09-17].

FAO. 2010. Global Forest Resources Assessment 2010. http://www.fao.org/forestry/fra2010 [2020-09-17].

FAO. 2016. Global Forest Resources Assessment 2015. http://www.fao.org/3/a-i4808e.pdf [2020-09-17].

FAO. 2017. Metadata-15-04-02. https://unstats.un.org/sdgs/metadata/files/Metadata-15-04-02.pdf [2020-09-17].

FAO. 2018a. The State of the World's Forests 2018—Forest Pathways to Sustainable Development. http://www.fao.org/3/I9535EN/i9535en.pdf [2020-09-17].

FAO. 2018b. Terms and Definitions: FRA 2020. http://www.fao.org/forest-resources-assessment/ en/ [2020-09-17].

FAO. 2019. Change in Water-use efficiency over time(SDG . indicator 6.4.1): Analysis and interpretation of preliminary results in key regions and countries. SDG 6.4 Monitoring Sustainable of Water Resources Papers.www indiaenvironmentportal org in/ files/ file/ change%20in20water-use.pdf [2019-07-17].

Fei W, Zhao S. 2019. Urban land expansion in China's six megacities from 1978 to 2015. Science of the Total Environment, 664: 60-71.

Field C B, Randerson J T, Malmstrom C M. 1995. Global net primary production: Combining ecology and remote sensing. Remote Sensing of Environment, 51(1): 74-88.

Friedl M A, Mclver D K, Hodges J C F, et al. 2002. Global land cover mapping from MODIS: Algorithms and early results. Remote Sensing of Environment, 83: 287-302.

Fu Z, Stoy P C, Poulter B, et al. 2019. Maximum carbon uptake rate dominates the interannual variability of global net ecosystem exchange. Global Chang Biology, 25: 3381-3394.

Gang Q, Yan Q, Zhu J J. 2015. Effects of thinning on early seed regeneration of two broadleaved tree species in larch plantations: Implication for converting pure larch plantations into larch-broadleaved mixed forests. Forestry, 88: 573-585.

Gelaro R, McCarty W, Suárez M J. 2017. The modern-era retrospective analysis for research and applications, version 2(MERRA-2). Journal of Climate, 30: 5419-5454.

Geldmann J, Joppa L N, Burgess N D. 2014. Mapping Change in Human Pressure Globally on Land and within Protected Areas. Conservation Biology, 28(6): 1-13.

Giglio L, Boschetti L, Roy D P, et al. 2018. The collection 6 MODIS burned area mapping algorithm and product. Remote Sensing of Environment, 217: 72-85.

Giri C, Ochieng E, Tieszen L L, et al. 2011. Status and distribution of mangrove forests of the world using earth observation satellite data. Global Ecology and Biogeography, 20(1): 154-159.

Gong P, Liu H, Zhang M N, et al. 2019. Stable classification with limited sample: transferring a 30-m resolution sample set collected in 2015 to mapping 10-m resolution global land cover in 2017. Science Bulletin, 64: 370-373.

Gorelick N, Hancher M, Dixon M, et al. 2017. Google Earth Engine: Planetary-scale geospatial analysis for everyone. Remote Sensing of Environment, 202: 18-27.

Graham E A, Mulkey S S, Kitajima K, et al. 2003. Cloud cover limits net CO_2 uptake and growth of a rainforest tree during tropical rainy seasons. Proceedings of the National Academy of Sciences, 100: 572-576.

Guo H D. 2017. Big Earth data: A new frontier in Earth and information sciences. Big Earth Data, 1: 4-20.

Guo H D. 2020. Big Earth data facilitates sustainable development goals. Big Earth Data, 4: 1-2.

Guo H, Bao A M, Ndayisaba F, et al. 2018a. Space-time characterization of drought events and their impacts on vegetation in Central Asia. Journal of Hydrology, 564: 1165-1178.

Guo H D. 2018. Steps to the Digital Silk Road. Nature, 554: 25-27.

Guo H D. 2019. Big Earth Data in Support of the Sustainable Development Goals(2019). Beijing: Science Press, EDP Sciences.

Guo H D, Goodchild F M, Annoni A. 2020a. Manual of Digital Earth. Singapore: Springer.

Guo H D, Liu J, Qiu Y B, et al. 2018b. The Digital Belt and Road program in support of regional sustainability. International Journal of Digital Earth, 11(7): 657-669.

Guo H D, Nativi S, Liang D, et al. 2020b. Big Earth Data science: An information framework for a sustainable planet. International Journal of Digital Earth, 13(7): 743-767.

Guo H D, Wang L Z, Liang D. 2016. Big Earth Data from space: A new engine for Earth science. Science Bulletin, 61(7): 505-513.

Hamilton S E, Casey D. 2016. Creation of a high spatio-temporal resolution global database of continuous mangrove forest cover for the 21st century(CGMFC-21). Global Ecology Biogeography, 25: 729-738.

Han Q Q, Niu Z G. 2020. Construction of the long-term global surface water extent dataset based on water-NDVI spatio-temporal parameter sets. Remote Sensing, 12(17): 2675.

Hannah L, Carr J L, Lankerani A. 1995. Human disturbance and natural habitat: A biome level analysis of a global data set. Biodiversity and Conservation, 4(2): 128-155.

Hansen M C, Potapov P V, Moore R, et al. 2013. High-resolution global maps of 21st-century forest cover change. Science, 342: 850-853.

Harris R B. 2010. Rangeland degradation on the Qinghai-Tibetan plateau: A review of the evidence of its magnitude and causes. Journal of Arid Environments, 74(1): 1-12.

Hebblewhite M, Zimmermann F, Li Z, et al. 2012. Is there a future for Amur tigers in a restored tiger conservation landscape in Northeast China? Animal Conservation, 15: 579-592.

Hecky R E, Mugidde R, Ramlal P S, et al.2010. Multiple stressors cause rapid ecosystem change in Lake Victoria. Freshwater Biology, 55(s1): 19-42.

Hedges S, Fisher K, Rose R. 2008. Range-wide Mapping Workshop for Asian Elephants(Elephas maximus). A report to the U.S. Fish & Wildlife Service.

Heumann B W. 2011. Satellite remote sensing of mangrove forests: Recent advances and future opportunities. Progress in Physical Geography, 35: 87-108.

Hock R, Rasul G, Adler C, et al. 2019. High mountain areas//IPCC Special Report on the Ocean and Cryosphere in a Changing Climate. In press.

Holligan P, Boois H D. 2016. Land-ocean interactions in the coastal zone(LOICZ). Environmental Policy Collection, 12(3): 85-98.

Hossen M, Rafiq F, Kabir M, et al. 2019. Assessment of water quality scenario of Karnaphuli River in terms of water quality index, South-Eastern Bangladesh. American Journal of Water Resources, 7: 106-110.

Hu C M, Lee Z P, Franz B. 2012. Chlorophyll α algorithms for oligotrophic oceans: A novel approach based on three‐band reflectance difference. Journal of Geophysical Research, 117: C01011.

Hu G C, Jia L. 2015. Monitoring of evapotranspiration in a semi-arid inland river basin by combining microwave and optical remote sensing observations. Remote Sensing, 7(3): 3056-3087.

Hu S, Niu Z, Chen Y, et al. 2017. Global wetlands: Potential distribution, wetland loss, and status. Science of the Total Environment, 586: 319-327.

Huang J, Yu H, Guan X, et al. 2015. Accelerated dryland expansion under climate change. Nature Climate Change, 6: 166-171.

Immerzeel W W, Lutz A F, Andrade M, et al. 2020. Importance and vulnerability of the world's water towers. Nature, 577: 364-369.

IPCC. 2007. Climate Change 2007: Impacts, Adaptation and Vulnerability. Contribution of Working Group II to the Fourth Assessment Report of the Intergovernmental Panel on Climate Change. Cambridge: Cambridge University Press.

IPCC. 2014. Climate Change 2014: Impacts, Adaptation, and Vulnerability. Part A: Global and Sectoral Aspects. Contribution of Working Group II to the Fifth Assessment Report of the Intergovernmental Panel on Climate Change. Cambridge: Cambridge University Press.

IPCC. 2018. Global Warming of 1.5°C//Masson-Delmotte V, Pörtner H O, Zhai P, et al. World Meteorological Organization. Geneva, Switzerland: 32. https://www.ipcc.ch/sr15/[2020-11-01].

IUCN. 2019. The IUCN Red List of Threatened Species. Elephas maximus. http://www.iucnredlist.org [2019-12-10].

IUCN. 2016. A global standard for the identification of key biodiversity areas, version 1.0. Gland, Switzerland: IUCN.

IUCN/SSC. 2017. Final Report on Asian Elephant Range States Meeting.

Jiang L, Bao A, Guli J, et al. 2019a. Monitoring land sensitivity to desertification in Central Asia: Convergence or divergence? Science of the Total Environment, 658: 669-683.

Jiang L, Guli J, Bao A, et al. 2019b. Monitoring the long-term desertification process and assessing the relative roles of its drivers in Central Asia. Ecological Indicators, 104: 195-208.

Jiang L, Guli J, Bao A, et al. 2020. The effects of water stress on croplands in the Aral Sea Basin. Journal of Cleaner Production, 254: 120114.

Jiang L, Guli J, Bao A, et al. 2017. Vegetation dynamics and responses to climate change and human activities in Central Asia. Science of the Total Environment, 599-600: 967-980.

Johnson D B. 1973. A note on Dijkstra's shortest path algorithm. Journal of the ACM, 20(3): 385-388.

Jombo S, Adam E, Odindi J. 2017. Quantification of landscape transformation due to the Fast Track Land Reform Programme(FTLRP)in Zimbabwe using remotely sensed data. Land Use Policy, 68: 287-294.

Joshi A R, Dinerstein E, Wikramanayake E, et al. 2016. Tracking changes and preventing loss in critical tiger habitat. Science Advances, 2: e1501675.

Kapos V. 2000. UNEP-WCMC Web site: Mountains and mountain forests. Mountain Research and Development, 20: 378.

Karimi P, Bastiaanssen W G M, Molden D. 2013. Water Accounting Plus(WA+)—A water accounting procedure for complex river basins based on satellite measurements. Hydrology and Earth System Sciences, 17(7): 2459-2472.

Kaskaoutis D G, Houssos E E, Rashki A, et al. 2016. The Caspian Sea-Hindu Kush index(CasHKI): A regulatory factor for dust activity over southwest Asia. Global and Planetary Change, 137: 10-23.

Kaskaoutis D G, Rashki A, Houssos E E, et al. 2017. Assessment of changes in atmospheric dynamics and dust activity over southwest Asia using the Caspian Sea-Hindu Kush Index. International Journal of Climatology, 37: 1013-1034.

Kennedy C M, Oakleaf J R, Theobald D M, et al. 2019. Managing the middle: A shift in conservation priorities based on the global human modification gradient.Global Change Biology, 25(2): 1-16.

Khan M S, Liaqat U W, Baik J, et al. 2018. Stand-alone uncertainty characterization of GLEAM, GLDAS and MOD16 evapotranspiration products using an extended triple collocation approach. Agricultural and Forest Meteorology, 252: 256-268.

Kosmas C, Kairis O, Karavitis C, et al. 2013. Evaluation and selection of indicators for land degradation and desertification monitoring: Methodological approach. Environmental Management, 54: 951-970.

Kuenzer C, Bluemel A, Gebhardt S, et al. 2011. Remote sensing of mangrove ecosystems: A review. Remote Sensing, 3: 878-928.

Laso Bayas J C, Lesiv M, Waldner F, et al. 2017. A global reference database of crowdsourced cropland data collected using the Geo-Wiki platform. Scientific Data, 4: 170136.

Laurans Y, Rankovic A, Kinniburgh F, et al. 2018. Relaunching the international ambition for biodiversity: A three-dimensional vision for the future of the Convention on Biological Diversity. Institut du développement durable et des relations internationales 27, rue Saint-Guillaume 75337 Paris cedex 07 France.

Lee S O, Jung Y. 2018. Efficiency of water use and its implications for a water food nexus in the Aral Sea Basin. Agricultural Water Management, 207: 80-90.

Lehner B, Doll P. 2004. Development and validation of a global database of lakes, reservoirs and wetlands. Journal of Hydrology , 296: 1-22.

Lehnert L W, Meyer H, Wang Y, et al. 2015. Retrieval of grassland plant coverage on the Tibetan Plateau based on a multi-scale, multi-sensor and multi-method approach. Remote Sensing of Environment, 164: 197-207.

Li Q, Lu L, Weng Q, et al. 2016. Monitoring urban dynamics in the southeast USA using time-series DMSP/OLS nightlight imagery. Remote Sensing, 8(7): 578.

Liao J, Zhen J, Zhang L, et al. 2019. Understanding dynamics of mangrove forest on protected areas of Hainan Island, China: 30 years of evidence from remote sensing. Sustainability, 11: 5356.

Liu J, Jin X B, Xu W Y, et al. 2020. A new framework of land use efficiency for the coordination among food, economy and ecology in regional development. Science of the Total Environment, 710: 135670.

Liu S, Bai J, Chen J. 2019. Measuring SDG 15 at the county scale: Localization and practice of

SDGs indicators based on geospatial information. ISPRS International Journal of Geo-Information, 8: 515.

Liu X P, Huang Y H, Xu X C, et al. 2020. High-spatiotemporal-resolution mapping of global urban change from 1985 to 2015. Nature Sustainability, 3: 564-570.

Loisel H, Vantrepotte V, Ouillon S, et al. 2017. Assessment and analysis of the chlorophyll-α concentration variability over the Vietnamese coastal waters from the MERIS ocean color sensor(2002-2012). Remote Sensing of Environment, 190: 217-232.

Long T F, Zhang Z M, He G J, et al. 2019. 30 m resolution global annual burned area mapping based on Landsat images and Google Earth Engine. Remote Sensing, 11: 489-519.

Luijendijk A, Hagenaars G, Ranasinghe R, et al. 2018. The state of the World's Beaches. Scientific Reports, 8(1), 1-11.

Luo L, Zhu L W, Guo H D, et al. 2020. Two-decade increases in forest habitat loss across Asian elephant distribution range. Nature Ecology and Evolution, under review.

Luo L, Ma W, Zhao W, et al. 2018. UAV-based spatiotemporal thermal patterns of permafrost slopes along the Qinghai-Tibet Engineering Corridor. Landslides, 15(11): 2161-2172.

Luo L, Zhang Z, Ma W, et al. 2018. PIC v1.3: Comprehensive R package for computing permafrost indices with daily weather observations and atmospheric forcing over the Qinghai-Tibet Plateau. Geoscientific Model Development, 11(6): 2475-2491.

Ma J Y, Shugart H H, Yan X D, et al. 2017. Evaluating carbon fluxes of global forest ecosystems by using an individual tree-based model FORCCHN. Science of the Total Environment, 586: 939-951.

Ma J Y, Yan X D, Dong W J, et al. 2015. Gross primary production of global forest ecosystem has been overestimated. Scientific Reports, 5: 10820.

Madeleine S. 2020. A plague of locusts has descended on East Africa. Climate change may be to blame. National Geographic(Science). https://www.nationalgeographic.com/science/2020/02/locust-plague-climate-science-east-africa/[2020-05-15].

Makino Y, Manuelli S, Hook L. 2019. Accelerating the movement for mountain peoples and policies. Science, 365: 1084.

Mallick D, Shafiqul IM, Talukder A, et al. 2016. Seasonal variability in water chemistry and sediment characteristics of intertidal zone at Karnafully Estuary, Bangladesh. Pollution, 2(4): 411-423.

Mariathasan V, Bezuidenhoudt E, Olympio K R. 2019. Evaluation of Earth observation solutions for Namibia's SDG monitoring system. Remote Sensing, 11(13): 1612.

Masini E, Tomao A, Barbati A, et al. 2018. Urban growth, land-use efficiency and local socioeconomic context: A comparative analysis of 417 metropolitan regions in Europe. Environmental Management, 63(3): 1-16.

Mekong River Commission. 2017. Report on the Positive and Negative Impacts of Domestic and Industrial Water Use on the Social, Environmental, and Economic Conditions of the Lower Mekong River Basin and Policy.

Mekong River Commission. 2018. Report on the Positive and Negative Impacts of Irrigation on the Social, Environment, and Economic Conditions of the Lower Mekong River Basin and Policy.

Melchiorri M, Pesaresi M, Florczyk J A, et al. 2019. Principles and applications of the global human settlement layer as baseline for the land use efficiency indicator—SDG 11.3.1. ISPRS International Journal of Geo-Information, 8: 96.

Melia N, Haines K, Hawkins E. 2016. Sea ice decline and 21st century trans-arctic shipping routes. Geophysical Research Letters, 43(18): 9720-9728.

Messerli P, Murniningtyas E, Eloundou-Enyegue P, et al. 2019. Global Sustainable Development Report 2019: The Future is Now-Science for Achieving Sustainable Development.

Micklin P. 2007. The Aral Sea disaster. Annual Review of Earth and Planetary Sciences, 35: 47-72.

Micklin P, Aladin N V, Plotnikov I. 2016. The Aral Sea. Berlin: Springer.

Middleton N J, Sternberg T. 2013. Climate hazards in drylands: A review. Earth-Science Reviews, 126: 48-57.

Millennium Ecosystem Assessment. Ecosystems and Human Well-being:Biodiversity Synthesis. Washington DC: World Resources Institute. 2005.

Miquelle D, Nikolaev I, Goodrich J, et al. 2005. Searching for the coexistence recipe: A case study of conflicts between people and tigers in the Russian Far East//Rabinowitz A, Woodroffe R, Thirgood S. People and Wildlife, Conflict or Co-existence? Cambridge: Cambridge University Press: 305-322.

Monteith J L. 1972. Solar radiation and productivity in tropical ecosystems. Journal of Applied Ecology, 9(3): 747-766.

Mu Q Z, Zhao M S, Running S W. 2013. MODIS Global Terrestrial Evapotranspiration(ET) Product(NASA MOD16A2/A3)Collection 5. NASA Headquarters. Numerical Terradynamic Simulation Group, College of Forestry and Conservation, The University of Montana, Missoula,

MT 59812.

Nemani R R, Keeling C D, Tucker C J, et al. 2003. Climate-Driven Increases in Global Terrestrial Net Primary Production from 1982 to 1999. Science, 300(56>5): 1560-1563.

Nguyen L, Nghiem S, Henebry G. 2018. Expansion of major urban areas in the US Great Plains from 2000 to 2009 using satellite scatterometer data. Remote Sensing of Environment, 204: 524-533.

Nhan D K, Verdegem M C J, Milstein A, et al. 2008. Water and nutrient budgets of ponds in integrated agriculture-aquaculture systems in the Mekong Delta, Vietnam. Aquaculture Research, 39: 1216-1228.

Niu S, Xing X, Zhang Z, et al. 2011. Water-use efficiency in response to climate change: From leaf to ecosystem in a temperate steppe. Global Change Biology, 17(2): 1073-1082.

Orlovsky L, Orlovsky N, Durdyev A. 2005. Dust storms in Turkmenistan. Journal of Arid Environments, 60: 83-97.

Pan Y, Birdsey R A, Fang J, et al. 2011. A large and persistent carbon sink in the world's forests. Science, 333: 988-993.

Park S, Im J. 2016. Classification of croplands through fusion of optical and SAR time series data, Int. Arch. Photogramm. Remote Sens. Spatial Inf. Sci., XLI-B7, 703-704. https://doi.org/10.5194/isprs-archives-XLI-B7-703-2016.

Parnell S. 2016. Defining a global urban development agenda. World Development, 78: 529-540.

Patrick E. 2017. Drought characteristics and management in Central Asia and Turkey. City, 114.

Pekel J F, Cottam A, Gorelick N, et al. 2016. High-resolution mapping of global surface water and its long-term changes. Nature, 540(7633): 418-422.

Penh P. 2017. The IQQM Model for the Council Study: Main and sub-scenarios.

Pesaresi M, Huadong G, Blaes X, et al. 2013. A global human settlement layer from optical HR/VHR RS data: Concept and first results. IEEE Journal of Selected Topics in Applied Earth Observations and Remote Sensing, 6(5): 2102-2131.

Pool D B, Panjabi A O, Macias-Duarte A, et al. 2014. Rapid expansion of croplands in Chihuahua, Mexico threatens declining North American grassland bird species. Biological Conservation, 170: 274-281.

Poulter B, Frank D, Ciais P, et al. 2014. Contribution of semi-arid ecosystems to interannual variability of the global carbon cycle. Nature, 509: 600-603.

Pudmenzky C, King R, Butler H. 2015. Broad scale mapping of vegetation cover across Australia from rainfall and temperature data. Journal of Arid Environments, 120: 55-62.

Redfield A C. 1934. On the proportions of organic derivatives in sea water and their relation to the composition of plankton. James Johnstone memorial volume, 176-192.

Ripple W J, Newsome T M, Wolf C, et al. 2015. Collapse of the world's largest herbivores. Science Advances, 1: e1400103.

Robinson S. 2016. Land degradation in Central Asia: Evidence, Perception and Policy. The End of Desertification? Berlin: Springer.

Saatchi S S, Harris N L, Brown S, et al. 2011. Benchmark map of forest carbon stocks in tropical regions across three continents. Proceedings of the National Academy of Sciences, 108, 9899-9904.

Safriel U N. 2007. The assessment of global trends in land degradation//Climate and land degradation. Springer, Berlin, Heidelberg: 1-38.

Santini L, Butchart S H M, Rondinini C, et al. 2019. Applying habitat and population-density models to land-cover time series to inform IUCN Red List assessments. Conservation Biology, 33: 1084-1093.

Scheffers A M, Scheffers S R, Kelletat D H, et al. 2012. The Coastlines of the World with Google Earth: Understanding Our Environment(Vol. 2). Berlin: Springer Science & Business Media.

Schneider A. 2012. Monitoring land cover change in urban and peri-urban areas using dense time stacks of Landsat satellite data and a data mining approach. Remote Sensing of Environment, 124: 689-704.

Seddon A W, Macias-Fauria M, Long P R, et al. 2016. Sensitivity of global terrestrial ecosystems to climate variability. Nature, 531: 229-232.

See L, Schepaschenko D, Lesiv M, et al. 2015. Building a hybrid land cover map with crowdsourcing and geographically weighted regression. ISPRS Journal of Photogrammetry and Remote Sensing, 103: 48-56.

Shi K, Zhang Y, Zhu G, et al. 2018. Deteriorating water clarity in shallow waters: Evidence from long term MODIS and in-situ observations. International Journal of Applied Earth Observation and Geoinformation, 68: 287-297.

Shi L M, Zhang J H, Yao F M, et al. 2019. Temporal variation of dust emissions in dust sources over Central Asia in recent decades and the climate linkages. Atmospheric Environment, 222: 117176.

Sims N C, England J R, Newnham G J, et al. 2019. Developing good practice guidance for estimating land degradation in the context of the United Nations Sustainable Development Goals. Environmental Science and Policy, 92: 349-355.

Smith L C, Stephenson S R. 2013. New trans-arctic shipping routes navigable by midcentury. Proceedings of the National Academy of Sciences of the United States of America, 110(13): 1191-1195.

Smith W K, Dannenberg M P, Yan D, et al. 2019. Remote sensing of dryland ecosystem structure and function: Progress, challenges, and opportunities. Remote Sensing of Environment, 233 : 111401.

Sohel M S I, Ullah M H. 2012. Ecohydrology: A framework for overcoming the environmental impacts of shrimp aquaculture on the coastal zone of Bangladesh. Ocean and Coastal Management, 63: 67-78.

Songer M, Sampson C, Williams C, et al. 2012. Mapping habitat and deforestation in WWF elephant priority landscapes. Gajah, 36: 3-10.

Soriano G, Angelats F T, Diogene A. 2019. First results of phytoplankton spatial dynamics in two NW-Mediterranean Bays from chlorophyll-α estimates using Sentinel 2: Potential implications for aquaculture. Remote Sensing, 11.

Sotto L P A, Jacinto G S, Villanoy C L. 2014. Spatiotemporal variability of hypoxia and eutrophication in Manila Bay, Philippines during the northeast and southwest monsoons. Marine Pollution Bulletin, 85: 446-454.

Spalding M, Kainuma M, Collins L. 2010.World atlas of mangroves//World Atlas of Mangroves. Routledge.

Stephenson P J, Brooks T M, Butchart S H M, et al. 2017. Priorities for big biodiversity data. Frontiers in Ecology and the Environment, 15: 124-125.

Stevens F R, Gaughan A E, Linard C, et al. 2015. Disaggregating census data for population mapping using random forests with remotely-sensed and ancillary data. PLoS ONE, 10(2): e0107042.

Stickler A, Brönnimann M A, Valente J B, et al. 2014. ERA-CLIM: Historical surface and upper-air data for future reanalyses. Bulletin of the American Meteorological Society, 95(9): 1419-1430.

Stokes E, Seto K. 2019. Characterizing and measuring urban landscapes for sustainability.

Environmental Research Letter, 14(4): 045002.

Stovel H. 1998. Risk Preparedness: A Management Manual for World Cultural Heritage. Rome: ICCROM.

Sun Z, Xu R, Du W, et al. 2019. High-resolution urban land mapping in China from Sentinel 1A/2 imagery based on Google Earth Engine. Remote Sensing, 11: 752.

Symmons P M, Cressman K. 2001. Desert Locust Guidelines. Food and Agriculture Organization of the United Nations Rome. http://www.fao.org/ag/locusts/oldsite/PDFs/DLG4e.pdf[2020-11-30].

Tatem A. 2017. WorldPop, open data for spatial demography. Scientific Data, 4: 170004.

Thornton P K, Jones P G, Alagarswamy G, et al. 2009. Spatial variation of crop yield response to climate change in East Africa. Global Environmental Change, 19(1): 54-65.

Tian Y, Wu J, Wang T, et al. 2014. Climate change and landscape fragmentation jeopardize the population viability of the Siberian tiger(Panthera tigris altaica). Landscape Ecology, 29: 621-637.

Transport and ICT. 2016. Measuring Rural Access: Using New Technologies. Washington DC: World Bank.

Tratalos J A, Cheke R A, Healey R G, et al. 2010. Desert locust populations, rainfall and climate change: Insights from phenomenological models using gridded monthly data. Climate Research, 43: 229-239.

Tuholske C, Caylor K, Evans T, et al. 2019. Variability in urban population distributions across Africa. Environmental Research Letters, 14(8): 085009.

Turner D, Ritts W, Cohen W, et al. 2006. Evaluation of MODIS NPP and GPP products across multiple biomes. Remote Sensing of Environment, 102: 282-292.

UN 2019. Global Sustainable Development Report. https://unstats un org/ sdgs/ report/ 2019/ [2020-007-17].

UN.2016. The Sustainable Development Goals Report. http://unstats.un.org/sdgs/report/2016/ [2020-07-17].

UN.2017. The Sustainable Development Goals Report. http://unstats.un.org/sdgs/report/2017/ [2020-07-30].

UN. 2019. The Sustainable Development Goals Report 2019. New York: United Nations.

UN E/CN. 2016. Data and Indicators for the 2030 Agenda for Sustainable Development. New

York: Economic & Social Council.

UN. 2015. Transforming Our World: The 2030 Agenda for Sustainable Development. https://sustainabledevelopment.un.org/post2015/transformingourworld [2020-09-15].

UN-Habitat. 2018. A guide to assist national and local governments to monitor and report on SDG goal 11+ indicators. https://unhabitat.org/sdg-goal-11-monitoring-framework [2020-08-15].

UNDP. 2020. Goal 13: Climate action. https://www.undp.org/content/undp/en/home/sustainable-development-goals/goal-13-climate-action.html [2020-09-19].

Vallebona C, Genesio L, Crisci A, et al. 2008. Large-scale climatic patterns forcing desert locust upsurges in West Africa. Climate Research, 37: 35-41.

Van Huis A, Cressman K, Joyce I M. 2007. Preventing desert locust plagues: Optimizing management interventions. Entomologia Experimentalis et Applicata, 122: 191-214.

Vardanian T. 2011. On some Issues of the Anthropogenic Transformation of Water Ecosystems(Case Study of Lake Sevan). National Security and Human Health Implications of Climate Change, 325-336.

Venter O, Magrach A, Outram N, et al. 2018. Bias in protected-area location and its effects on long-term aspirations of biodiversity conventions. Conservation Biology, 32:127-134.

Venter O, Sanderson E W, Magrach A, et al. 2016. Sixteen years of change in the global terrestrial human footprint and implications for biodiversity conservation. Nature Communications, 7: 12558.

Veran S, Simpson S J, Sword G A, et al. 2015. Modeling spatiotemporal dynamics of outbreaking species: Influence of environment and migration in a locust. Ecology, 96: 737-748.

Verpoorter C, Kutser T, Seekell D A, et al. 2014. A global inventory of lakes based on high-resolution satellite imagery. Geophysical Research Letters, 41: 6396-6402.

Visconti P, Butchart S H M, Brooks T M P, et al. 2019. A bold successor to Aichi Target 11—Response. Science, 365: 650-651.

Vollenweider R, Giovanardi F, Montanari G, et al. 1998. Characterization of the trophic conditions of marine coastal waters with special reference to the NW Adriatic Sea: Proposal for a trophic scale, turbidity and generalized water quality index. Environmetrics, 9: 329-357.

Waliczky Z, Fishpool L D C, Butchart S H M, et al. 2019. Tristram, important bird and biodiversity areas(IBAs): Their impact on conservation policy, advocacy and action. Bird Conservation International, 29: 199-215.

Walter H. 1985. Vegetation of the Earth and Ecological Systems of the Geo-biosphere. Berlin: Springer-Verlag.

Wang J, Wei H, Cheng K, et al. 2020. Spatio-temporal pattern of land degradation from 1990 to 2015 in Mongolia. Environmental Development, 34: 100497.

Wang J, Zhou W, Qian Y, et al. 2018. Quantifying and characterizing the dynamics of urban greenspace at the patch level: A new approach using object-based image analysis. Remote Sensing of Environment, 204: 94-108.

Wang L, Zhu H, Lin A, et al. 2017. Evaluation of the latest MODIS GPP products across multiple biomes using global eddy covariance flux data. Remote Sensing, 9: 418.

Wang S, Li J, Zhang B, et al. 2016. A simple correction method for the MODIS surface reflectance product over typical inland waters in China. International Journal of Remote Sensing, 37(24): 6076-6096.

Wang S, Li J, Zhang B, et al. 2018. Trophic state assessment of global inland waters using a MODIS-derived Forel-Ule index. Remote Sensing of Environment, 217: 444-460.

Wang T, Feng L, Mou P, et al. 2015. Amur tigers and leopards returning to China: Direct evidence and a landscape conservation plan. Landscape Ecology, 31: 491-503.

Wang X, Ren H, Wang P, et al. 2018. A preliminary study on target 11.4 for UN Sustainable Development Goals. International Journal of Geoheritage and Parks, 6(2): 18-24.

Wang Y C, Huang C L, Feng Y Y, et al. 2020. Using earth observation for monitoring SDG 11.3.1-Ratio of land consumption rate to population growth rate in mainland China. Remote Sensing, 12: 357.

Wickens G E, Lieth H, Whittaker R H. 1977. Primary productivity of the biosphere. Kew Bulletin, 32(1): 274.

Woodley S, Bhola N, Maney C, et al. 2019. Area-based conservation beyond 2020: A global survey of conservation scientists. Parks, 25:19.

Woodwell G M, Whittaker R H, Reiners W A, et al. 1978. The biota and the world carbon budget. Science, 199: 141-146.

Wu S, Du C, Chen H, et al. 2019. Road extraction from very high resolution images using weakly labeled OpenStreetMap Centerline. ISPRS International Journal of Geo-Information, 8(1): 478.

Wu X, Liu J, Wu Y, et al. 2018. Aerosol optical absorption coefficients at a rural site in Northwest China: The great contribution of dust particles. Atmospheric Environment, 189: 145-152.

Wu Q, Sheng Y, Yu Q, et al. 2020. Engineering in the rugged permafrost terrain on the roof of the world under a warming climate. Permafrost and Periglacial Processes, 31:417-428.

Xiao W, Hebblewhite M, Robinson H, et al. 2018. Relationships between humans and ungulate prey shape Amur tiger occurrence in a core protected area along the Sino-Russian border. Ecology and Evolution, 8: 11677-11693.

Xing Q G, An D Y, Zheng X Y, et al. 2019. Monitoring seaweed aquaculture in the Yellow Sea with multiple sensors for managing the disaster of macroalgal blooms. Remote Sensing of Environment, 231: 111279.

Xiong J, Thenkabail P, Tilton J, et al. 2017. Nominal 30-m cropland extent map of continental Africa by integrating pixel-based and object-based algorithms using Sentinel-2 and Landsat-8 data on Google Earth Engine. Remote Sensing, 9: 1065-1091.

Xu X Y, Jia G S, Zhang X Y, et al. 2020. Climate regime shift and forest loss amplify fire in Amazonian forests. Global Change Biology, 26: 5874-5885.

Yan Q, Zhu J J, Gang Q. 2013. Comparison of spatial patterns of soil seed banks between larch plantations and adjacent secondary forests in Northeast China: Implication for spatial distribution of larch plantations. Trees, 27: 1747-1754.

Yan X D, Zhao J F. 2007. Establishing and validating individual-based carbon budget model FORCCHN of forest ecosystems in China. Acta Ecologica Sinica, 27: 2684-2694.

Ye H, Chen C, Tang S, et al. 2014. Remote sensing assessment of sediment variation in the Pearl River Estuary induced by Typhoon Vicente. Aquatic Ecosystem Health and Management, 17(3):271-279.

Ye H, Chen C, Yang C. 2016. Atmospheric correction of Landsat-8/OLI imagery in turbid estuarine waters: A case study for the Pearl River Estuary. IEEE Journal of Selected Topics in Applied Earth Observations and Remote Sensing, 1-10.

Yuan F, Liu J, Zuo Y, et al. 2020. Rising vegetation activity dominates growing water use ef ficiency in the Asian permafrost region from 1900 to 2100. Science of the Total Environment, 736: 139587.

Yuan W, Zheng Y, Piao S, et al. 2019. Increased atmospheric vapor pressure deficit reduces global vegetation growth. Science Advances, 5: eaax1396.

Zhang K F, Jiao Y M, Ding Z Q, et al. 2017. Quantitative study on human activity intensity in Hani Rice Terrace Heritage. e-Science Technology & Application, 8(3): 51-57.

Zhang F, Li J, Zhang B, et al. 2018. A simple automated dynamic threshold extraction method for the classification of large water bodies from Landsat-8 OLI water index images. International Journal of Remote Sensing, 39(11): 3429-3451.

Zhang J, Chen Y, Li Z, et al. 2019. Study on the utilization efficiency of land and water resources in the Aral Sea Basin, Central Asia. Sustainable Cities and Society , 51: 101693.

Zhang L, Lecoq M, Lachininsky A, et al. 2019. Locust and grasshopper mangement. Annual Review of Entomolog, 64: 15-34.

Zhang M, Tang J, Dong Q, et al. 2010. Retrieval of total suspended matter concentration in the yellow and East China Seas from Modis imagery. Remote Sensing of Environment, 114(2): 392-403.

Zhang Z, Liu Q, Wang Y. 2018. Road extraction by deep residual u-net. IEEE Geoscience and Remote Sensing Letters. 15(5): 749-53.

Zhang Z M, Long T F, He G J, et al. 2020. Study on global burned forest area based on Landsat data. Photogrammetric Engineering and Remote Sensing, 86: 25-31.

Zhang Z, Wu Q. 2011. Thermal hazards zonation and permafrost change over the Qinghai-Tibet Plateau. Natural Hazards, 61(2):403-423.

Zhao J F, Ma J Y, Hou M T, et al. 2020. Spatial-temporal variations of carbon storage of the global forest ecosystem under future climate change. Mitigation and Adaptation Strategies for Global Change, 25: 603-624.

Zhao J F, Ma J Y, Zhu Y J. 2019. Evaluating impacts of climate change on net ecosystem productivity(NEP) of global different forest types based on an individual tree-based model FORCCHN and remote sensing. Global and Planetary Change, 182: 103010.

Zhao S, Liu S, Zhou D. 2016. Prevalent vegetation growth enhancement in urban environment. Proceedings of the National Academy of Sciences, 113(22):6313-6318.

Zhao X, Zhou D J, Fang J Y. 2012. Satellite-based studies on large-scale vegetation changes in China. Journal of Integrative Plant Biology, 54(10):713-728.

Zheng C L, Jia L, Hu G C, et al. 2019. Earth observations-based evapotranspiration in northeastern Thailand. Remote Sensing, 11(2): 138.

Zhou D, Zhao S, Zhang L, et al. 2016. Remotely sensed assessment of urbanization effects on vegetation phenology in China's 32 major cities. Remote Sensing of Environment, 176: 272-281.

Zhou G. 1996. Study on NPP of natural vegetation in China under global climate change. Acta Phytoecologica Sinica, 20(1): 11-19.

Zhou L, Zhang C, Wu M. 2018. D-LinkNet: LinkNet With Pretrained Encoder and Dilated Convolution for High Resolution Satellite Imagery Road Extraction. In CVPR Workshops: 182-186.

Zhu X L, Helmer E H, Gao F, et al. 2016. A flexible spatiotemporal method for fusing satellite images with different resolutions. Remote Sensing of Environment, 172: 165-177.

Zou J, Ding J, Welp M, et al. 2020. Assessing the response of ecosystem water use efficiency to drought during and after drought events across Central Asia. Sensors, 20(3): 581.

Zwart S J, Bastiaanssen W G M, de Fraiture C, et al. 2010. WATPRO: A remote sensing based model for mapping water productivity of wheat. Agricultural Water Management, 97(10): 1628-1636.

阿斯钢. 2017. 蒙古国近八成土地遭受不同程度荒漠化. http://world.people.com.cn/n1/2017/0617/c1002-29345905.html [2017-6-17].

边佳胤. 2013. 洋山港海域水质变化趋势及富营养化状况. 上海: 上海海洋大学硕士学位论文.

陈于望. 1987. 厦门港海域营养状况的分析. 海洋环境科学, 6(3): 14-19.

杜雯. 2017. 港口海域生态系统健康动态研究. 南京: 南京师范大学硕士学位论文.

段增强, 宋静, 黄秀兰, 等. 2012. 耕地粮食生产能力估算模型研究进展. 东北农业大学学报, (8):145-150.

郭华东. 2019. 地球大数据支撑可持续发展目标报告. 北京: 科学出版社.

贾金生, 马静, 杨朝晖, 等. 2012. 国际水资源利用效率追踪与比较. 中国水利, 5: 21-25.

李新情, 程晓, 惠凤鸣, 等. 2016. 2014 年夏季北极东北航道冰情分析. 极地研究, 28(1): 87-94.

梁玉波. 2012. 中国赤潮灾害调查与评价 (1933—2009). 北京: 海洋出版社.

林晓娟, 高姗, 仇天宇, 等. 2018. 海水富营养化评价方法的研究进展与应用现状. 地球科学进展, 33(4):373-384.

刘昌明, 王中根, 郑红星, 等. 2008. HIMS 系统及其定制模型的开发与应用. 中国科学, 38(3): 350-360.

马建章. 2005. 旗舰种及其作用. 人与生物圈, 6: 1.

缪丽娟, 蒋冲, 何斌, 等. 2014. 近 10 年来蒙古高原植被覆盖变化对气候的响应. 生态学报, 34(5):1295-1301.

秦大河, 丁一汇, 王绍武, 等. 2002. 中国西部环境演变及其影响研究. 地学前缘, 9(2): 1-32.

任正超, 朱华忠, 史华, 等. 2017. 中国潜在自然植被 NPP 时空分布格局变化及其对气候和地形的响应. 草地学报, 25(3): 474-485.

孙周亮, 刘艳丽, 刘冀, 等. 2018. 澜沧江–湄公河流域水资源利用现状与需求分析. 水资源与水工程学报, 29(4): 67-73.

田静, 王卷乐, 李一凡, 等. 2014. 基于决策树方法的蒙古高原土地覆盖遥感分类——以蒙古国中央省为例. 地球信息科学学报, 16(3):460-469.

王丹, 张浩. 2014. 北极通航对中国北方港口的影响及其应对策略研究. 中国软科学, 3: 16-31.

王静, 周志强, 刘辉, 等. 2014. 林分等环境因子对中俄东北虎分布影响的比较研究. 野生动物学报, 35: 245-251.

王卷乐, 程凯, 祝俊祥, 等. 2018. 蒙古国 30 米分辨率土地覆盖产品研制与空间格局分析. 地球信息科学学报, 20(9):1263-1273.

王心源, 刘洁, 骆磊, 等. 2016. "一带一路"沿线文化遗产保护与利用的观察与认知. 中国科学院院刊, 31(5): 550-558.

魏云洁, 甄霖, 刘雪林. 2008. 1992—2005 年蒙古国土地利用变化及其驱动因素. 应用生态学报, 19(9): 1995-2002.

吴敏兰. 2014. 北部湾北部海域营养盐的分布特征及其对生态系统的影响研究. 厦门大学硕士学位论文.

吴在兴. 2014. 我国典型海域富营养化特征、评价方法及其应用. 北京: 中国科学院大学博士学位论文.

杨家文, 周一星. 1999. 通达性: 概念, 度量及应用. 地理学与国土研究, 15(2): 61-66.

杨莲梅, 关学锋, 张迎新. 2018. 亚洲中部干旱区降水异常的大气环流特征. 干旱区研究, 35(2): 249-259.

殷宇威, 唐丹玲, 刘宇鹏. 2019. 南海岛礁附近悬浮泥沙时空分布的遥感研究. 遥感技术与应用, 34(2):435-444.

喻朝庆. 2009. 国际干旱管理进展简述及对我国的借鉴意义. 中国水利水电科学研究院学报, 7(2): 312-319

张超哲. 2014. 中巴经济走廊建设: 机遇与挑战. 南亚研究季刊, (2):79-84, 103, 6.

张宏, 慈龙骏. 1999. 对荒漠化几个理论问题的初步探讨. 地理科学, 5:446-450.

张少宇. 2020. "带路"沿线森林类自然遗产地时空变化监测与精细分析. 南昌：东华理工大学硕士学位论文.

张小全, 谢茜, 曾楠. 2020. 基于自然的气候变化解决方案. 气候变化研究进展, 16(3): 336-344.

张耀铭. 2019. 中巴经济走廊建设：成果、风险与对策. 西北大学学报（哲学社会科学版),49(4):14-22.

邹景忠, 董丽萍, 秦保平. 1983. 渤海湾富营养化和赤潮问题的初步探讨. 海洋环境科学, 2: 41-54.

缩略词

英文简写	英文全称	中文表述
ACHRR	Ability of Cultural Heritage Resistance Risk	文化遗产抵抗风险的能力
API	Application Programming Interface	应用程序接口
ASEAN	Association of Southeast Asian Nations	东盟
ASTER	Advanced Spaceborne Thermal Emission and Reflection Radiometer	先进星载热发射和反射辐射仪
CAMA	China Association of Marine Affairs	中国海洋发展研究会
CASA	Carnegie-Ames-Stanford Approach	CASA 光能利用率模型
CGLS	Copernicus Global Land Service	哥白尼全球土地服务
CGLS-LC100	Copernicus Global Land Service-Land Cover 100 m	哥白尼全球土地服务 100 m 分辨率土地覆盖数据
CHPD	Cultural Heritage Protection Demand	文化遗产保护需求度
CPRA	China-Pakistan Railwau Area	中巴铁路沿线区域
CPP	Climate Potential Productivity	气候生产潜力
DBAR	Digital Belt and Road Program	数字丝路国际科学计划
DEM	Digital Elevation Model	数字高程模型
DMSP/OLS	Defense Meteorological Program/Operational Line-Scan System	美国国防气象卫星计划 / 线性扫描业务系统
DSF	Decision Support Framework based on hydrological, water resources and hydrodynamic models	水文水资源模型
ECMWF	European Centre for Medium-Range Weather Forecasts	欧洲中期天气预报中心
EnKF	Ensemble Kalman Filter	集合卡尔曼滤波
ERA5	Fifth generation ECMWF ReAnalysis	第 5 代大气再分析资料
ESA	European Space Agency	欧洲空间局
ETM+	Enhanced Thematic Mapper Plus	增强专题制图仪
EVI	Enhanced Vegetation Index	增强型植被指数

续表

英文简写	英文全称	中文表述
ET	Evapotranspiration	蒸散发
FAO	Food and Agriculture Organization of the United Nations	联合国粮食及农业组织
FSDAF	Flexible Spatiotemporal DAta Fusion	灵活的时空数据融合模型
FVC	Fractional Vegetation Cover	植被覆盖度
FWIoU	Frequency Weighted Intersection over Union	频权交并比
GB	National Standard Code for Chinese Characters	国标
GDP	Gross Domestic Product	国内生产总值
GEE	Google Earth Engine	谷歌地球引擎
GEO	Group on Earth Observations	地球观测组织
GF-1	Gao Fen 1	高分 1 号
GF-2	Gao Fen 2	高分 2 号
GFR	Global Fire Reference	全球火点监测产品
GFSAD	Global Food Security-Support Analysis Data	全球粮食安全 – 支撑分析数据
GHSL	Global Human Settlement Layer	全球人类住区产品
GIEWS	Global Information and Early Warning System	全球信息早期预警系统
GIS	Geographic Information System	地理信息系统
GPCC	Global Precipitation Climatology Centre	全球降水气候中心
GPM	Global Precipitation Measurement	全球降水量测量项目
GPP	Gross Primary Productivity	总初级生产力
GRIP	Global Roads Inventory Project	全球道路清查项目
gROADS	Global Roads Open Access Data Set	全球道路开源数据集
GSOD	Global Surface of the Day	全球地表日值数据集
GVG	GPS-Video-GIS	地面调查众源数据
HIMS	Hydro-Informatic Modeling System	基于水文模块化框架的水文综合模拟系统
HIST	International Centre on Space Technologies for Natural and Cultural Heritage under the Auspices of UNESCO	国际自然与文化遗产空间技术中心

续表

英文简写	英文全称	中文表述
IAEG-SDGs	Inter-Agency and Expert Group on SDG Indicators	联合国可持续发展目标跨机构专家组
ICoE	International Center of Excellence	国际卓越中心
IPCC	Intergovernmental Panel on Climate Change	政府间气候变化专门委员会
IQQM	Integrated Quantity and Quality Model	水质水量耦合模型
IUCN	International Union for Conservation of Nature	世界自然保护联盟
JRC	Joint Research Centre of the European Commission	欧盟委员会联合研究中心
KBA	Key Biodiversity Area	关键生物多样性地区
LAI	Leaf Area Index	叶面积指数
LCR	land consumption rate	土地使用率
LCRPGR	ratio of land consumption rate to population growth rate	土地使用率与人口增长率的比率
LDN	Land Degradation Neutrality	土地退化零增长
LWS	Level of Water Stress	用水紧张程度
MARS	Monitoring Agriculture with Remote Sensing	农业遥感监测
MHWS	mean high water springs	平均大潮高潮面
MIoU	Mean Intersection over Union	平均交并比
MLC	Maximum Likelihood Classification	最大似然分类
MNR	Ministry of Natural Resources	自然资源部
MODIS	Moderate-Resolution Imaging Spectroradiometer	中分辨率成像光谱仪
MPA	Mean Pixel Accuracy	平均像素准确率
MSR	Maritime Silk Road	海上丝绸之路
NASA	National Aeronautics and Space Administration	美国国家航空航天局
NDVI	Normalized Difference Vegetation Index	归一化植被指数
NDWI	Normalized Difference Water Index	归一化水体指数
NEP	Net Ecosystem Productivity	净生态系统生产力

续表

英文简写	英文全称	中文表述
NN	Neural Network	神经网络
NOAA	National Oceanic and Atmospheric Adminstration	美国国家海洋和大气管理局
NPP	Net Primary Productivity	净初级生产力
OA	Overall Accuracy	总体精度
OC3	Third-order polynomial relationship	三阶多项式关系
OLDI	Optimal Land Degradation Index	最优土地退化指数
OLI	Operational Land Imager	陆地成像仪
OSM	OpenStreetMap	开放街图
OUV	Outstanding Universal Value	杰出普遍价值
PA	Pixel Accuracy	像素准确率
PGR	population growth rate	人口增长率
pH	hydrogen ion concentration	氢离子浓度指数
R^2	Coefficient of Determination	决定系数
RAI	Rural Access Index	农村可及性指数
RCH	Risk of Cultural Heritage	文化遗产遭遇的风险度
RCP	Representative Concentration Pathway	代表性浓度路径
RMSE	Root-Mean-Square Error	均方根误差
RSEI	Remote Sensing Ecological Index	遥感生态指数
SAR	Synthetic Aperture Radar	合成孔径雷达
SDD	Secchi Disk Depth	赛氏盘深度
SDGs	Sustainable Development Goals	联合国可持续发展目标
SNNP	Southern Nations, Nationalities and Peoples	埃塞俄比亚南方各族州
SPEI	Standarized Precipitation Evapotranspiration Index	标准化降水蒸散指数
SRTM	Shuttle Radar Topography Mission	航天飞机雷达地形测图计划
SVM	Support Vector Machine	支持向量机

续表

英文简写	英文全称	中文表述
TM	Thematic Mapper	专题制图仪
UII	Urbanization Intensity Index	城镇化强度指数
ULA2010	urban land use area in 2010	2010 年城市土地利用面积
ULA2018	urban land use area in 2018	2018 年城市土地利用面积
ULUE	the urban land use efficiency(population carrying capacity per urban area)	城市土地利用效率（单位城市面积人口承载能力）
UN	United Nations	联合国
UNCCD	United Nations Convention to Combat Desertification	联合国防治荒漠化公约
UNDRR	United Nations Office for Disaster Risk Reduction	联合国防灾减灾署
UNEP	United Nations Environment Programme	联合国环境规划署
UNEP-WCMC	United Nations Environment Programme-World Conservation Monitoring Centre	联合国环境规划署 – 世界保护监测中心
UNESCO	United Nations Educational, Scientific and Cultural Organization	联合国教育、科学及文化组织
UNFCCC	United Nations Framework Convention on Climate Change	联合国气候变化框架公约
UNICEF	United Nations International Children's Emergency Fund	联合国儿童基金会
UN Water	United Nations Water	联合国水机制
UPOP2010	urban population in 2010	2010 年城市人口数量
UPOP2018	urban population in 2018	2018 年城市人口数量
USGS	United States Geological Survey	美国地质勘探局
VIIRS	Visible Infrared Imaging Radiometer Suite	可见光红外成像辐射仪
VIIRS/DNB	Visible Infrared Imaging Radiometer Suite Day/Night Band	可见光红外成像辐射仪白天 / 夜晚波段
WDPA	World Database of Protected Areas	世界保护区数据库
WHO	World Health Organization	世界卫生组织

续表

英文简写	英文全称	中文表述
WIKI	Wikipedia	维基百科
WOFOST	World Food Studies	世界粮食研究
WUE	Water Use Efficiency	水分利用效率
WWF	World Wildlife Fund	世界自然基金会